U0174918

长江流域水库群科学调度丛书

三峡水库优化调度
与水生态环境演变

尹　炜　肖扬帆　辛小康　雷俊山　胡　挺等　著

科学出版社
北　京

内 容 简 介

本书针对三峡工程建设和运行对三峡水库、长江中下游干流、洞庭湖和鄱阳湖水生态环境的影响，分析不同影响区水文水质演变趋势及其与三峡工程建设和运行的影响关系；揭示三峡水库支流富营养化及水华发生、长江中下游干流“四大家鱼”产卵繁殖、洞庭湖和鄱阳湖湿地演变、越冬候鸟种类及栖息地等变化趋势，及其与三峡工程建设运行和中小洪水调度的响应关系；提出防控三峡水库支流水华，促进长江中下游干流“四大家鱼”产卵繁殖和保护两湖湿地及候鸟栖息地的生态水文要素适宜范围及调度需求；以期为三峡水库多目标联合调度提供约束条件，为三峡水库优化调度、长江水生态修复提供技术支撑。

本书可供水文与水资源工程、水利水电工程、生态学、水生生物学、环境工程、环境科学等专业的科研人员、工程技术人员参考使用，也可作为水利枢纽运行管理单位人员的参考用书。

图书在版编目（CIP）数据

三峡水库优化调度与水生态环境演变/尹炜等著. —北京：科学出版社，2023.8
（长江流域水库群科学调度丛书）
ISBN 978-7-03-076125-5

Ⅰ.① 三…　Ⅱ.① 尹…　Ⅲ. ① 三峡水利工程-水库调度-研究　②三峡水利工程-水环境-生态环境-研究　Ⅳ. ①TV697.1　②X143

中国国家版本馆 CIP 数据核字（2023）第 146495 号

责任编辑：邵　娜/责任校对：高　嵘
责任印制：彭　超/封面设计：无极书装

科学出版社 出版
北京东黄城根北街 16 号
邮政编码：100717
http://www.sciencep.com
武汉精一佳印刷有限公司印刷
科学出版社发行　各地新华书店经销
*
开本：787×1092　1/16
2023 年 8 月第　一　版　　印张：15
2023 年 8 月第一次印刷　　字数：353 000
定价：179.00 元
（如有印装质量问题，我社负责调换）

“长江流域水库群科学调度丛书”

编　委　会

主　编： 张曙光　金兴平

副主编： 陈桂亚　姚金忠　胡兴娥　黄　艳　胡向阳　赵云发

编　委：（按姓氏笔画排序）

丁　毅　丁胜祥　王　海　王　敏　尹　炜　卢金友

宁　磊　冯宝飞　邢　龙　朱勇辉　任　实　关文海

纪国良　杨　霞　李　帅　李德旺　肖扬帆　辛小康

闵要武　沙志贵　张　松　张　虎　张　睿　张利升

张明波　张曙光　陈小娟　陈桂亚　陈新国　金兴平

周　曼　官学文　郑　静　赵云发　赵文焕　胡　挺

胡向阳　胡兴娥　胡维忠　饶光辉　姚金忠　徐　涛

徐高洪　徐照明　高玉磊　郭棉明　黄　艳　黄爱国

曹　辉　曹光荣　程海云　鲍正风　熊　明　戴明龙

"长江流域水库群科学调度丛书"序

长江是我国第一大河，流域面积达 180 万 km^2，养育着全国约 1/3 的人口，创造了约 40%的国内生产总值，在我国经济社会发展中占有极其重要的地位。

长江三峡水利枢纽工程（简称三峡工程）是治理开发和保护长江的关键性骨干工程，是世界上规模最大的水利枢纽工程，水库正常蓄水位 175 m，防洪库容 221.5 亿 m^3，调节库容 165 亿 m^3，具有防洪、发电、航运、水资源利用等巨大的综合效益。

2018 年 4 月 24 日，习近平总书记赴三峡工程视察并发表重要讲话。习近平总书记指出，"三峡工程是国之重器"，"是靠劳动者的辛勤劳动自力更生创造出来的，三峡工程的成功建成和运转，使多少代中国人开发和利用三峡资源的梦想变为现实，成为改革开放以来我国发展的重要标志。这是我国社会主义制度能够集中力量办大事优越性的典范，是中国人民富于智慧和创造性的典范，是中华民族日益走向繁荣强盛的典范"。

2003 年三峡水库水位蓄至 135 m，开始发挥发电、航运效益；2006 年三峡水库比初步设计进度提前一年进入 156 m 初期运行期；2008 年三峡水库开始正常蓄水位 175 m 试验性蓄水期，其中 2010～2020 年三峡水库连续 11 年蓄水至 175 m，三峡工程开始全面发挥综合效益。

随着经济社会的高速发展，我国水资源利用和水安全保障对三峡工程运行提出了新的更高要求。针对三峡水库蓄水运用以来面临的新形势、新需求和新挑战，2011 年，中国长江三峡集团有限公司与水利部长江水利委员会实施战略合作，联合开展"三峡水库科学调度关键技术"第一阶段研究项目的科技攻关工作。研究提出并实施三峡工程适应新约束、新需求的调度关键技术和水库优化调度方案，保障了三峡工程综合效益的充分发挥。

"十二五"期间，长江上游干支流溪洛渡、向家坝、亭子口等一批调节性能优异的大型水利枢纽陆续建成和投产，初步形成了以三峡水库为核心的长江流域水库群联合调度格局。流域水库群作为长江流域防洪体系的重要组成部分，是长江流域水资源开发、水资源配置、水生态水环境保护的重要引擎，为确保长江防洪安全、能源安全、供水安全和生态安全提供了重要的基础性保障。

从新时期长江流域梯级水库群联合运行管理的工程实际出发，为解决变化环境下以三峡水库为核心的长江流域水库群联合调度所面临的科学问题和技术难点，2015 年，中国长江三峡集团有限公司启动了"三峡水库科学调度关键技术"第二阶段研究项目的科技攻关工作。研究成果实现了从单一水库调度向以三峡水库为核心的水库群联合调度的转变，从汛期调度向全年全过程调度的转变，以及从单一防洪调度向防洪、发电、航运、供水、生态、应急等多目标综合调度的转变，解决了水库群联合调度运用面临的跨区域精准调控难度大、一库多用协调要求高、防洪与兴利效益综合优化难等一系列亟待突破的科学问题，为流域水库群长期高效稳定运行与综合效益发挥提供了技术保障和支撑。2020 年，三峡工程完成国家整体竣工验收，其结论是：运行持续保持良好状态，防洪、发电、航运、水资源利用等综合效益全面发挥。

当前，长江经济带和长江大保护战略进入高质量发展新阶段，水库群对国家重大战略和经济社会发展的支撑保障日益凸显。因此，总结提炼、持续创新和优化梯级水库群联合调度理论与方法更为迫切。

为此，“长江流域水库群科学调度丛书”在对“三峡水库科学调度关键技术”第二阶段研究项目系列成果进行总结梳理的基础上，凝练了一批水文预测分析、生态环境模拟和联合优化调度核心技术，形成了与梯级水库群安全运行和多目标综合效益挖掘需求相适应的完备技术体系，有效指导了流域水库群联合调度方案制定，全面提升了以三峡水库为核心的长江流域水库群联合调度管理水平和示范效应。

“十三五”期间，随着乌东德、白鹤滩、两河口等大型水库陆续建成投运和水库群范围的进一步扩大，以及新技术的迅猛发展，新情况、新问题、新需求还将接续出现。为此，需要持续滚动开展系统、精准的流域水库群智慧调度研究，科学制定对策措施，按照“共抓大保护、不搞大开发”和“生态优先、绿色发展”的总体要求，为长江经济带发挥生态效益、经济效益和社会效益提供坚实的保障。

“长江流域水库群科学调度丛书”力求充分、全面、系统地展示“三峡水库科学调度关键技术”第二阶段研究项目的丰硕成果，做到理论研究与实践应用相融合，突出其系统性和专业性。希望该丛书的出版能够促进水利工程学科相关科研成果交流和推广，给同类工程体系的运行和管理提供有益的借鉴，并为水利工程学科未来发展起到积极的推动作用。

中国工程院院士

2023 年 3 月 21 日

前 言

生态调度是水利工程水生态环境保护与修复的主要措施之一，也是习近平生态文明思想的生动实践。水库生态调度运用先进的水库调度技术和手段，在保障水生态环境基本需求的基础上，充分发挥水库的防洪、供水、灌溉、发电、航运等各项功能。水库生态调度是流域经济社会发展的重要环境保障，也是当前我国水资源管理和科学研究的重点方向。

三峡工程建成以来，其在防洪、发电、航运、水资源综合利用、生态补水等方面发挥了巨大的社会效益、经济效益和生态效益，但也不可避免地改变河流的一些自然属性，对三峡水库及长江中下游河湖水生态环境产生影响。2009 年以来，三峡水库开展提前蓄水、中小洪水调度等优化调度科学研究与实践，同时三峡水库上游水电工程相继建设并投入运行，三峡水库调度运行条件发生较大变化，三峡水库及其上游水库群的叠加影响将进一步改变长江中下游的水文情势和江湖关系，进而影响到长江中下游及两湖水生生态系统安全，对长江中下游鱼类资源及两湖湿地生物多样性产生较大影响。因此，在以三峡水库为核心的上游水库群联合调度条件下，辨识三峡水库及其下游水生态环境变化情况，分析水生态环境问题及其变化趋势与三峡水库运行调度的响应关系，提出缓解这些问题的生态水文要素范围及三峡水库生态调度需求，已成为新形势下水库调度亟待解决的科学问题。

本书以三峡水库优化调度改善生态环境因子的各种需求为研究目标，以三峡工程运行以来水生态环境变化较大且可通过三峡水库调度进行调控的生态环境因子为对象，以分析各生态环境和水文因子的长期变化趋势及其与三峡水库调度的响应关系为手段，围绕三峡水库和长江中下游水文水质及生态环境要素演变、三峡水库支流富营养化及水华发生、长江中下游干流“四大家鱼”产卵繁殖、洞庭湖和鄱阳湖湿地演变、越冬候鸟种类及栖息地等生态环境问题，进行综合调研、资料收集和分析研究，提出三峡水库生态调度需求。本书对收集的水生态环境要素资料，分三峡水库建成前（2002 年以前）、三峡水库建成运行后（2003～2008 年）和中小洪水调度后（2009～2019 年）三个阶段进行趋势分析，确定受三峡工程影响最显著的生态水文要素，为三峡水库优化调度和长江水生态修复提供技术支撑。

本书共分 10 章。第 1 章介绍三峡水库优化调度背景，三峡水库运行的主要影响范围和可调控生态环境因子，水生态环境调查与评价，以及生态环境因子分析与优化调度需求等。第 2 章介绍三峡水库调度规程编制历程及调度方式。第 3、5、7 和 8 章分别针对三峡水库、长江中下游干流、洞庭湖和鄱阳湖不同站点水位、流量、含沙量等水文要素，对主要水质指标进行变化趋势分析和突变检验，分析三峡水库不同调度运行阶段的变化情况与三峡水库建成蓄水及长江中下游洪水调度后的年内变化情况，揭示水文水质变化与水库调度的响应关系。第 4 章分析三峡水库支流富营养化空间分布及其随时间变化情况，统计典型支流水华发生的频次，分析其随时间变化的空间分布特征及月份特征，分析三峡水库水华发生的优势藻种及其随时间演变趋势，明确三峡水库水华发生的影响因子和关键驱动因子，揭示水库调度对藻类密度和优势藻种对水库调度的响应关系，评估近年来水库调度对浮游植物变化及水华发生的影响。第 6 章分析长江中下游干流监利江段和瑞昌江段“四大家鱼”鱼苗数量随时间的变化趋势，明确“四大家鱼”产卵繁殖的影响因子及其他环境因子，揭示“四大家鱼”产卵繁殖与三峡水库生态调度期间生态水文要素的响应关系。第 9 章分析洞庭湖和鄱阳湖湿地演变、湿地植被生态变化及其与水库调度的响应关系，介绍洞庭湖和鄱阳湖越冬候鸟的保护概况，分析越冬候鸟的种类及数量变化趋势，揭示越冬候鸟的数量及栖息地与水库调度的响应关系。第 10 章介绍防控三峡水库支流水华的优化调度，明确“四大家鱼”自然繁殖的环境要素及促进“四大家鱼”产卵的生态水文要素，提出保护洞庭湖和鄱阳湖湿地及候鸟栖息地的水文节律需求。

本书主要撰写分工如下：第 1 章由尹炜、雷俊山、胡挺、肖扬帆、丁胜祥、时玉龙撰写；第 2 章由辛小康、王飞龙、丁胜祥、肖扬帆、雷俊山撰写；第 3 章由雷俊山、尹炜、赵肥西、林枭、李雨、刘秀林撰写；第 4 章由辛小康、杨霞、赵肥西、雷俊山、肖扬帆撰写；第 5 章由赵肥西、辛小康、林枭、雷俊山、刘秀林、李雨撰写；第 6 章由雷俊山、辛小康、肖扬帆、谭政宇、郭率撰写；第 7 章由林枭、雷俊山、刘秀林、李雨撰写；第 8 章由辛小康、林枭、雷俊山、仇红亚、文小浩、汪雷撰写；第 9 章由朱惇、柳根、辛小康撰写；第 10 章由尹炜、辛小康、雷俊山、赵肥西、朱惇、柳根、肖扬帆、丁胜祥撰写。全书由辛小康、雷俊山审定统稿。

本书在撰写过程中得到了长江水资源保护科学研究所领导的大力支持，水利部长江水利委员会陈桂亚、中国长江三峡集团有限公司胡兴娥等专家对书稿提出宝贵意见，中国长江三峡集团有限公司、水利部长江水利委员会水文局等单位对本书提供资料支持，以上单位和专家的大力支持使得本书得以圆满付梓，本书的出版得到了中国长江三峡集团有限公司“三峡水库科学调度关键技术”第二阶段研究项目及三峡环境基金项目“三峡工程调度方式优化生态效应研究”的资助，在此一并表示感谢。由于作者水平有限，有些问题仍需进一步探讨和研究，书中难免有考虑不全面和不妥当之处，敬请读者批评指正。

作　者

2022 年 8 月

目　录

第1章

绪　论

本章在回顾三峡工程建成以来所发挥的社会经济效益和对生态环境产生的影响的基础上，提出新时期三峡水库优化调度亟待解决的问题。通过总结国内外水电工程优化调度研究进展，结合近年来三峡水库开展的提前蓄水、中小洪水调度等优化调度科研与实践，提出本书的主要研究内容。结合三峡水库运行产生的实际影响，确定受关注的区域范围和生态环境因子。在此基础上介绍本书的数据来源、水生态环境评价标准和方法、数据分析模型、检验方法及总体技术思路。

1.1　三峡水库优化调度背景

三峡工程建成以来，其在防洪、发电、航运、水资源综合利用、生态补水等方面发挥了巨大的社会效益、经济效益和生态效益，同时对三峡水库及长江中下游生态环境产生了影响。进入新时期，水库调度运行条件发生较大变化，对水库调度提出更高要求，三峡水库开展了提前蓄水、中小洪水调度等优化调度科学研究与实践。厘清提前蓄水和中小洪水调度与三峡水库及长江中下游生态环境的响应关系，评估优化调度方式对三峡水库及长江中下游生态环境的影响，成为新形势下水库调度亟待解决的问题。将三峡工程纳入流域背景，系统研究与三峡工程运行相关的流域性、区域性、长期性的生态环境问题，寻找长江大保护环保产业可持续的环境经济模式，为适时开展三峡工程环境影响后评价，制定科学的调度方案提供技术支撑，为长江经济带生态修复和环境保护建设提供技术支撑。

本书针对提前蓄水和中小洪水调度与三峡水库及长江中下游生态环境的响应关系，优化调度方式对三峡水库及长江中下游生态环境的影响等问题，主要分析典型控制断面的水文情势变化，提出重要水生生物和水文环境指标等流域关键生态水文要素的生态调度需求。研究结果为研究提前蓄水和中小洪水调度、优化调度方式的关系，分析调度与三峡水库及长江中下游生态环境的响应关系，分析中小洪水调度和提前蓄水的生态效应，抑制三峡水库水华的调度方式提供参考；为后续兼顾生态环境需求的三峡水库优化调度方式提供支撑。

国内学者对三峡工程的生态效应开展了大量的研究工作，研究成果较为丰富（谢平，2017；邹家祥和翟红娟，2016；潘立武 等，2012；陆佑楣，2011；冉景江 等，2011；王越 等，2011；沈国舫，2010）。目前研究成果缺乏系统梳理和总结，对于三峡水库及长江中下游生态环境演变特征、生态环境对水库调度的响应关系和调度需求等内容的研究，还未形成系统清晰的结论（王祥 等，2020；黄艳，2018）。在受水库调度影响相关的敏感生态要素方面，以往研究大多针对鱼类、两湖湿地、鸟类等单一或少数物种的生态需求，三峡水库和上游水库群可调控的生态环境因子，以及大尺度空间格局多目标生态调控需求尚不明晰（徐薇 等，2020；刘晋高 等，2018；戴凌全 等，2016；杨正健 等，2015；徐薇 等，2014；董增川 等，2012）。

在当前长江经济带“共抓大保护、不搞大开发”新形势下，如何进一步明确三峡水库及长江中下游生态环境调度需求，优化三峡水库调度方案，提升三峡水库及长江中下游生态环境质量，是迫切需要解决的问题。因此有必要在以往工作的基础上，通过对三峡水库及长江中下游生态调度成果资料和文献进行调研，系统开展三峡水库及长江中下游生态环境演变分析，梳理总结三峡水库运行调度对生态环境变化的响应关系，确定受三峡水库调度的影响，以及通过三峡水库调度控制调节因子，明确生态环境调度需求，为三峡水库及上游水库群优化调度提供科学可靠的参考依据。

本书以三峡水库和长江中下游为对象，通过收集资料和调研等手段，明确三峡水库及上游水库群调度运行所影响的水文、水质、水生生物及其生存环境等要素，分析其演变特征，构建三峡水库及上游水库群调度方式与生态环境变化的响应关系，提出流域重要水生生物和环境生态调度需求，为三峡水库及上游水库群优化调度提供对策与建议。

1.2 主要影响范围和可调控生态环境因子

1.2.1 三峡水库运行的主要影响范围

本书研究范围为三峡水库及长江中下游区域，主要开展三峡工程运行后三峡水库及长江中下游生态环境因子演变，三峡水库及上游水库群优化调度对生态环境变化的响应关系，以及三峡水库及上游水库群优化调度需求研究三个方面的工作。参考《长江三峡水利枢纽环境影响报告书》（中国科学院环境评价部和长江水资源保护科学研究所，1996）及三峡工程运行以来观测和相关研究成果（刘丹雅 等，2011），三峡工程建成运行后的主要影响范围为三峡水库、长江中下游干流、与长江中下游干流具有物质能量交换和水沙调节能力的洞庭湖和鄱阳湖；对其他区域如三峡水库陆域范围，长江中下游干流以外的范围，以及洞庭湖、鄱阳湖的上游影响较小且不可通过三峡水库及上游水库群生态调度进行调节和改善（周雪 等，2019；黄艳，2018；刘晋高 等，2018）。筛选三峡工程建设与运行的生态环境影响因子，关注提前蓄水和中小洪水调度、调度对长江中下游生态环境的影响等关系密切的主要指标，确定本书研究的重点区域为三峡水库、长江中下游干流、洞庭湖和鄱阳湖。

三峡水库范围为三峡大坝至上游江津区回水尖灭点的长江干支流水域，总面积为1 080 km^2，从尖灭点至坝前长度为662 km，范围涉及湖北省4个区县和重庆市22个区县。长江中下游干流范围为三峡大坝至湖口下游（至大通站）的干流水域，长度约为1 150 km，流经湖北省、湖南省、江西省、安徽省4省。洞庭湖范围为洞庭湖水域及周边所在区县级行政区，涉及湖南岳阳等21个地区和湖北石首等3个区县。鄱阳湖范围为鄱阳湖水域及周边所在区县级行政区，包括15个县（市）。

1.2.2 三峡水库运行调度的可调控生态环境因子

根据《长江三峡水利枢纽环境影响报告书》，三峡工程建设及运行对生态环境的影响主要体现在自然环境和社会环境两个方面。

在自然环境影响方面，主要有局部气候、水质、水温、环境地质、陆生植物，陆生动物、水生生物、水库淤积和下游河道泥沙、中游平原湖区涝渍和潜育化，河口生态环境。在社会环境影响方面，主要有水库淹没与移民、人群健康、自然景观、文物古迹、工程施工、防洪、发电、航运等。

公众关心的问题主要有库区防洪，物种与栖息地保护，生态环境问题等。可通过三峡水库运行调度调控的生态环境因子有水质、水温、水生生物、水库淤积和下游河道泥沙、物种与栖息地等。三峡工程运行后产生的三峡水库水华、长江中下游干流鱼类资源、两湖湿地及候鸟等生态环境问题也备受关注。

本书针对三峡水库、长江中下游干流、洞庭湖和鄱阳湖的生态环境演变，水库群调度与生态环境变化的响应关系及水库群调度需求进行研究。三峡水库蓄水前后生态环境变化主要表现在水文、水质、水生生物，富营养化及水华方面。这些因子中，三峡水库的氮磷浓度过高较受关注，浮游植物及由其引发的水华对生态环境影响较大，因此三峡水库研究的生态环境因子为水文、水质、浮游植物及水华。

长江中下游干流生态环境变化主要表现在流量、水位、水文、水质、泥沙方面，水生生态主要表现在浮游植物、浮游动物、底栖动物和鱼类等种群及数量的变化，此外河床由于水沙条件变化冲淤规律受到影响。这些因子中水文、水质、鱼类资源与人类生产生活关系密切且可通过三峡水库生态调度进行调控，因此确定其为长江中下游干流研究的生态环境因子。

洞庭湖和鄱阳湖生态环境主要表现在蓄水后湖区与长江的水文联系在时空方面发生变化，进而引起湖区生态环境变化，表现在水文、水质、水生生物、湿地生态环境及越冬候鸟、江湖关系等方面。这些因子中水文、水质、湿地生态环境及越冬候鸟与人类生产生活关系密切且可通过三峡水库生态调度进行调控，因此确定其为洞庭湖和鄱阳湖研究的生态环境因子。

三峡水库运行的主要影响范围和可调控生态环境因子见表 1.1。

表 1.1　三峡水库运行的主要影响范围和可调控生态环境因子

研究区	生态环境因子				
	水文	水质（特征指标）	浮游植物及水华	鱼类资源	湿地生态环境及越冬候鸟
三峡水库	√	√	√		
长江中下游干流	√	√		√	
洞庭湖	√	√			√
鄱阳湖	√	√			√

本书在对生态环境进行调查分析的基础上，明确受三峡水库调度影响的区域及因子，分析生态环境演变规律，初步构建水库调度与生态环境变化的响应关系，提出生态调度需求。研究成果为厘清提前蓄水和中小洪水调度与三峡水库及长江中下游生态环境的响应关系，评估优化调度方式对三峡水库及长江中下游生态环境的影响提供基础支撑和参考。本书研究内容如下。

（1）三峡水库及长江中下游生态环境演变分析。收集三峡水库及长江中下游气候气象、降雨等数据，三峡水库下泄流量数据，三峡水库、长江中下游干流、洞庭湖和鄱阳湖的长时间序列水文、水质、水生生物，水华数据等。分析三峡工程运行后三峡水库的水文、水质、浮游植物及水华发生情况，长江中下游干流水文、水质、鱼类资源，以及洞庭湖和鄱阳湖水文、水质、湿地生态环境及越冬候鸟等生态环境演变趋势。在上述研究的基础上，明确三峡水库、长江中下游干流、洞庭湖和鄱阳湖生态水文要素的适宜范围。

（2）三峡水库及上游水库群调度与生态环境变化响应关系分析。基于三峡水库、长江中下游干流、洞庭湖和鄱阳湖生态环境演变分析，开展各生态环境因子受三峡水库及上游水库群调度影响而产生的变化研究，分析三峡水库及上游水库群不同运行期、不同调度方式对三峡水库氮磷浓度、浮游植物和水华，长江中下游水质及鱼类资源，以及洞庭湖和鄱阳湖湿地生态、越冬候鸟及其栖息地等生态环境因子的影响时间和影响程度，研究三峡水库不同下泄流量过程与下游断面水文要素变化关系，构建水库群调度方式与生态环境变化的响应关系。

（3）三峡水库及长江中下游生态环境调度需求研究。基于三峡水库及上游水库群调度与三峡水库、长江中下游干流、洞庭湖和鄱阳湖生态环境变化响应关系分析结果，对各研究区生态环境因子做进一步分析和筛选，确定受三峡水库调度影响较大且可通过三峡水库调度进行控制和调节的生态环境因子，明确生态环境调度需求，提出具体的调度时间、指标。

1.3 水生态环境调查与评价

1.3.1 水生态环境调查

本书调查的数据主要通过各主管部门、各运行管理单位收集，文献检索等途径获得。涉及的相关资料数据有：三峡水库、长江中下游干流、洞庭湖和鄱阳湖长时间序列的水位、流量、水温、悬移质含沙量、输沙率；24 项常规水质数据；三峡水库支流浮游植物、叶绿素 a 及水华发生的监测数据；长江中下游干流的鱼类早期资源数据；洞庭湖和鄱阳湖的湿地生态遥感监测数据等。

1.3.2 水生态环境评价

水质和富营养化评价主要依据《地表水资源质量评价技术规程》（SL395—2007）和湖泊（水库）富营养化评价方法及分级技术规定（中国环境监测总站，2001）；水文水质演变趋势分析主要采用曼-肯德尔（Mann-Kendall，M-K）趋势检验法、曼-肯德尔突变分析法、倾向率法；三峡水库浮游植物及水华、长江中下游鱼类资源变化主要采用多元统计分析法；洞庭湖和鄱阳湖湿地变化主要采用遥感及评价指数法，越冬候鸟变化采用多元数理统计法。

1. 水质评价及富营养化评价

1）水质评价

断面水质评价方法采用《地表水资源质量评价技术规程》（SL395—2007）规定的方法，评价标准为《地表水环境质量标准》（GB 3838—2002），评价内容包括：单项水质项目水质类别评价，单项水质项目超标倍数评价，断面水质类别评价和断面超标因子评价等。

（1）单项水质项目水质类别评价根据该项目实测质量浓度值与《地表水环境质量标准》（GB3838—2002）标准限值对比确定。

（2）单项水质项目超标倍数评价将质量浓度超过《地表水环境质量标准》（GB3838—2002）III 类标准限值称为超标项目，超标项目的超标倍数按照式（1.1）计算（溶解氧除外）：

$$B_i = \frac{C_i}{S_i} - 1 \tag{1.1}$$

式中：B_i 为某水质项目超标倍数；C_i 为某水质项目质量浓度，mg/L；S_i 为某水质项目的 III 类标准限值，mg/L。

（3）断面水质类别评价按照所评价项目中水质最差项目类别确定。

（4）断面超标因子评价以各单项水质项目的超标倍数由高至低排序，前 3 位的项目为主要超标项目。

2）富营养化评价

采用湖泊（水库）富营养化评价方法及分级技术规定对三峡水库水体富营养化状况进行评价。以叶绿素 a（Chl-a）、总磷（total phosphorus，TP）、总氮（total nitrogen，TN）、透明度（secchi disk depth，SDD）、高锰酸盐指数（COD_{Mn}）为富营养化评价指标，计算综合营养状态指数 TLI(Σ)，其计算公式为

$$\mathrm{TLI}(\Sigma) = \sum w_j \cdot \mathrm{TLI}(j) \tag{1.2}$$

式中：w_j 为第 j 种参数营养状态指数的相关权重；TLI(j) 为第 j 种参数的营养状态指数。

各指标营养状态计算公式为

$$\mathrm{TLI(Chl\text{-}a)} = 10\times(2.5 + 1.086\ln \mathrm{Chl\text{-}a}) \tag{1.3}$$

$$\mathrm{TLI(TP)} = 10\times(9.436 + 1.624\ln \mathrm{TP}) \tag{1.4}$$

$$\mathrm{TLI(TN)} = 10\times(5.453 + 1.694\ln \mathrm{TN}) \tag{1.5}$$

$$\mathrm{TLI(SDD)} = 10\times(5.118 - 1.94\ln \mathrm{SDD}) \tag{1.6}$$

$$\mathrm{TLI(COD_{Mn})} = 10\times(0.109 + 2.661\ln \mathrm{COD_{Mn}}) \tag{1.7}$$

采用归一法计算各指标权重，各指标权重计算公式如下：

$$w_j = \frac{r_{ij}^2}{\sum_{j=1}^{m} r_{ij}^2} \tag{1.8}$$

式中：r_{ij} 为第 j 种参数与基准参数 Chl-a 的相关系数；m 为评价参数的个数。各参数与基

准参数 Chl-a 的相关系数见表 1.2。

表 1.2 各项指标与 Chl-a 相关关系

参数	Chl-a	TP	TN	SDD	COD_{Mn}
r_{ij}	1	0.84	0.82	−0.83	0.83
r_{ij}^2	1	0.705 6	0.672 4	0.688 9	0.688 9

采用 0～100 的系列连续数字对库区支流水体营养状态进行分级评价，分级标准为：TLI(Σ) ≤30，贫营养；30< TLI(Σ) ≤50，中营养；50< TLI(Σ) ≤60，轻度富营养；60< TLI(Σ) ≤70，中度富营养；TLI(Σ) >70，重度富营养。在同一营养状态下，指数值越高，其富营养化程度越重。

2. 水文水质演变趋势分析

1）曼-肯德尔趋势检验法

针对较长时间序列的水文水质数据，采用曼-肯德尔趋势检验法进行分析。

曼-肯德尔趋势检验法是关于观测值序列的秩次和时序的秩相关检验。假设 H_0 为时间序列 $x_1, x_2, \cdots, x_n$ 服从 n 个独立的、随机变量同分布的样本，那么统计变量 S 的计算公式为

$$S = \sum_{i=1}^{n-1} \sum_{j=i+1}^{n} a_{ij} \tag{1.9}$$

$$a_{ij} = \operatorname{sgn}(x_j - x_i) = \operatorname{sgn}(R_i - R_j) = \begin{cases} 1, & x_i < x_j \\ 0, & x_i = x_j \\ -1, & x_i > x_j \end{cases} \tag{1.10}$$

式中：a_{ij} 为符号变量，取 1、0、−1；sgn 为符号函数；R_i 和 R_j 分别为 x_i 和 x_j 的秩次。当 $n > 8$，实测数据服从独立且同分布的假设时，统计变量 S 服从正态分布，其均值和方差满足下式：

$$E(S) = 0 \tag{1.11}$$

$$\operatorname{Var}(S) = n(n-1)(2n-5)/18 \tag{1.12}$$

式中：$E(S)$为均值；$\operatorname{Var}(S)$为方差。

$$Z = \begin{cases} (S-1)/\sqrt{\operatorname{Var}(S)}, & S > 0 \\ 0, & S = 0 \\ (S+1)/\sqrt{\operatorname{Var}(S)}, & S < 0 \end{cases} \tag{1.13}$$

统计量 Z 为曼-肯德尔秩次相关系数，当 n 增加时，Z 很快收敛于标准化正态分布，给定显著性水平为 α，其双尾检验临界值为 $Z_\alpha/2$。当$|Z|<Z_\alpha/2$ 时，序列趋势不显著，当$|Z|>Z_\alpha/2$ 时，序列趋势变化显著，而且当 $Z>0$ 时，序列呈上升趋势，当 $Z<0$ 时，序列呈下降趋势。当统计值 Z 的绝对值大于等于 1.28、1.64 和 2.33 时，表明分别通过了置信

度为 90%、95%和 99%的显著性检验。

2）曼-肯德尔突变分析法

针对水文水质数据变化趋势分析中，发生突变的时间节点，采用曼-肯德尔突变分析法进行突变点分析，对于具有 n 个样本量的时间序列 x，构造秩序列。

$$s_k = \sum_{i=1}^{k} r_i, \quad r_i = \begin{cases} 1, & x_i < x_j \\ 0, & 其他 \end{cases} \quad j = 1,2,3\cdots \tag{1.14}$$

可见，秩序列 s_k 是第 i 时刻数值大于 j 时刻数值个数的累计数。在时间序列随机独立的假定下，定义统计量：

$$\mathrm{UF}_k = \frac{s_k - E(s_k)}{\sqrt{\mathrm{Var}(s_k)}}, \quad k = 1,2,\cdots,n \tag{1.15}$$

式中：$\mathrm{UF}_1 = 0$；$E(s_k)$、$\mathrm{Var}(s_k)$ 是累计数 s_k 的均值和方差，在 $x_1, x_2, \cdots, x_n$ 相互独立，且有相同连续分布时，它们可由下式算出：

$$E(s_k) = \frac{n(n+1)}{4} \tag{1.16}$$

$$\mathrm{Var}(s_k) = \frac{n(n-1)(2n+5)}{72} \tag{1.17}$$

UF_k 为标准正态分布，它是按时间序列 x 顺序 $x_1, x_2, \cdots, x_n$ 计算出的统计量序列，给定显著性水平 α，查正态分布表，若 $|\mathrm{UF}_k| > U_\alpha$，则表明序列存在明显的趋势变化。

按时间序列 x 逆序 $x_1, x_2, \cdots, x_n$，再重复上述过程，同时使 $\mathrm{UB}_k = -\mathrm{UF}_k$（$k=n, n-1, \cdots, 1$），$\mathrm{UB}_1 = 0$。若 UF_k 或 UB_k 的值大于 0，表明序列呈上升趋势；若 UF_k 或 UB_k 的值小于 0，表明序列呈下降趋势。当它们超过临界直线时，表明上升或下降趋势显著；超过临界线的范围确定为出现突变的时间区域。如果 UF_k 和 UB_k（$\mathrm{UB}_k = -\mathrm{UF}_k$）曲线出现交点且交点在临界线之间，那么交点对应的时刻便是突变开始的时间。

3）倾向率法

针对长时间序列水文水质数据的变化趋势，采用倾向率法进行分析。倾向率法通常采用一次线性方程回归表示：

$$y = a_0 + a_1 t \tag{1.18}$$

式中：t 为年份；a_0 为常数项系数；a_1 为线性倾向率。若 $a_1>0$，表示该序列呈上升趋势；若 $a_1<0$，表示该序列呈下降趋势。

3. 浮游植物评价分析

1）主成分分析

主成分分析（principal component analysis，PCA）数据通过中心化、标准化和变量转化处理。通过 PCA 得到的主要环境变量被选中进行多元线性回归分析。

PCA 是利用降维的思想，在损失很少信息的前提下把多个指标转化为几个综合指标的多元统计方法，其原理是：设定某一事物的研究涉及 n 个指标，分别用 $\boldsymbol{X}_1, \boldsymbol{X}_2, \cdots, \boldsymbol{X}_n$

表示由 n 个指标构成 n 维随机向量。对 $\boldsymbol{X}$ 进行线性变换，可以形成新的综合变量，用 $\boldsymbol{F}$ 表示，也就是说，新的综合变量可以由原来的变量表示，其基本数学模型为

$$\begin{cases} \boldsymbol{F}_1 = \boldsymbol{a}_{11}Z_{X_1} + \boldsymbol{a}_{12}Z_{X_2} + \cdots + \boldsymbol{a}_{1n}Z_{X_n} \\ \boldsymbol{F}_2 = \boldsymbol{a}_{21}Z_{X_1} + \boldsymbol{a}_{22}Z_{X_2} + \cdots + \boldsymbol{a}_{2n}Z_{X_n} \\ \cdots \\ \boldsymbol{F}_n = \boldsymbol{a}_{m1}Z_{X_1} + \boldsymbol{a}_{m2}Z_{X_2} + \cdots + \boldsymbol{a}_{mn}Z_{X_n} \end{cases} \tag{1.19}$$

式中：$\boldsymbol{F}$ 为处理后提取的主成分；$Z_{X_1},\cdots,Z_{X_n}$ 为原始变量矩阵 $\boldsymbol{X}$ 经过标准化处理的值；$\boldsymbol{a}_{11},\cdots,\boldsymbol{a}_{mn}$ 是原始变量矩阵 $\boldsymbol{X}$ 的协方差矩阵的特征值对应的特征向量（n 为变量个数；m 为样本个数）。$\boldsymbol{F}_1,\boldsymbol{F}_2,\cdots,\boldsymbol{F}_n$ 分别为原始变量的第一个主成分，第二个主成分，…，第 n 个主成分。各综合变量在总方差中的占比依次递减，最终只挑选方差最大的主成分，从而达到简化系统结构和抓住问题实质的目的。具体的 PCA 过程在 Canoco 5 软件中进行。

2）冗余分析

冗余分析（redundancy analysis，RDA）是一种提取和汇总一组响应变量的方法，可以通过一组解释变量来解释。更准确地说，RDA 是一种直接梯度分析技术，它总结了一组解释变量“冗余”（即“解释”）的响应变量分量之间的线性关系。为此，RDA 通过在多个解释变量上回归多个响应变量来扩展多元线性回归（multiple linear regression，MLR）；通过 MLR 生成的所有响应变量的拟合值矩阵进行 PCA。

RDA 计算过程如下：①先进行 $\boldsymbol{Y}$ 矩阵中每个响应变量与所有解释变量矩阵之间的多元回归，获得每个响应变量的拟合值 $\hat{\boldsymbol{y}}$ 向量和残差 $\boldsymbol{y}_{\mathrm{res}}$ 向量。将所有拟合值 $\hat{\boldsymbol{y}}$ 向量组装成拟合值矩阵 $\hat{\boldsymbol{Y}}$；②将拟合值矩阵 $\hat{\boldsymbol{Y}}$ 进行 PCA。PCA 将产生一个典范排序特征根向量和典范特征根向量矩阵 $\boldsymbol{U}$；③使用矩阵 $\boldsymbol{U}$ 计算两套样方排序得分（坐标），一套用中心化的原始数据矩阵获得原始变量空间内的样方排序坐标，即计算 $\boldsymbol{YU}$，另一套使用拟合值矩阵 $\hat{\boldsymbol{Y}}$ 获得解释变量 $\boldsymbol{X}$ 空间内的样方排序坐标，即计算 $\hat{\boldsymbol{Y}}\boldsymbol{U}$；④将第一步多元回归获得的残差矩阵（即 $\boldsymbol{y}_{\mathrm{res}} = \boldsymbol{Y} - \hat{\boldsymbol{Y}}$）进行 PCA，获得残差非约束排序。$\boldsymbol{Y}$ 矩阵是中心化的响应变量矩阵，$\boldsymbol{X}$ 矩阵是中心化（或标准化）的解释变量矩阵。具体的 RDA 过程在 Canoco 5 软件中进行。

3）光衰减系数计算方法

光衰减系数（K）计算方法如下：

$$K = -\frac{1}{Z}\ln\frac{E(Z)}{E(0)} \tag{1.20}$$

式中：K 为光衰减系数；Z 为深度；$E(Z)$为深度 Z 处的光照强度；$E(0)$为起始面的光照强度。

4）香农-维纳多样性指数

香农-维纳（Shannon-Wiener）多样性指数（H）的计算采用以下公式：

$$H = -\sum_{i=1}^{S}\left(\frac{n_i}{N}\log_2\frac{n_i}{N}\right) \tag{1.21}$$

式中：S 为藻类种数；n_i 为第 i 种藻类细胞数；N 为藻类总细胞数。一般 H 值越大，表明该生态系统的生态结构越好。

4. 湿地及越冬候鸟演变分析

（1）收集两湖湿地遥感影像数据及湿地历史调查资料，对多年的湿地类型与湿地植被类型开展综合演变分析研究，重点对三峡工程运行前后、重点突变年份进行分析。

（2）根据收集的两湖湿地越冬候鸟历史调查资料，对候鸟种类、数量、栖息地环境等方面的演变过程进行综合分析研究。

1.4 生态环境因子分析与优化调度需求

对三峡水库及长江中下游的主要生态环境因子按照区域、生态系统、生态环境指标体系梳理，3 个研究内容初步按照三峡水库、长江中下游干流、洞庭湖和鄱阳湖进行划分，各研究区以主要生态环境因子为对象分别开展研究，厘清受影响的生态环境对象及影响程度，初步分析通过水库调度改善生态环境的可行性。

本书以三峡水库、长江中下游干流、洞庭湖和鄱阳湖为研究范围，以长时间序列水文、水质、水生生物历史数据和以往研究成果为基础，通过曼-肯德尔趋势检验法、多元数理统计分析法和已有成果归纳演绎法等方法，分析三峡水库及长江中下游干流水文水质变化趋势，按照丰、平、枯水年分析水文因子的变化特征；结合水文环境变化趋势进一步分析长江中下游干流鱼类种群数量时空变化及其原因。以系列遥感影像及水文水质监测数据为基础，分析洞庭湖和鄱阳湖湿地生态环境，越冬候鸟种类、数量变化趋势及特征，明确表征三峡水库及长江中下游生态环境演变的关键水文要素及其适宜的变化范围。

结合三峡水库和长江中下游重要生态敏感因子，建立水库调度对生态环境影响的指标体系。在识别区域关键生态因子和明确其生态水文过程基础上，以三峡水库和上游水库群蓄水运行为时间节点，对比分析水库运行前后三峡水库及长江中下游典型控制断面水位、水温、水质、流量、含沙量等非生物环境变化过程的差异，采用多元统计、相关性分析等数理统计方法，分析三峡水库及上游水库群不同时段水库下泄流量与下游典型控制断面（三峡水库、长江中下游干流、洞庭湖和鄱阳湖）水文因子变化，探索水库群调度与生态因子之间的响应关系。

基于三峡水库及上游水库群调度对中下游生态环境因子的影响时间和影响程度研究成果，确定受水库群调度影响较大且可通过水库群调度进行调控的生态因子，分析可调控水文因子与生态因子的影响机制，结合已有的研究成果，采用包络法、综合评判法研究可调控生态因子的阈值需求，提出水库群调度需求，包括具体的生态调度时间、调度影响范围、需要达到的指标阈值等，形成三峡水库及长江中下游生态环境调度需求集。本书研究框架如图 1.1 所示。

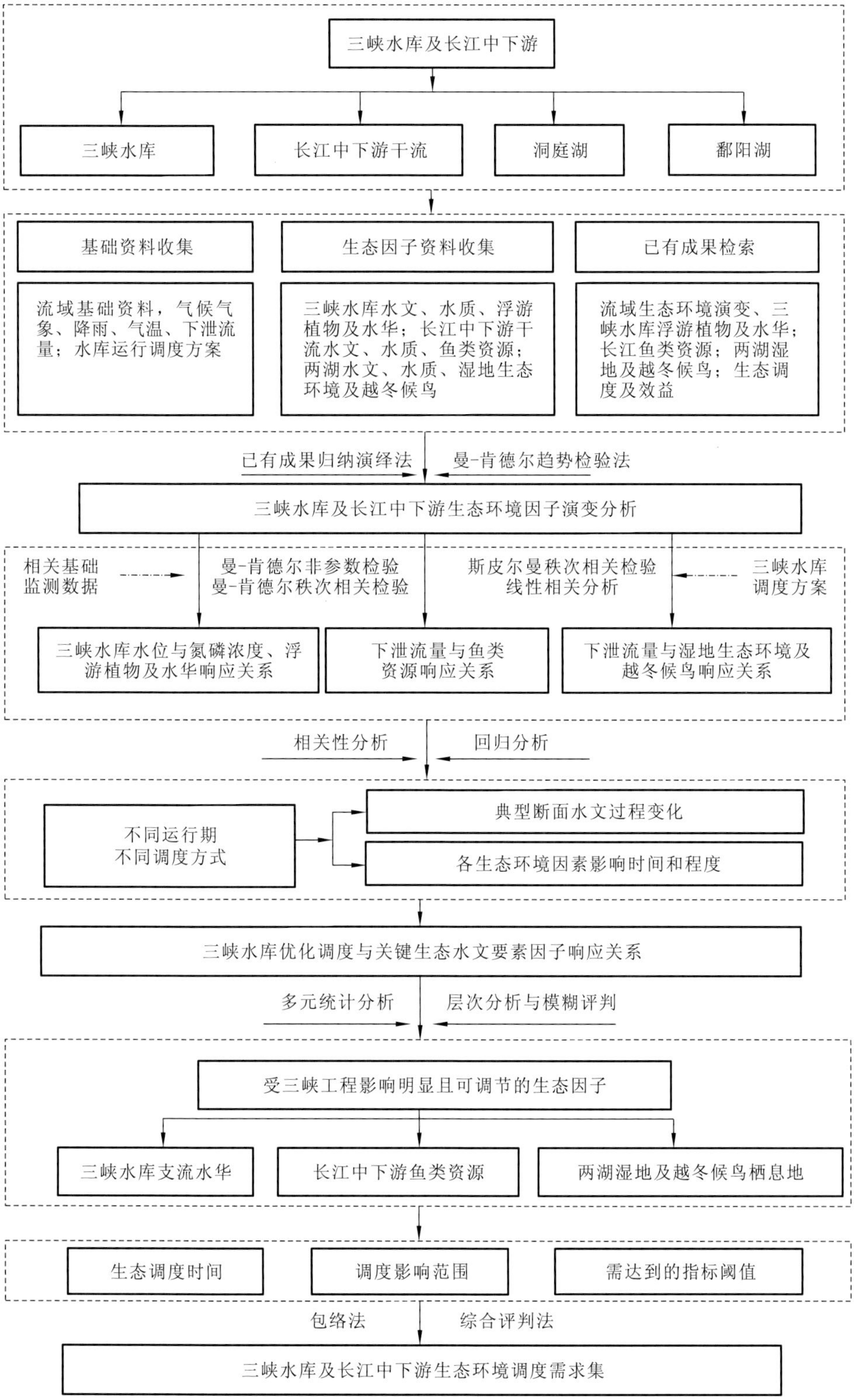
三峡水库及长江中下游
三峡水库
长江中下游干流
洞庭湖
鄱阳湖
基础资料收集
生态因子资料收集
已有成果检索
流域基础资料，气候气象、降雨、气温、下泄流量；水库运行调度方案
三峡水库水文、水质、浮游植物及水华；长江中下游干流水文、水质、鱼类资源；两湖水文、水质、湿地生态环境及越冬候鸟
流域生态环境演变、三峡水库浮游植物及水华；长江鱼类资源；两湖湿地及越冬候鸟；生态调度及效益
已有成果归纳演绎法
曼-肯德尔趋势检验法
三峡水库及长江中下游生态环境因子演变分析
相关基础监测数据
曼-肯德尔非参数检验
曼-肯德尔秩次相关检验
斯皮尔曼秩次相关检验
线性相关分析
三峡水库调度方案
三峡水库水位与氮磷浓度、浮游植物及水华响应关系
下泄流量与鱼类资源响应关系
下泄流量与湿地生态环境及越冬候鸟响应关系
相关性分析
回归分析
不同运行期
不同调度方式
典型断面水文过程变化
各生态环境因素影响时间和程度
三峡水库优化调度与关键生态水文要素因子响应关系
多元统计分析
层次分析与模糊评判
受三峡工程影响明显且可调节的生态因子
三峡水库支流水华
长江中下游鱼类资源
两湖湿地及越冬候鸟栖息地
生态调度时间
调度影响范围
需达到的指标阈值
包络法
综合评判法
三峡水库及长江中下游生态环境调度需求集

图 1.1 本书研究框架

第2章

三峡水库调度规程编制历程及调度方式

本章主要介绍三峡水库调度规程编制的历程、正常运行期三峡水库调度方式。介绍正常运行期三峡水库调度的水位与流量，重点介绍三峡水利枢纽和葛洲坝水利枢纽汛期、蓄水期、消落期的水位与流量要求。对于防洪、发电、航运、水资源、水工建筑物安全运行调度，分别介绍各自的调度任务、原则和调度方式。对于发电机组安全、航道维护和通航安全、水资源应急、大坝和防护坝、水电站建筑物、船闸安全等，主要介绍其相应的调度方式。对于三峡水库优化调度方式，主要从汛期水位和流量、中小洪水调度和泥沙调度方面，分别介绍调度控制水位与流量、防洪和水资源优化调度方式。

2.1　三峡水库调度规程编制历程

根据三峡工程建设进程，三峡水库运行水位分阶段逐步抬升至 175 m 正常蓄水位。2003 年 6 月，三峡水库蓄水至 135 m 进入围堰发电期，汛后实施了 139 m 蓄水；2006 年汛后进一步蓄水至 156 m，提前 1 年进入初期运行期；2008 年汛后工程具备蓄水至正常蓄水位 175 m 的条件，开始 175 m 试验性蓄水，提前 5 年进入正常蓄水位运行期。2010 年汛后，三峡水库首次实现 175 m 蓄水目标。为科学、有效指导三峡水库实时调度，中国长江三峡集团有限公司组织编制三峡水库各运行阶段调度规程。

2.1.1　围堰发电期

《三峡（围堰发电期）—葛洲坝水利枢纽梯级调度规程》经国务院三峡工程建设委员会（以下简称三峡建委）批准于 2003 年 3 月发布实施。2003 年 10 月，为适应 139 m 蓄水运行，进一步对相关条文进行了修订。

2.1.2　初期运行期

《三峡（初期运行期）—葛洲坝水利枢纽梯级调度规程》经三峡建委批准于 2006 年 9 月发布实施。根据枢纽工程、库水位等运行条件的变化，继续对其进行了修订，形成了《三峡（初期运行期）—葛洲坝水利枢纽梯级调度规程》(2007 年修订版)，该规程经三峡建委批准于 2007 年 8 月发布实施。

2.1.3　正常蓄水位运行期

2008 年汛末经三峡建委批准，三峡工程实施了 175 m 试验蓄水，工程进入 175 m 正常蓄水位运行阶段。从 2009 年开始，中国长江三峡集团有限公司在《三峡（初期运行期）—葛洲坝水利枢纽梯级调度规程》(2007 年修订版）的基础上，结合三峡工程的运行条件，按最终运行水位，组织编制了正常运行期调度规程，并于 2009 年上报三峡建委审批。同年，水利部组织开展了三峡水库优化调度方案的系列研究，并经国务院批准通过了《三峡水库优化调度方案》，作为三峡水库 175 m 试验性蓄水运行阶段的调度指导文件。2012 年，中国长江三峡集团有限公司根据相关要求，继续以《三峡（初期运行期）—葛洲坝水利枢纽梯级调度规程》(2007 年修订版）为基础，结合《三峡水库优化调度方案》和试验性蓄水的实践经验和规律，组织编制了《三峡（正常运行期）—葛洲坝水利枢纽梯级调度规程》，其间结合各方面审查意见，经过多次修改，于 2015 年 9 月经水利部批准发布实施。

2015 年以后，为进一步适应上游水库群建成投运及水雨情预报水平有所提高等外界调度运行环境的变化，中国长江三峡集团有限公司组织开展了一系列优化调度研究，并取得了丰硕的研究成果，部分最新研究成果及以往研究成果于近几年成功应用于实践，取得了良好的综合效益。2018 年国家部委机构改革，相关调度主管机构与职能进行了调整。基于以上背景，为及时吸纳最新研究成果与成功实践经验，厘清最新调度管理关系，进一步发挥三峡工程的综合效益，中国长江三峡集团有限公司对《三峡（正常运行期）—葛洲坝水利枢纽梯级调度规程》部分条文进行了修改，经水利部批准形成了本次《三峡（正常运行期）—葛洲坝水利枢纽梯级调度规程》（2019 年修订版）。

2.2　正常运行期三峡水库调度方式

三峡建委和水利部于 2003 年、2006 年和 2015 年先后批准了围堰发电期、初期运行期和正常蓄水位运行期的三峡—葛洲坝水利枢纽梯级调度规程。其中，2003 年和 2006 年为工程建设过程中的过渡性调度规程，2015 年为正常运行期调度规程。为了使正常运行期调度规程更加完善，在颁布前水利部组织开展了三峡水库优化调度方案的系列研究及试验箱蓄水实践活动，同时经国务院批准通过了《三峡水库优化调度方案》，在此基础上，结合各方面审查意见，形成《三峡（正常运行期）—葛洲坝水利枢纽梯级调度规程》（2015 年 9 月）。

2.2.1　调度控制水位与流量

1. 三峡水利枢纽汛期水位与流量

（1）三峡水利枢纽汛期水位按防洪限制水位 145.0 m 控制运行，实时调度时库水位可在防洪限制水位上下一定范围内变动。①考虑泄水设施启闭时效、水情预报误差和水电站日调节需要，实时调度中库水位可在防洪限制水位以下 0.1 m 至限制水位以上 1.0 m 内变动；②在保证防洪安全的前提下，为有效利用洪水资源，在满足沙市站水位在 41.0 m 以下、城陵矶站（莲花塘站，下同）水位在 30.5 m 以下且三峡水库入库流量小于 30 000 m^3/s，库水位的变动上限可在本自然段①的基础上再增加 0.5 m。

（2）当三峡水库水位在防洪限制水位允许的幅度内运行时，中国长江三峡集团有限公司应加强对三峡水库上下游水雨情监测和水文气象预报，密切关注来水变化和枢纽运行状态，及时向长江防汛抗旱总指挥部（简称长江防总）通报有关信息，服从长江防总的指挥调度。当上游或者中游河段将发生洪水时，应及时、有效地采取预泄措施，将库水位降低至防洪限制水位。①当沙市站水位达到 41.0 m 或城陵矶站水位达到 30.5 m 且预报继续上涨，或三峡水库入库流量达到 25 000 m^3/s 且短期预报将达到 30 000 m^3/s 时，若库水位在 146.0 m 以上，应根据上下游水情状况，及时将库水位降至 146.0 m 以下；②当城陵矶站水位达到 30.8 m，或短期预报三峡水库入库流量将达到 35 000 m^3/s 时，应根据上下游水情状况，及时将库水位降至防洪限制水位。

（3）8 月 31 日后，当预报长江上游不会发生较大洪水，且沙市站、城陵矶站水位分别低于 40.3 m、30.4 m 时，在确保防洪安全的前提下，经国家防汛抗旱总指挥部（简称国家防总）同意，9 月上旬浮动水位不超过 150.0 m。

2. 三峡水利枢纽蓄水期水位与流量

（1）三峡水利枢纽开始兴利蓄水的时间不早于 9 月 10 日。具体蓄水实施计划由中国长江三峡集团有限公司根据每年水文气象预报编制，明确实施条件、控制水位及下泄流量等，报国家防总批准后执行。①当沙市站、城陵矶站水位均低于警戒水位（分别为 43.0 m、32.5 m）且预报短期内不会超过警戒水位的情况下，方可实施蓄水方案；②9 月 10 日，三峡水利枢纽库水位一般不超过 150.0 m；③一般情况下，9 月底控制水位为 162.0 m，经国家防总同意后，9 月底蓄水位视来水情况可调整至 165.0 m，10 月底可蓄至 175.0 m。在蓄水期间，当预报短期内沙市站、城陵矶站水位将达到警戒水位，或三峡水库入库流量达到 35 000 m^3/s 且预报数据可能继续增加时，水库暂缓兴利蓄水，按防洪要求进行调度。

（2）蓄水期间下泄流量按 2.2.5 小节“2. 调度方式”第（1）和（2）部分的规定执行。

3. 三峡水利枢纽消落期水位与流量

（1）当三峡水库水位已蓄至 175.0 m，如预报入库流量将超过 18 300 m^3/s 时，应适当降低库水位，避免其超过土地征用线。

（2）三峡水库蓄水到 175.0 m 后，应尽可能维持高水位运行，实时调度中可考虑周调节和日调峰需要，在 175.0 m 以下留有适当的变幅。

（3）1～5 月，三峡水库水位在综合考虑航运、发电和水资源、水生态需求的条件下逐步消落。三峡水库下泄流量按 2.2.5 小节“2. 调度方式”第（3）部分的规定执行。一般情况下，4 月末库水位不低于枯水期消落低水位 155.0 m，5 月 25 日不高于 155.0 m。如遇特枯水年份，实施水资源应急调度时，可不受以上水位、流量限制。

（4）消落下泄流量按 2.2.5 小节“2. 调度方式”第（3）部分的规定执行。

（5）枯水期，考虑地质灾害治理工程安全及库岸稳定对三峡水库水位下降速率的要求，三峡水库水位日下降幅度一般按 0.6 m 控制。

（6）三峡水库汛前应逐步消落库水位，6 月 10 日消落到防洪限制水位。当上下游水雨情满足 2.2.1 小节“1. 三峡水利枢纽汛期水位与流量”第一自然段②条件时，可消落至第（1）段允许的变动范围内。

（7）对消落期出现特殊情况：长江中下游来水特枯期，需三峡水库应急补水；发生重大水上安全事故，需要三峡水库采取调度措施予以配合；遇重大地质灾害需要三峡水库进一步放缓或暂停降水位等，三峡水库需启动应急调度措施，具体的应急调度方式根据国家防总或长江防总调度指令执行。

4. 葛洲坝水利枢纽运行水位

（1）葛洲坝水利枢纽正常运行水位为 66.0 m。考虑预报、泄水能力等误差和运行操作的需要，实时调度中运行库水位允许变化幅度为±0.5 m。

（2）葛洲坝水利枢纽在配合三峡水利枢纽进行反调节运行时，库水位可在 63.0～66.5 m 变动。

2.2.2　防洪调度

1. 调度任务与原则

防洪调度的主要任务是在保证三峡水利枢纽安全和葛洲坝水利枢纽度汛安全的前提下，对长江上游洪水进行调控，使荆江河段防洪标准达到 100 年一遇。遇 100 年一遇至 1 000 年一遇洪水，包括 1870 年特大洪水时，控制枝城站流量不大于 80 000 m^3/s，配合蓄滞洪区运行，保证荆江河段行洪安全，避免两岸干堤溃决。

根据城陵矶地区防洪要求，考虑长江上游来水情况和水文气象预报，适度调控洪水，减少城陵矶地区分蓄洪量。当发生危及大坝安全事件时，按保护大坝安全进行调度。

2. 防洪调度方式

1）对荆江河段进行防洪补偿的调度方式

（1）对荆江河段进行防洪补偿调度主要适用于长江上游发生大洪水的情况。

（2）汛期在实施防洪调度时，如三峡水库水位低于 171.0 m，依据水情预报及分析，在洪水调度的控制时段，当坝址上游来水与坝址—沙市站来水叠加后：①沙市站水位低于 44.5 m 时，该时段内如果库水位为防洪限制水位，则按泄量等于来水量的方式控制水库下泄流量，如果库水位高于防洪限制水位，则按沙市站水位不高于 44.5 m 控制水库下泄流量，及时降低库水位以提高调洪能力；②沙市站水位达到或超过 44.5 m 时，控制水库下泄流量，与坝址—沙市站来水叠加后，使沙市站水位不高于 44.5 m。

（3）当三峡水库水位在 171.0～175.0 m 时，控制枝城站流量不超过 80 000 m^3/s，在配合采取分蓄洪措施条件下控制沙市站水位不高于 45.0 m。

（4）按上述方式调度时，如相应的枢纽总泄流能力（含水电站过流能力，下同）小于确定的控制泄量，则按枢纽总泄流能力泄流。

2）兼顾对城陵矶地区进行防洪补偿的调度方式

（1）兼顾对城陵矶地区进行防洪补偿调度主要适用于长江上游洪水量小，三峡水库尚不需为荆江河段防洪大量蓄水，而城陵矶站水位将超过长江干流堤防设计水位时，需要三峡水库拦蓄洪水以减轻该地区分蓄洪压力。

（2）汛期需要三峡水库为城陵矶地区拦蓄洪水时，三峡水库水位不高于 155.0 m，按控制城陵矶站水位 34.4 m 进行补偿调节，三峡水库当日泄量为当日荆江河段防洪补偿的允许水库泄量和第三日城陵矶站防洪补偿的允许水库泄量二者中的较小值。

（3）当三峡水库水位高于 155.0 m 之后，对荆江河段进行防洪补偿调度。

3）保障枢纽安全的防洪调度方式

当三峡水库已拦洪至 175.0 m 水位后，实施保障枢纽安全的防洪调度方式。原则上按枢纽全部泄流能力泄洪，但泄量不得超过上游来水量。

4）洪水安全回落调度方式

三峡水库调洪蓄水后，在洪水退水过程中，应按相应防洪补偿调度及库岸稳定的控制条件，使三峡水库水位尽快消落至防洪限制水位，以利于防御下次洪水。

5）中小洪水调度方式

在保障防洪安全时，三峡水库可以相继实施中小洪水调度。长江防总应不断总结经验，进一步论证中小洪水调度的条件、目标、原则和利弊得失，研究制定中小洪水调度方案，报国家防总审批。

2.2.3 发电调度

1. 调度任务与原则

（1）根据水库来水、蓄水和下游用水情况，利用兴利库容合理调配水量，充分发挥水库发电效益。

（2）发电调度服从防洪调度、水资源调度，并与航运调度相协调。

（3）三峡水电站承担电力系统调峰、调频、事故备用任务；葛洲坝水电站在三峡水电站调峰时，要配合三峡水电站调峰进行反调节，以满足航运要求。

2. 调度方式

（1）三峡水库发电调度按相关水库调度图运行，制定水库调度图的主要规则有：①汛期，6 月中旬到三峡水库兴利蓄水前三峡水库维持防洪限制水位运行。当防洪需要三峡水库预泄时，发电调度单位应配合做好发电计划。②蓄水期，水电站按照兼顾下游航运流量和生态、生产用水需求所确定的泄水过程发电放流，拦蓄其余水量，三峡水库平稳蓄至正常蓄水位。蓄水期设置加大出力区，实际运用中日间出力尽量平稳。③枯水期，水电站按不小于保证出力及水资源调度确定的下泄流量发电，并依照三峡水库调度图的规定控制运行水位与出力。若三峡水库已消落至枯期消落低水位，一般按来水量发电，若遇来水特枯，下游航运和用水需要加大泄量时，可适当动用 155.0 m 以下库容通过加大发电出力进行补偿。

（2）三峡水电站运行方式。枯水期：水电站按调峰方式运行，允许调峰幅度根据不同流量级、机组工况和航运安全等因素综合拟定。水电站日调峰运行时，要留有相应的航运基荷。汛期：按来水量实施不同发电方式。当入库流量大于装机最大过水能力时，原则上按预想出力运行；当入库流量小于装机最大过水能力时，在保障通航安全的前提下，可适当承担一定的调峰任务。实时调度中，三峡水利枢纽梯级调度通信中心应及时与长江三峡通航管理局互通调度相关信息。

（3）葛洲坝水电站运行方式。葛洲坝水电站在三峡水电站按调峰方式运行时，利用两坝间库容进行反调节，葛洲坝水电站可配合三峡水电站联合调峰运行，但葛洲坝水电站调峰幅度应小于单独运行时的幅度。

3. 实时调度

（1）三峡水利枢纽梯级调度通信中心根据入库流量预报和设备工况，编制三峡水电站日发电计划上报国家电力调度控制中心，国家电力调度控制中心根据电网运行要求编制日运行方式（含各分厂 96 点上网电力计划和机组启停计划等），下达三峡水利枢纽梯级调度通信中心执行。

（2）葛洲坝水电站按国家电力调度控制中心下达的发电计划实施开停机运行。

（3）三峡水利枢纽梯级调度通信中心应将三峡、葛洲坝水利枢纽的日下泄流量及时通报长江三峡通航管理局。实时调度中，遇水位和流量大幅变化时，应当提前通报长江三峡通航管理局，给船舶避让和港口安全作业留出合理的时间。

4. 水轮发电机组安全运行

（1）三峡水电站机组运行的最大水头为 113.0 m；左岸水电站、右岸水电站、电源水电站运行最小水头为 61.0 m；地下水电站运行最小水头为 71.0 m。

（2）葛洲坝水电站机组运行的最小水头为 8.3 m，最大水头为 27.0 m。在运行水头超过 23.0 m 时，宜使用 125 MW（后升级为 150 MW）机组，如需运行 170 MW 机组，应加强机组运行工况监测，保证机组安全。

（3）机组开停机时应快速通过不稳定区。水轮机的安全、稳定运行范围应根据采购合同确定的运行区间和实际运行情况拟定。

（4）若机组运行过程中振动幅度加剧时，应采取减振、避振措施直至达到正常运行状况，否则应立即停机。

（5）当发生较多发电机组紧急切机时，为避免大坝上游出现过大的浪涌及下游水位的急剧变化，须立即加大枢纽泄量，并及时通知长江三峡通航管理局。

（6）三峡水电站排漂应以导、排为主，辅以机械清漂；葛洲坝水电站排漂应以导为主，导、排、疏、清相结合。

（7）三峡、葛洲坝水电站拦污栅压差信号器发出信号时应采取的措施，具体见表 2.1。

表 2.1　三峡、葛洲坝水电站拦污栅压差控制措施

拦污栅压差/cm			信号	采取措施
三峡水电站	葛洲坝大江水电站	葛洲坝二江水电站		
100	50	100	一般	加强清污
200	180	200	警报	紧急措施
400	—	300	—	停机

2.2.4　航运调度

1. 调度任务和原则

（1）保障三峡、葛洲坝水利枢纽通航设施的正常运行，保障航运安全和畅通。

（2）保障过坝船舶安全、便捷、有序通过。

（3）统筹兼顾三峡水利枢纽上游水域交通管制区至葛洲坝水利枢纽下游中水门锚地航段的航运要求，以及三峡水库干流和葛洲坝下游航道的运行，以利于长江干流上下游航运畅通。

2. 运行水位要求

（1）三峡水利枢纽通航水位运行要求。三峡水利枢纽上游最高通航水位 175.0 m，最低通航水位 144.9 m。下游最高通航水位为 73.8 m，最低通航水位为 62.0 m，一般情况下，下游通航水位不低于 63.0 m。

（2）葛洲坝水利枢纽上游最高通航水位为 66.5 m，最低通航水位暂定为 63.0 m。葛洲坝库水位日变幅最大为 3.0 m，水位小时变幅小于 1.0 m。

（3）葛洲坝水利枢纽下游大江航道及船闸，最高通航水位为 50.6 m（吴淞高程）；三江航道及船闸最高通航水位为 54.5 m；下游最低通航水位应满足过坝船舶安全航行的要求，按 39.0 m（庙嘴站水位，吴淞高程，下同）控制。

3. 下泄流量运行要求

（1）三峡水利枢纽最大通航流量为 56 700 m^3/s。长江三峡通航管理局可根据三峡水库入库流量预报枢纽下泄流量，确定超过最大通航流量的停航时机。

三峡至葛洲坝河段航道水流条件应满足船舶安全航行的要求。三峡水电站日调节下泄流量应逐步稳定增加或减少，汛期应限制三峡水电站调峰容量，避免恶化两坝间水流条件。实际运行中如日调节产生的非恒定流影响航运安全时，应通过调整三峡、葛洲坝水利枢纽的出库流量变化速度解决。汛期当流量大于 25 000 m^3/s 且下泄流量日变幅大于 5 000 m^3/s 时，应由调度单位通知长江三峡通航管理局。

（2）葛洲坝水利枢纽三江上游航道迎向运行最大通航流量为 45 000 m^3/s，单向运行

最大通航流量为 60 000 m^3/s；三江下游航道最大通航流量为 60 000 m^3/s。葛洲坝大江航道的最大通航流量为 35 000 m^3/s。船舶通航分级流量按交通运输部规定执行。葛洲坝下泄流量应逐步增加或减少，最小下泄流量应满足葛洲坝下游庙嘴站水位不低于 39.0 m。

（3）汛期当三峡、葛洲坝水利枢纽上下游大量船舶积压时，在保证防洪安全的前提下，根据长江防总的指令可控制三峡水利枢纽下泄流量，为集中疏散船舶提供条件。

（4）三峡水库汛后蓄水运行要兼顾三峡库尾和葛洲坝下游的航道畅通，三峡水库下泄流量总体上应稳步减少。在下泄流量低于 12 000 m^3/s，当日降幅大于 1 500 m^3/s 时，三峡水利枢纽梯级调度通信中心应及时通知长江三峡通航管理局。

（5）枯水期三峡水电站进行日调节，葛洲坝水利枢纽进行航运反调节运行，应充分利用反调节库容，使下泄流量满足葛洲坝下游的航运要求。

三峡水库枯水期以保证出力运行方式下泄发电流量，利于葛洲坝水利枢纽下游航运的流量要求。遇特枯年份，三峡水库要合理使用兴利调节库容，在降低出力时，要兼顾葛洲坝下游最低通航水位的要求。长江三峡通航管理局应根据大江、三江航道实际水深，采取相应措施实施葛洲坝船闸优化调度预案，加强引航道的清淤工作和船舶过闸管理，尽可能保证船舶过坝。

4. 过闸调度的基本要求与基本原则

（1）在保障工程安全和船舶安全的前提下，保证三峡、葛洲坝水利枢纽船闸正常运行，合理安排通航、泄流冲沙、清淤、检修等方面的工作，充分发挥通航效益。

（2）进出三峡水利枢纽水上交通管制区通航水域的过闸船舶须遵从《长江三峡水利枢纽水上交通管制区域通航安全管理办法》的规定，服从长江三峡通航管理局的统一调度。

（3）应贯彻交通发展规划，推进船舶标准化，船舶船型应适应闸室尺度的要求，提高过闸效率。

（4）三峡船闸和葛洲坝船闸实行统一调度，缩短过闸时间，减少两坝间船舶滞留，保障船舶安全、便捷、有序通过两坝；应充分利用闸室有效尺度，提高闸室利用率和用水经济效益。

（5）三峡水库水位高于 150.0 m，漫过上游隔流堤顶后，船闸上游航迹带仍与库水位未漫隔流堤顶一致；应设置通航标志，保障通航安全。

（6）当船闸检修或其他原因造成过坝船舶滞留过多时，应及时启动应急措施，中国长江三峡集团有限公司应保证必要的过坝运输条件。

5. 梯级枢纽航道的维护

（1）在三峡、葛洲坝水利枢纽入库，下泄流量及水位满足设计条件情况下，应保障三峡和葛洲坝上下游航道尺度，满足过坝船舶（队）的航行要求。

（2）当葛洲坝水库进行反调节运行时，有关单位应根据各自的责任做好两坝之间码头和锚地等各项设施的维护及必要的改造工作，以保障其安全运行。

（3）对引航道的碍航淤积解决措施，三峡引航道以机械清淤为主，动水冲沙为辅。葛洲坝引航道采用静水通航及动水冲沙，这些措施的航道泄流冲沙效果较低或无效甚至形成局部落淤地带，此时应辅以机械清淤措施。葛洲坝水利枢纽大江、三江引航道的冲沙应错时进行，汛期最后一次冲沙宜先大江引航道后三江引航道。

（4）葛洲坝水利枢纽大江、三江引航道的冲沙量见表 2.2。

表 2.2　葛洲坝水利枢纽大江、三江引航道冲沙量

航道	运用情况	入库流量/（m^3/s）	冲沙量/（m^3/s）	上游水位/m
三江引航道	汛期冲沙	≥45 000	9 000～10 000	63.0～66.0
	汛末冲沙	≥24 000	8 000～9 000	63.0～66.0
	汛后冲沙	10 000～12 000	5 250～6 000	63.0～66.0
大江引航道	汛期冲沙	≥35 000	10 000～15 000	63.0～66.0
		≥45 000	15 000～20 000	63.0～66.0
	汛末冲沙	25 000	10 000	63.0～66.0

（5）葛洲坝水利枢纽三江引航道的冲沙和大江引航道的汛末冲沙，可根据航道的淤积情况进行。三江引航道每次冲沙历时为 10～12 h，大江引航道为 24～48 h。三峡—葛洲坝梯级调度协调领导小组根据当年水文泥沙情况联系有关单位讨论决定冲沙方案，由海事管理机构对外发布航行通（警）告。

（6）三峡水库水位漫过上游隔流堤顶后，漂浮物可能进入上游引航道，当漂浮物影响船闸输水系统进口、闸门正常运行或船舶航行安全时，中国长江三峡集团有限公司应采取措施予以清除。

6. 枢纽通航安全规定

（1）三峡、葛洲坝水利枢纽水域的通航安全管理，应遵照相关法律、法规及有关规范性文件进行管理。

（2）长江三峡通航管理局按照交通运输部有关规定，对枢纽通航水域实行交通管制，停止船闸运行或禁止航道通航。

（3）特殊情况下，水位或水位日变幅、水位小时变幅超出正常范围，应立即通知长江三峡通航管理局，由长江三峡通航管理局通知海事管理机构发布航行通（警）告和实施有关规定。

（4）严格执行《长江三峡水利枢纽安全保卫条例》。除公务执法船舶及持有中国长江三峡集团有限公司签发的作业任务书和长江三峡通航管理局签发的施工作业许可证的船舶外，任何船舶和人员不得进入禁航区。对因机械故障等原因失去控制有可能进入水域安全保卫区的船舶，长江三峡通航管理局应当立即采取措施使其远离；对违反规定进入管制区、通航区的船舶，公安机关、长江三峡通航管理局应当立即制止并将其带离；对违反规定进入禁航区的船舶，人民武装警察部队执勤人员应当立即进行拦截并责令驶离；对拒绝驶离的，应当立即依法予以控制并移送公安机关处理。

（5）应加强三峡至葛洲坝河段航运设施的管理与维护，及时进行三峡船闸和葛洲坝船闸引航道的清淤，以利于发挥葛洲坝水利枢纽的反调节作用和保障航行安全。

（6）在三峡水库、两坝间及葛洲坝以下近坝河段，当船舶发生海损、机损、搁浅、火灾事故，打捞沉船，航道水深严重不足影响通航及其他特殊水面、水下作业时，如果水利枢纽有能力调整流量和水位，应由长江三峡通航管理局提出需求，有关调度单位商定后，中国长江三峡集团有限公司予以配合。

2.2.5　水资源调度

1. 调度任务与原则

（1）三峡水库的水资源调度，应当首先满足城乡居民生活用水，并兼顾生产、生态用水及航运等需要，注意维持三峡水库及下游河段的合理水位和流量。

（2）在有条件时实施有利于水生态环境的调度，合理控制水库蓄泄过程，尽量减少水库泥沙淤积。

（3）汛期，在保证防洪安全的前提下，合理利用水资源。

（4）三峡水库蓄水期间，下泄流量应平稳变化，尽量减少对下游地区供水、航运、水生态与环境等方面的影响。

（5）三峡水库供水期，应根据下游地区供水、航运、水生态与环境及发电等方面的要求调节下泄流量。

2. 调度方式

（1）9 月蓄水期间，当三峡水库来水量大于等于 10 000 m^3/s 时，按不小于 10 000 m^3/s 下泄；当三峡水库来水量大于等于 8 000 m^3/s 但小于 10 000 m^3/s 时，按来水量下泄，三峡水库暂停蓄水；当三峡水库来水量小于 8 000 m^3/s 时，若三峡水库已蓄水，可根据来水情况适当补水至 8 000 m^3/s 下泄。

（2）10 月蓄水期间，一般情况下三峡水库下泄流量按不小于 8 000 m^3/s 控制，当三峡水库来水量小于 8 000 m^3/s 时，可按来水量下泄。11 月和 12 月，三峡水库最小下泄流量按葛洲坝下游庙嘴站水位不低于 39.0 m 且三峡水电站发电出力不小于保证出力对应的流量。

（3）蓄满年份，1～2 月三峡水库下泄流量按 6 000 m^3/s 控制，3～5 月的最小下泄流量应满足葛洲坝下游庙嘴站水位不低于 39.0 m。未蓄满年份，根据三峡水库蓄水和来水情况合理调配下泄流量。如遇枯水年份，实施水资源应急调度时，可不受以上流量限制，库水位也可降至 155.0 m 以下进行补偿调度。

（4）5 月上旬～6 月底“四大家鱼”集中产卵期，在防洪形势和水雨情条件许可的情况下，可有针对性地实施有利于鱼类繁殖的蓄泄调度，为“四大家鱼”的繁殖创造适宜的水流条件。

（5）在效益发挥的前提下，结合三峡水库消落过程，当上游来水利于库尾冲沙时，可进行库尾减淤调度试验并及时总结经验，编制泥沙调度方案。

3. 应急调度

（1）当三峡水库或长江下游河道发生重大水污染事件和重大水生态事故时，由国家防汛抗旱总指挥部或长江防汛抗旱总指挥部下达应急水资源调度指令，中国长江三峡集团有限公司执行。

（2）当长江中下游发生较严重干旱或出现供水困难，需实施水资源应急调度时，由国家防汛抗旱总指挥部或长江防汛抗旱总指挥部下达调度指令，中国长江三峡集团有限公司执行。

2.2.6 水工建筑物安全运行

1. 一般原则

（1）中国长江三峡集团有限公司应负责三峡水利枢纽及葛洲坝水利枢纽建筑物的巡视检查及安全监测，按照运行管理规程的相关规章制度执行。

（2）在非汛期，应合理安排时间对水工建筑物进行全面检查，发现问题及时进行处理。泄洪时，应加强对水工建筑物的巡视检查和安全监测，并及时采集、整理、分析监测资料，发现异常或突变情况应分析原因，必要时采取相应措施。

（3）泄水设施应按防洪调度、泥沙调度、发电和通航的要求控制运行库水位和枢纽下泄流量，做到安全、准确、可靠。正常运行期各泄水设施的安全运行管理和具体调度运行方式，应遵照各项建筑物及泄水设施闸门、启闭机等设备的管理操作规程执行。

2. 三峡水利枢纽泄水设施运行调度

1）泄水设施安全运行条件

（1）深孔：设计最低运行水位为 135.0 m、正常运行水位为 145.0 m 以上。深孔弧形工作闸门不应局部开启运用。

（2）排漂孔：1 号、2 号为泄洪排漂孔，可用于排漂或参与泄洪，运行水位为 135.0～150.0 m 及 155.0 m 以上。3 号排漂孔仅在需要排漂时运用，不参与泄洪调度，运行水位为 135.0～150.0 m。排漂孔弧形工作闸门不应局部开启运用。

（3）表孔：正常泄流时排漂运行水位宜在 161.0 m 以上。表孔平板工作闸门最高挡水位为 175.0 m。闸门不得局部开启运用。

（4）排沙孔：1～7 号排沙孔用于左右水电站建筑物排沙，8 号排沙孔用于地下水电站排沙。排沙孔运行水位为 135.0～150.0 m，平板工作闸门不得局部开启运用。尽量少用排沙孔泄洪，必要时可在 150 m 以下参与泄洪。排沙孔不过流时，应运用事故门挡水。

（5）两孔冲沙闸：开闸冲沙的水位与流量组合为三峡水库水位 135.0～150.0 m，下游葛洲坝坝前水位 63.0～66.0 m；三峡水利枢纽总泄量 20 000～35 000 m^3/s。

冲沙闸仅用于通航建筑物航道拉沙冲淤，不参与泄洪调度，其设计最大冲沙量为 2 500 m^3/s。冲沙闸冲沙时可分级开启弧形门，平板门作为事故检修门，在不冲沙挡水期间，运用平板门挡水。

2）泄水设施泄洪调度运行要求

（1）泄水设施泄洪运行开启顺序：机组、深孔、排漂孔、表孔。当需要减少下泄流量时，按上述相反的顺序关闭。

（2）深孔和表孔开启泄洪顺序应以均匀、间隔、对称的原则进行，关闭时按相反的顺序进行。不得无间隔地集中开启某一区域孔口泄流。

（3）运用深孔泄流，宜使各深孔的运行时间较均匀，不宜过分集中使用某些孔口。

（4）运用排漂孔泄洪时，首先运用 2 号排漂孔，再运用 1 号排漂孔且宜少用 1 号排漂孔。3 号排漂孔不参与泄洪调度。排漂运用时可根据需要合理选择。

（5）表孔投入泄流运行后，宜启闭深孔来调节下泄流量。

3）泄水设施的排沙调度运行要求

（1）排沙孔主要用于厂前排沙。排沙时，首先开启 2～6 号排沙孔，再开启 1 号、7 号排沙孔。7 号、8 号排沙孔不应与 3 号排漂孔同时运用。7 号、8 号排沙孔应避免同时运用。运行中应尽量多使用 8 号排沙孔（地下水电站排沙孔），但应避免单支洞运行。

（2）冲沙闸冲沙时，两孔冲沙孔的弧形工作门应同步、均匀开启。冲沙量一般分三级运行：1 000 m^3/s、1 750 m^3/s、2 500 m^3/s，关门时流量逐级减小，直至全关。分级启闭的间隔时间为 0.5～1.0 h。

3. 葛洲坝水利枢纽泄水设施运行调度

1）泄水设施安全运行条件

（1）二江泄水闸最大泄量达 80 000 m^3/s 以上，在正常运行条件下，运行弧形工作门局部开启来调节下泄流量，一般不得采取敞泄方式。只有遭遇特大洪水或上、下游水位差小于 6.3 m，才允许开启弧形门上方的平板门，采用敞泄方式运行。当水电站需要排漂时，泄水闸左（右）区少数闸孔可采取敞泄方式泄流排漂，排漂结束后，应立即关闭平板门，调整闸门开度，恢复正常运行方式。

（2）大江泄洪冲沙闸主要任务是泄洪与冲沙，其最大泄量约为 20 000 m^3/s，除必要时需要使用最大泄量而采用敞泄方式外，一般均采用对称均匀局部开启方式运行。

（3）三江冲沙闸主要任务是冲沙，其次是参与大流量（大于 60 000 m^3/s）泄洪，其最大泄量约为 10 500 m^3/s，除特大洪水需要闸门全开外，一般应采用对称均匀局部开启方式运行。

（4）二江水电站排沙底孔冲沙时机宜安排在汛初或汛末来水量为 20 000～25 000 m^3/s。二江水电站排沙底孔运行时（检修时除外），1#、2#机组下游水位（7 号水尺）不得低于 43.0 m，3#～7#机组下游水位（7 号水尺）不得低于 44.6 m。

（5）大江水电站排沙底孔在每年汛初和汛末来水量为 25 000～30 000 m^3/s 时，应进行一次冲泄沙。大江水电站排沙底孔下游水位不得低于 44.6 m，排沙洞运行时（检修时除外）下游水位不得低于 46.6 m。

（6）大江水电站排漂孔在来水量大于或等于 25 000 m^3/s 时运行，排漂孔单独运行时尾水位不得低于 47.0 m；排漂孔与排沙洞联合运行，库水位为 66 m 时，尾水位不低于 47.0 m，库水位 63 m 时尾水位不低于 49.0 m。

2）泄水设施调度运行要求

（1）水利枢纽泄流主要依靠二江泄水闸、大江泄洪冲沙闸和三江冲沙闸。其他泄水设施除执行自身任务（如排沙、冲沙、排漂等）参加泄洪外，一般不单独泄洪。葛洲坝水利枢纽泄水设施调度运行程序见表 2.3。

表 2.3　葛洲坝水利枢纽泄水设施调度运行程序

来水量/（m^3/s）	参加泄洪的泄水建筑物	备注
＜20 000	二江泄水闸	下泄弃水
20 000～＜25 000	二江泄水闸、排漂孔	—
25 000～35 000	二江泄水闸、大江泄洪冲沙闸、排漂孔、排沙底孔（洞）	—
≥60 000	二江泄水闸、大江泄洪冲沙闸、三江冲沙闸、排沙底孔（洞）	—
≥86 000	二江泄水闸、大江泄洪冲沙闸、三江冲沙闸、排沙底孔（洞）	—

（2）为保证过闸水流均匀平稳，二江泄水闸各闸孔区及大江泄洪冲沙闸、三江冲沙闸的闸门开度应基本保持一致。闸门开启顺序：对奇数闸孔的泄水建筑物应由中部向两侧对称间隔开启；对偶数闸孔的泄水建筑物则应由中部向两侧间隔开启；关闭时顺序相反。

（3）当二江泄水闸弧形闸门开启到最大开度，需要开启平板闸门时，原则上应逐档开启。

（4）二江泄水闸、大江泄洪泄水闸和三江冲沙闸的过闸流量必须与下游水位相适应，使水跃发生在消力池规定范围内；过闸水流要均匀平稳，避免产生集中水流、折冲水流、回流、漩涡、八字水等不正常现象。泄流时应监测消力池内的水跃位置及流态，发现异常应立即采取措施予以消除。

（5）水电站排沙底孔一般采取隔孔开启或轮流开启方式，也可根据水电站前池和尾水渠的淤积情况开启部分排沙底孔。

（6）二江水电站排沙底孔冲沙时，为导排来沙，二江泄水闸左区应考虑泄流，每次冲沙历时 1～2 天。尾水渠的冲淤可视需要，在入库流量大于 25 000 m^3/s 时进行。

（7）大江水电站排沙底孔每次冲泄沙时间不宜少于 2 天。此外，在来水量大于 40 000 m^3/s

的大汛期间，根据当年水沙情况再开启 1～2 次，每次冲泄沙历时宜在 2 天以上，开启孔数不少于 14 孔。排沙洞宜在汛初、汛末与排沙底孔同时开启，为发挥导、排来沙的作用，排沙底孔冲泄沙时，二江泄水闸右区应开启泄流。

（8）大江、二江水电站排沙底孔的汛初或汛末的运行应当错开进行。

（9）泄水设施具体运行管理按修订后的葛洲坝水利枢纽运行操作规程执行。

4. 大坝及茅坪溪防护坝安全运行

（1）三峡茅坪溪防护坝坝前水位不宜骤涨骤落，24 h 水位上升不超过 5.0 m，24 h 水位下降不超过 3.0 m。

（2）加强葛洲坝水利枢纽左岸土石坝与 3 号船闸、大坝与两岸山体结合处、土坝坝顶和上下游坝坡有无渗漏、管涌、坍陷和滑坡等情况的检查，确保大坝安全运行。

5. 水电站建筑物安全运行要求

1）三峡坝后水电站安全运行要求

泄洪期间，当尾水位超过校核尾水位 80.9 m 时，应采取封堵或防护措施，防止淹没厂房。

2）三峡地下水电站安全运行要求

（1）泄洪期间运行要求同三峡坝后水电站安全运行要求。

（2）三峡地下水电站排沙孔（8 号排沙孔）运行时应对支洞及总洞的流态和压力分布进行监测，运用后应对孔壁进行检查，发现问题及时处理。

（3）在水位 150.0 m 以下运行时，应加强进水口流态监测，并根据监测成果合理调度。

3）葛洲坝水电站安全运行要求

泄洪期间，当大江水电站和二江水电站下游水位分别超过 59.50 m 和 59.38 m 时，应采取封堵或防护措施，防止淹没厂房。

6. 船闸安全运行

1）三峡船闸安全运行要求

（1）正常运行时，船闸第 1 闸首事故检修门处于备用状态。汛期库水位超过 175.0 m 时，船闸用第 1 闸首事故检修门挡水，第 1 闸室充水至高程 165.0 m 平压。

（2）当下游水位超过最高通航水位时，船闸第 6 闸首人字门敞开并锁定在门龛内，第 5 闸室的水位为下游水位。

（3）及时采集、整理、分析船闸建筑物及高边坡安全监测资料，发现异常或突变现象，应分析原因，必要时采取相应措施。

2）葛洲坝船闸安全运行要求

（1）当来水量大于最大通航流量时，船闸应停航，由上闸首事故检修门挡水。

（2）当航道泄洪冲沙时，由船闸上闸首事故检修门挡水，下闸首人字门关闭，船闸充泄水阀门处于关闭状态，并控制闸室水位高于下游水位 3.0～5.0 m。在泄洪冲沙接近结束时，船闸应连续进行 2 次以上的充泄水，并打开下闸首人字门后的冲淤系统，连续冲淤。

2.3　三峡水库优化调度方式

2015 年以后，为及时吸纳最新三峡水库调度研究成果与成功实践经验，理顺最新调度管理关系，进一步充分发挥三峡工程的综合效益，中国长江三峡集团有限公司对《三峡（正常运行期）—葛洲坝水利枢纽梯级调度规程》部分条文进行了修改，主要修改内容有：调度控制水位与流量中关于汛期水位及流量的内容，防洪调度中关于中小洪水调度的内容，水资源调度中关于泥沙调度的内容。

2.3.1　调度控制水位与流量

调度控制水位与流量优化的主要内容是汛期水位和流量，主要优化内容如下。

1. 按防洪限制水位 145.0 m 控制运行

三峡水利枢纽汛期水位按防洪限制水位 145.0 m 控制运行，与正常运行期的控制运行一致，详见 2.2.1 小节“1.三峡水利枢纽汛期水位与流量”的（1）部分。

2. 在防洪限制水位之上允许的幅度内运行

（1）若三峡水库入库流量短期预报不超过 30 000 m^3/s：①当沙市站水位达到 38.7 m 或城陵矶站水位达到 28.1 m 且预报水位将继续上涨，或三峡水库入库流量短期预报上涨将达到 25 000 m^3/s 时，若库水位在 148.0 m 以上，应根据上下游水情状况，及时将库水位降至 148.0 m 以下运行；②当沙市站水位达到 41.0 m 或城陵矶站水位达到 30.5 m 且预报水位将继续上涨，若库水位在 146.0 m 以上，应根据上下游水情状况，及时将库水位降至 146.0 m 以下运行；③当城陵矶站水位达到 30.8 m，应根据上下游水情状况，及时将库水位降至防洪限制水位运行。

（2）若预报三峡水库入库流量短期内将超过 30 000 m^3/s 时，按规程中防洪调度方式运行。

3. 无洪灾风险时运行

当预报长江上游不会发生较大洪水，且沙市站、城陵矶站水位分别低于 40.3 m、30.4 m 时，库水位可逐步上升，8 月底库水位最高可上升至 155.0 m，9 月上旬库水位按不超 158.0 m 控制。

2.3.2 防洪调度

优化防洪调度增加了中小洪水调度方式。当长江上游发生三峡水库入库 30 000～55 000 m^3/s 的中小洪水时，根据实时水雨情和预测预报，在保障防洪安全的前提下，为减轻下游防汛、航运压力，抑制三峡水库水华及利用部分洪水资源，三峡水库可以进行中小洪水调度，利用水位一般按 155 m 控制，当溪洛渡-向家坝水库配合应用时，利用水位可进一步提高至 158 m。实施中小洪水调度应提前编制调度计划，报水利部长江水利委员会批准后，根据调度指令执行。

1. 中小洪水调度主要适用情形

（1）长江上游发生短历时、低洪峰流量洪水时，三峡水库无须对长江中下游防洪调度，防洪风险可控，适当拦蓄洪水利用洪水资源。

（2）城陵矶地区无标准洪水防洪调度需求，长江上游发生较大洪水，当荆江河段主要控制站将短时超过警戒水位时，三峡水库可进行拦洪，减轻长江中下游的防洪压力。

2. 中小洪水调度原则

实施中小洪水调度，应在大洪水来临之前将库水位安全预泄至汛限水位，保证枢纽安全，以不降低对荆江河段和城陵矶地区的防洪作用，不增加中下游防洪压力为原则。

3. 中小洪水调度方式

（1）中小洪水资源化调度。①在沙市站及城陵矶站水位分别低于 41.0 m、30.5 m，预测未来一周长江上游和长江中游地区无中等强度以上（日雨量不超过 15 mm）的降水，三峡水库入库洪峰流量在 30 000～42 000 m^3/s，三峡水库可按不小于水电站满发流量下泄，适当拦蓄洪水，控制三峡水库水位不高于 148 m。洪峰过后，应按不小于水电站满发流量下泄至允许的控制运行水位范围。②若预报未来一周长江上游和长江中游地区将发生中等强度以上（日雨量超过 15 mm）的降水，应及时采取预泄措施，按荆江河段防洪控制站沙市站水位不超警戒水位控制下泄，尽快将库水位降至防洪限制水位。

（2）减少中下游防洪压力。①在三峡水库无须对城陵矶地区实施标准洪水防洪调度情况下，预报未来一周长江上游和长江中游地区无中等强度以上（日雨量不超过 15 mm）的降水，入库洪峰流量在 42 000～55 000 m^3/s，三峡水库可按沙市站水位不超警戒水位控制下泄，控制三峡水库水位不高于 158 m。后期视上下游水雨情，适时将库水位降至允许的控制运行水位范围。②若预报未来一周长江上游和长江中游地区将发生中等强度以上（日雨量超过 15 mm）的降水，预报三峡水库入库流量将超过 55 000 m^3/s 或城陵矶站接近警戒水位且继续上涨或三峡水库水位预报将超过 158 m 时，按荆江河段防洪补偿调度方式运行。

2.3.3　水资源优化调度

水资源优化调度新增了泥沙调度的内容，主要优化内容如下。

（1）在确保防洪安全、协调效益发挥的前提下，当来水量及库水位满足条件时，应积极实施三峡水库泥沙调度，合理控制三峡水库蓄泄过程，尽量减少三峡水库泥沙淤积，改善三峡水库淤积形态。

（2）消落期在协调效益发挥的前提下，结合三峡水库消落过程，当长江上游来水量和库水位利于库尾冲沙时，可进行库尾减淤调度试验。

（3）汛期结合水沙预报，当预报寸滩站流量及含沙量满足要求时，可择机启动沙峰排沙调度试验。

（4）开展三峡水库泥沙调度试验前需编制库尾减淤调度方案、沙峰排沙调度方案，报水利部长江水利委员会批准后，根据调度指令执行，结束后及时总结经验。

第3章

三峡水库干流水文水质演变与水库调度

本章主要分析三峡水库建设前、建成运行后和中小洪水调度后的水位、流量和含沙量变化情况和年水位变化过程，辨识三峡水库不同阶段消落期、汛期、蓄水期及高水位运行期水位、流量和含沙量变化特征。采用曼-肯德尔趋势检验法、曼-肯德尔突变分析法分析三峡水库水位、流量和含沙量变化趋势及突变情况。评价三峡水库干流1998～2019年的水质情况，分析总磷、高锰酸盐指数、氨氮和溶解氧浓度的年际变化及三峡水库不同阶段之间的变化情况。针对三峡水库干流水文泥沙演变和水质演变分析三峡水库调度运行对其产生的影响。

3.1　三峡水库干流水文特征变化

3.1.1　三峡水库干流水位特征变化

以三峡水库建成（2003 年）和中小洪水调度（2009 年）为时间节点，统计三峡水库建成前、建成运行后和中小洪水调度后 3 个阶段三峡水库朱沱站、寸滩站、清溪场站、万县站、巴东站、庙河站 6 个站点的水位数据特征值，具体情况如表 3.1 所示。可以看出，年均值方面，1990～2002 年三峡水库蓄水前朱沱站至巴东站沿程水位递减，2003～2008 年蓄水初期，朱沱站至清溪场站水位沿程递减幅度较大，约 53 m，清溪场站至庙河站受三峡水库初期蓄水影响沿程水位降幅不大，2009～2019 年三峡水库实现汛末蓄水后寸滩站至庙河站水位差距进一步减小，年最大值和年最小值呈现相似的规律；水位年内变幅来看，随着三峡水库的蓄水，朱沱站、寸滩站受水位顶托影响而变小，清溪场站至庙河站受三峡水库年内调蓄影响而变大，各阶段沿程水位年内变幅升高，万县站至庙河站在 2009～2019 年水位年内变幅相差不大。

表 3.1　三峡水库不同工程阶段各站点水位特征统计

特征值	阶段	朱沱站	寸滩站	清溪场站	万县站	巴东站	庙河站
年均值/m	1990～2019 年	200.06	165.70	150.68	134.53	118.41	154.87
	1990～2002 年	200.16	163.79	141.82	107.72	72.31	—
	2003～2008 年	200.03	163.96	146.91	141.23	138.34	141.83
	2009～2019 年	199.95	168.91	163.19	162.57	162.04	161.98
年最大值/m	1990～2019 年	206.60	174.96	161.12	148.11	131.44	165.73
	1990～2002 年	207.35	174.23	151.68	124.12	86.57	—
	2003～2008 年	206.18	173.84	157.19	151.64	150.04	150.01
	2009～2019 年	205.93	176.44	174.43	174.55	174.31	174.30
年最小值/m	1990～2019 年	196.95	159.92	141.86	123.84	107.72	139.70
	1990～2002 年	196.83	158.83	136.91	100.35	66.34	—
	2003～2008 年	197.03	159.05	141.29	133.32	127.68	128.79
	2009～2019 年	197.06	161.67	148.02	146.43	145.73	145.64
年内变幅/m	1990～2019 年	9.64	15.05	19.26	24.27	23.72	26.04
	1990～2002 年	10.52	15.40	14.76	23.77	20.23	—
	2003～2008 年	9.15	14.80	15.90	18.32	22.37	21.23
	2009～2019 年	8.87	14.77	26.41	28.12	28.58	28.66

三峡水库蓄水后库区站点水位变幅大，三峡水库各站点旬水位过程图如图 3.1 所示，清溪场站作为三峡水库 156 m 蓄水库尾控制断面，水位 2006 年之后受三峡水库 156 m 蓄水影响而升高，2008 年之后受三峡水库 175 m 蓄水影响水位进一步升高，万县站、巴东站、庙河站 2003 年、2006 年、2008 年三个蓄水时间节点之后水位明显升高。

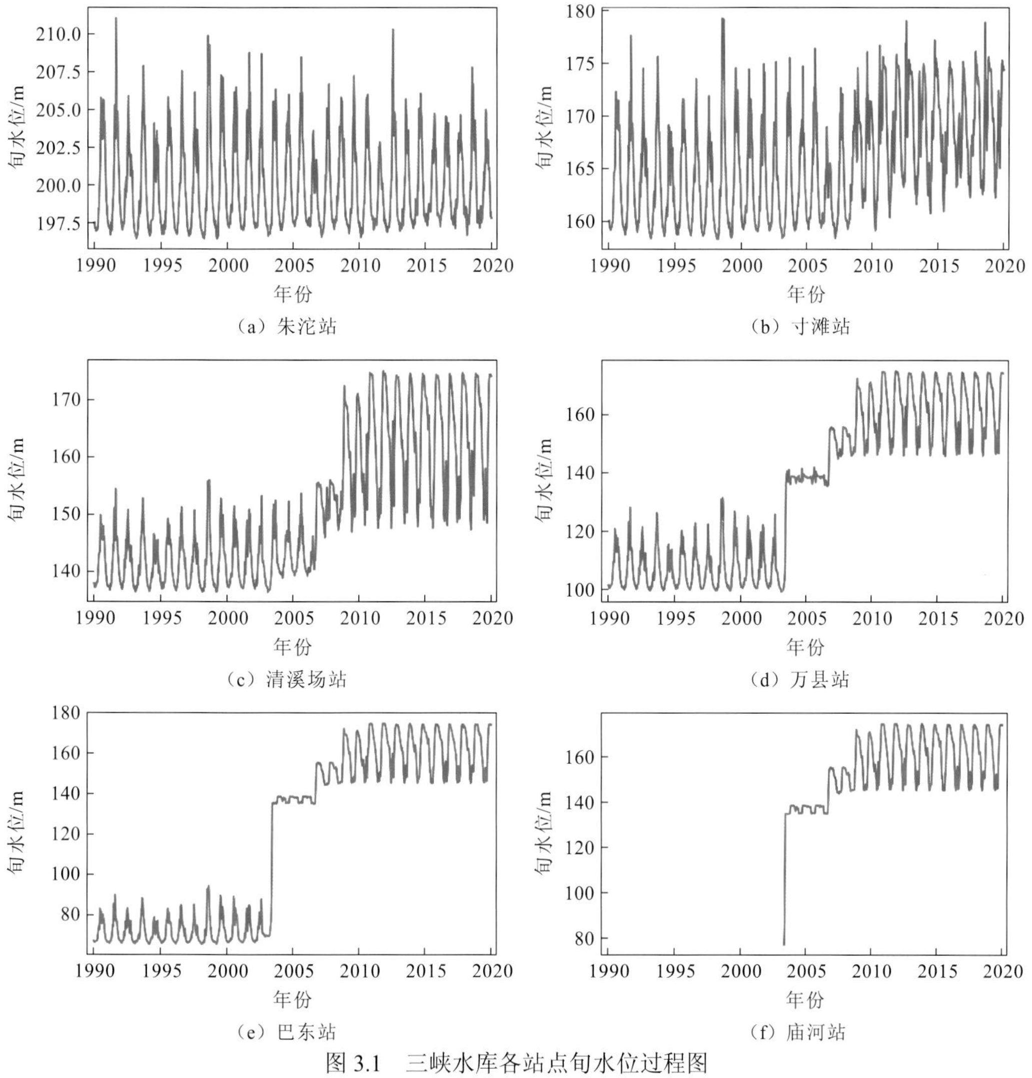

图 3.1　三峡水库各站点旬水位过程图

绘制三峡水库各站点 1990～2002 年、2003～2008 年和 2009～2019 年旬均水位过程图（图 3.2），朱沱站各阶段水位过程基本一致，1～5 月水位有所升高；寸滩站至庙河站 1990～2002 年水位随年内降雨特性而变动，即汛期水位升高、枯水期水位降低，2003～2008 年为三峡水库蓄水初期，清溪场站至庙河站水位过程较 1990～2002 年升高，在 2009 年之后水位随三峡水库年内调度运行而变动，呈现汛期低水、汛末蓄水、枯水期高水、汛前消落的特性。

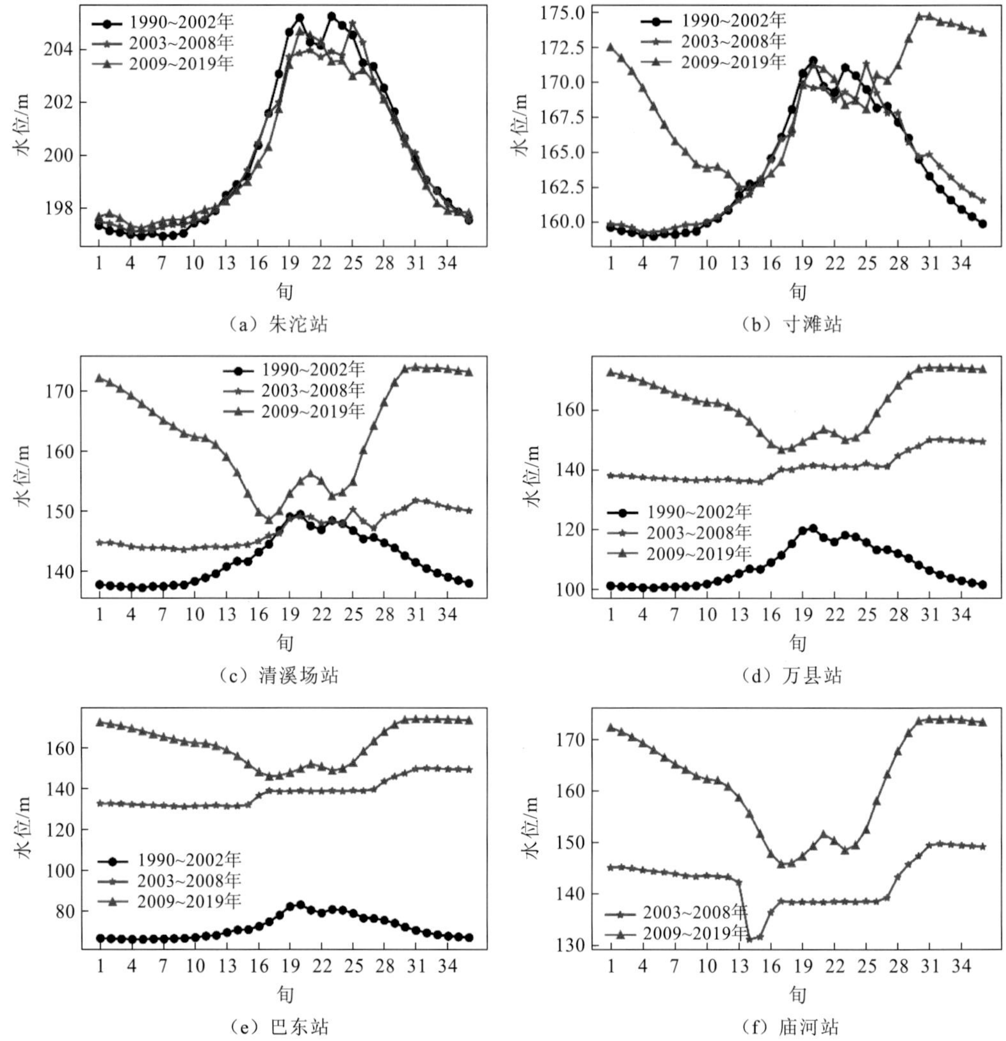

图 3.2　三峡水库各站点不同运行调度时期年旬均水位过程图

针对三峡水库消落期（1～5 月）、汛期（6～9 月）、蓄水期（10 月）及高水位运行期（11～12 月），绘制三峡水库 6 个站点平均水位柱状图，如图 3.3 所示。比较平均水位在不同运行调度时期的变化特征可以看出：朱沱站各阶段各时期水位变化不大，基本不受三峡水库蓄水影响；寸滩站汛期为河流态，基本不受三峡水库蓄水影响，蓄水期至来年消落期 2009～2019 年水位有较大提升；清溪场站至庙河站地处三峡水库，各时期受蓄水影响大，2003～2008 年、2009～2019 年与 1990～2002 年数据相比有较大差距。

采用曼-肯德尔趋势检验法对三峡水库各站点水位特征值和各旬水位系列进行趋势性检验，曼-肯德尔趋势检验法统计值（以下简称 M-K 趋势检验法统计值）如表 3.2 所示，可以看出，除朱沱站年均值、年最大值、年内变幅和寸滩站年内变幅呈减小趋势、庙河站年内变幅呈增加趋势外，其余站点的特征值受三峡水库蓄水影响呈显著增加趋势。

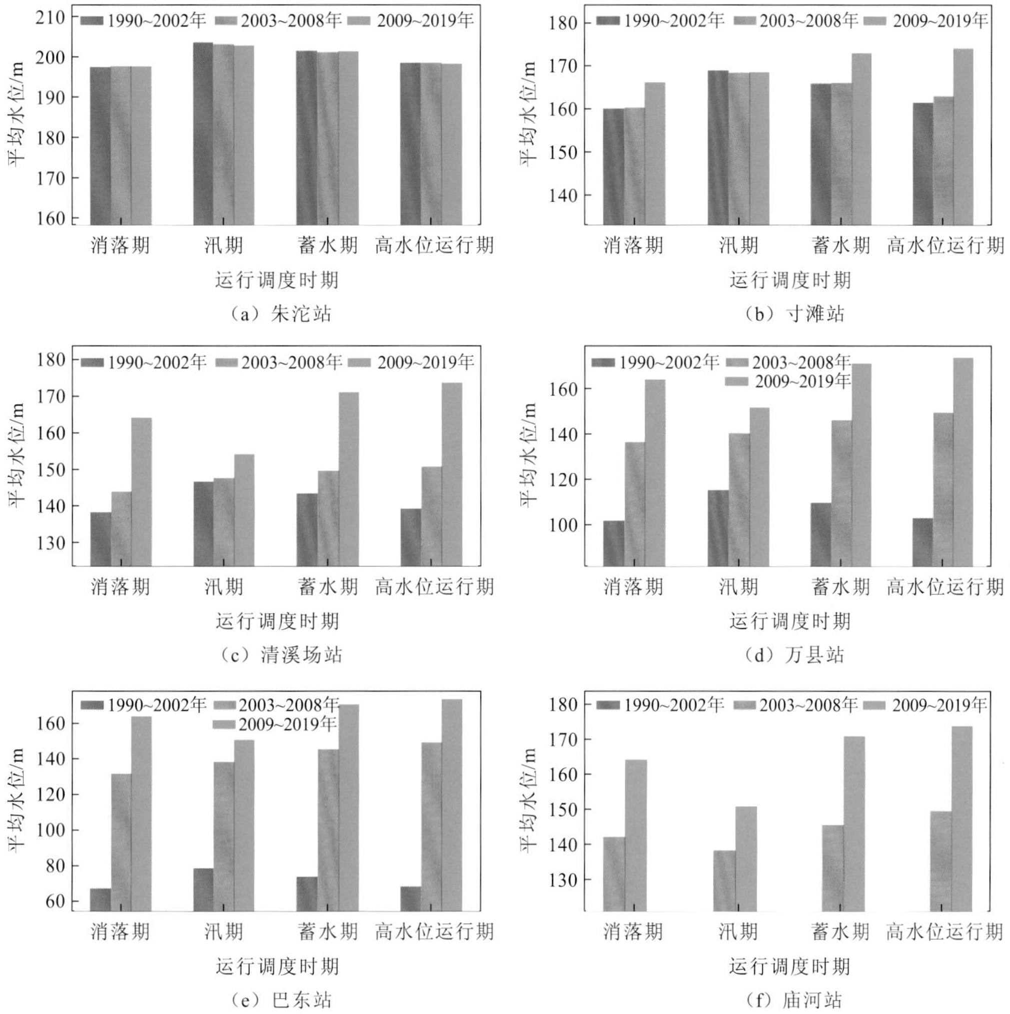

图 3.3　三峡水库各站点不同运行调度时期平均水位柱状图

表 3.2　三峡水库各站点水位特征 M-K 趋势检验法统计值

项目		朱沱站	寸滩站	清溪场站	万县站	巴东站	庙河站
年均值		−0.75	4.21	5.46	5.60	5.71	3.75
年最大值		−1.71	2.60	5.10	5.51	5.71	3.34
年最小值		2.32	4.57	5.23	5.00	5.28	2.84
年内变幅		−1.82	−0.68	3.93	2.50	3.39	1.77
1 月（消落期）	上旬	3.55	4.48	5.17	5.26	5.71	3.17
	中旬	5.00	4.91	5.30	5.16	5.46	2.43
	下旬	3.50	4.75	5.50	5.50	5.78	3.11
2 月（消落期）	上旬	2.21	4.50	5.50	5.53	5.96	3.01
	中旬	2.96	5.14	5.03	5.28	5.74	2.92
	下旬	2.11	4.46	5.35	5.28	5.99	2.18

续表

项目		朱沱站	寸滩站	清溪场站	万县站	巴东站	庙河站
3月（消落期）	上旬	3.37	4.32	5.28	5.25	5.82	3.58
	中旬	3.62	4.89	5.57	5.64	5.92	3.25
	下旬	2.53	4.35	5.17	5.25	5.67	3.75
4月（消落期）	上旬	1.11	3.35	5.03	5.10	5.71	3.01
	中旬	1.78	3.50	4.71	4.89	5.57	2.84
	下旬	0.61	2.68	4.89	5.17	5.67	2.43
5月（消落期）	上旬	−0.50	1.39	4.57	4.82	5.39	2.76
	中旬	−0.48	−0.04	4.71	5.14	5.42	3.09
	下旬	−0.29	−0.21	4.50	4.71	4.71	2.60
6月（汛期）	上旬	−1.34	−1.78	4.64	4.92	5.00	3.75
	中旬	−2.18	−1.82	4.71	6.03	5.92	3.17
	下旬	−2.25	−1.36	3.28	5.42	5.42	3.58
7月（汛期）	上旬	−1.86	−1.25	3.32	5.64	5.89	3.09
	中旬	−0.93	−0.79	2.82	5.32	5.46	2.92
	下旬	0.00	0.32	3.14	4.85	5.32	3.01
8月（汛期）	上旬	0.04	0.36	3.28	4.67	4.82	3.09
	中旬	−1.28	−1.68	2.14	4.96	5.25	3.25
	下旬	−1.39	−1.18	2.78	5.25	5.42	3.25
9月（汛期）	上旬	−1.96	−1.28	3.28	4.78	5.00	2.84
	中旬	−0.39	1.50	4.17	5.03	5.21	3.02
	下旬	−0.64	1.86	4.00	5.28	5.35	3.20
10月（蓄水期）	上旬	−1.14	2.78	5.00	5.21	5.28	3.20
	中旬	−0.68	3.43	4.78	5.28	5.46	4.01
	下旬	0.21	3.71	4.85	5.23	5.42	3.38
11月（高水位运行期）	上旬	−0.18	3.89	5.07	5.46	5.57	4.10
	中旬	−0.21	3.46	4.92	5.03	5.26	4.10
	下旬	−1.78	3.82	5.21	5.26	5.57	3.92
12月（高水位运行期）	上旬	−2.03	3.85	5.17	5.21	5.64	3.47
	中旬	0.00	3.75	5.42	5.42	5.85	3.11
	下旬	2.23	4.00	5.69	5.71	5.87	4.01

从各旬水位系列变化趋势来看，朱沱站旬水位1～4月消落期和12月下旬，寸滩站1～4月消落期、10月蓄水期和11～12月高水位运行期，以及清溪场站至庙河站各旬水位受三峡水库蓄水影响呈现显著上升趋势；朱沱站和寸滩站汛期各旬水位受三峡水库泄

水影响整体呈现下降趋势。

采用 M-K 趋势检验法及 M-K 突变分析法对朱沱站年均水位特征值进行分析，其他站点的水位突变时间点可直接从水位过程线提取，结果分别如图 3.4 和表 3.3 所示。

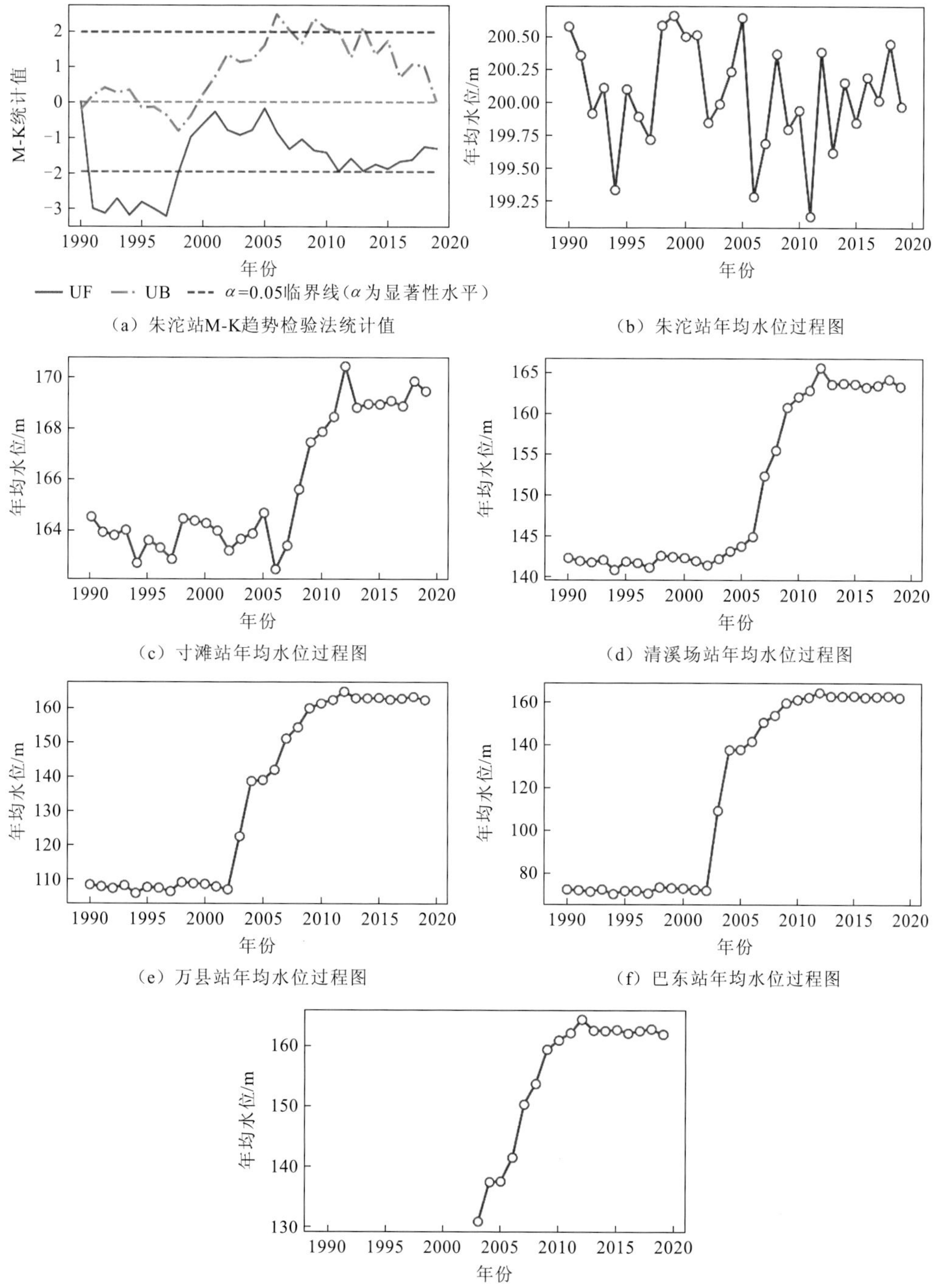

（a）朱沱站M-K趋势检验法统计值　（b）朱沱站年均水位过程图

（c）寸滩站年均水位过程图　（d）清溪场站年均水位过程图

（e）万县站年均水位过程图　（f）巴东站年均水位过程图

（g）庙河站年均水位过程图

图 3.4　三峡水库朱沱站 M-K 趋势检验法统计值和各站点年均水位过程图

表 3.3　三峡水库各站点特征值突变年份前后数据变化表　（单位：m）

特征值系列	水文站	突变年份	突变前均值	突变后均值	差值
年均值	寸滩站	2007	163.77	168.23	4.46
	清溪场站	2007	142.21	161.75	19.54
	万县站	2003	107.72	135.51	27.79
		2007	135.51	161.05	25.54
	巴东站	2003	72.31	131.53	59.22
		2007	131.53	160.49	28.96
	庙河站	2007	136.81	160.43	23.62
年旬最大值	朱沱站	2005	207.28	205.81	-1.47
	寸滩站	2010	174.33	176.44	2.11
	清溪场站	2008	152.35	174.28	21.93
	万县站	2003	124.12	141.78	17.66
		2006	141.78	155.90	14.12
		2008	155.90	174.39	18.49
	巴东站	2003	86.57	138.88	52.31
		2006	138.88	155.64	16.76
		2008	155.64	174.15	18.51
	庙河站	2006	138.83	155.63	16.80
		2008	155.63	174.14	18.51
年旬最小值	朱沱站	2014	196.91	197.18	0.27
	寸滩站	2009	158.90	161.67	2.77
	清溪场站	2004	136.89	139.25	2.36
		2007	139.25	147.82	8.57
	万县站	2004	100.29	136.37	36.08
		2007	136.37	146.31	9.94
	巴东站	2004	66.59	135.43	68.84
		2007	135.43	145.61	10.18
	庙河站	2004	77.43	135.31	57.88
		2007	135.31	145.50	10.19

图 3.4（a）和（b）为朱沱站年均值水位系列 M-K 趋势检验法统计值和站点年均水位过程线图，从 M-K 趋势检验法统计值来看，在研究时段内朱沱站年均水位序列 UF（正

序统计量曲线）和 UB（逆序统计量曲线）不存在交点，未发生突变，其在整个时段内均值有下降趋势，1991～1998 年下降趋势显著。寸滩站和清溪场站的突变年份均为 2007 年，万县站和巴东站突变年份分别为 2003 年和 2007 年，庙河站突变年份为 2007 年，受三峡水库蓄水影响，突变后年均水位升高。

表 3.3 为三峡水库各站点特征值突变时间统计表，除朱沱站年旬最大值系列突变后均值降低外，其他特征值系列突变后均值升高，三峡水库各站点突变时间和三峡水库蓄水节点时间一致。

3.1.2　流量特征变化

三峡水库有流量数据的站点有朱沱站、寸滩站、清溪场站、万县站、庙河站，三峡水库建成前（1990～2002 年）、建成运行后（2003～2008 年）和中小洪水调度后（2009～2019 年）3 个工程阶段流量特征值如表 3.4 所示。从表 3.4 可以看出：年均值方面，朱沱站至庙河站整体上沿程增大，各站点 1990～2002 年年均值最高（庙河站除外），三峡水库蓄水初期和后期（2003 年后）年均值有所减小，降幅约为 5%，说明 2003 年以来受降雨和人类活动影响来水量有所下降；年最大值方面，数据特征和年均值基本一致，朱沱站至庙河站整体上沿程增大，2003 年后较 1990～2002 年最大值减小（庙河站除外），减小幅度约为 11%；年最小值朱沱站和寸滩站 2003 年后较 1990～2002 年有所增加，清溪场站和万县站 2003 年后较 1990～2002 年有所降低。总体来看，各站点洪水过程呈现坦化特征，该观点从不均匀系数 C_i 和集中度 C_d 上也可看出，1990～2002 年 C_i 和 C_d 大于 2003～2008 年及 2009～2019 年（庙河站除外）；从集中期来看，每年洪水基本集中在第 22、23 旬附近，即 8 月中上旬。

表 3.4　三峡水库各站点 3 个工程阶段流量特征

特征值	阶段	朱沱站	寸滩站	清溪场站	万县站	庙河站
年均值/（m³/s）	1990～2019 年	8 306	10 550	12 155	12 347	13 086
	1990～2002 年	8 515	10 651	12 502	13 084	—
	2003～2008 年	8 111	10 315	11 983	11 913	13 273
	2009～2019 年	8 164	10 558	11 837	11 712	12 984
年最大值/(m³/s)	1990～2019 年	23 438	31 490	34 299	35 123	32 913
	1990～2002 年	25 548	32 526	35 983	38 392	—
	2003～2008 年	22 175	30 296	33 108	33 093	34 821
	2009～2019 年	21 633	30 915	32 957	32 367	31 872
年最小值/(m³/s)	1990～2019 年	2 798	3 242	3 930	4 101	5 494
	1990～2002 年	2 555	2 926	3 755	3 773	—
	2003～2008 年	2 754	3 197	3 645	3 731	4 351
	2009～2019 年	3 109	3 639	4 293	4 691	6 118

续表

特征值	阶段	朱沱站	寸滩站	清溪场站	万县站	庙河站
不均匀系数 C_i	1990～2019 年	0.70	0.72	0.68	0.68	0.58
	1990～2002 年	0.76	0.77	0.72	0.74	—
	2003～2008 年	0.69	0.70	0.66	0.67	0.63
	2009～2019 年	0.64	0.69	0.65	0.62	0.55
集中度 C_d	1990～2019 年	0.44	0.45	0.42	0.42	0.38
	1990～2002 年	0.47	0.47	0.45	0.45	—
	2003～2008 年	0.43	0.44	0.42	0.42	0.45
	2009～2019 年	0.40	0.42	0.40	0.38	0.34
集中期/旬	1990～2019 年	23.0	22.7	22.3	22.1	21.6
	1990～2002 年	22.8	22.6	22.2	22.3	—
	2003～2008 年	23.1	23.0	22.7	22.6	22.2
	2009～2019 年	23.0	22.7	22.1	21.8	21.2

绘制三峡水库各站点 1990～2002 年、2003～2008 年和 2009～2019 年旬均流量过程图（图 3.5），各站点 3 个阶段年旬均流量过程基本一致，均表现为洪峰减小，1～4 月流量增大的特征。

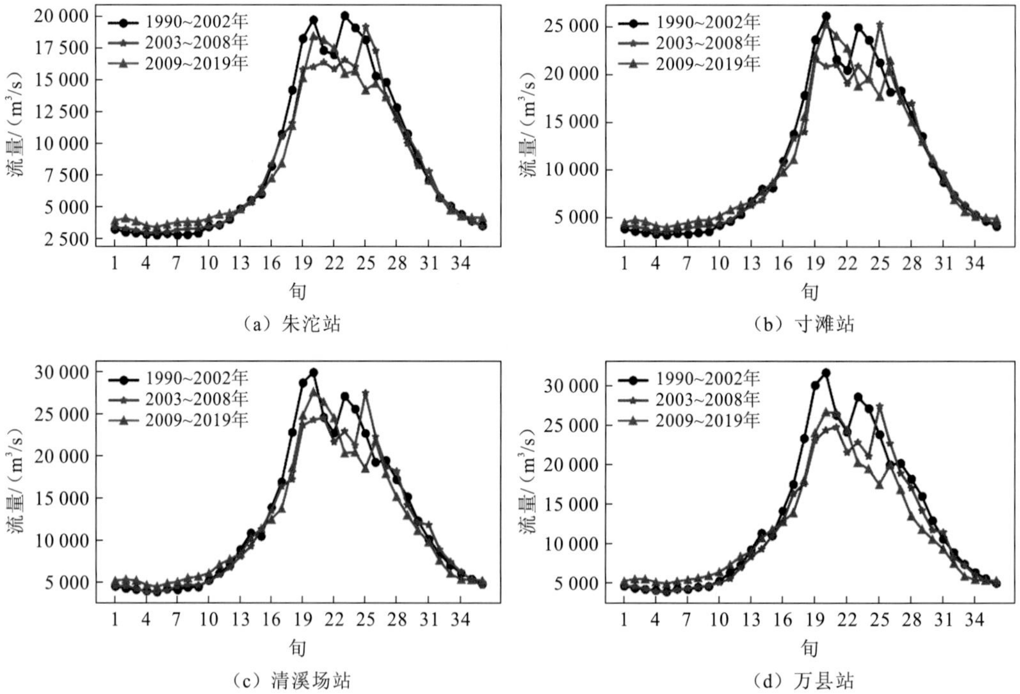

（a）朱沱站　（b）寸滩站

（c）清溪场站　（d）万县站

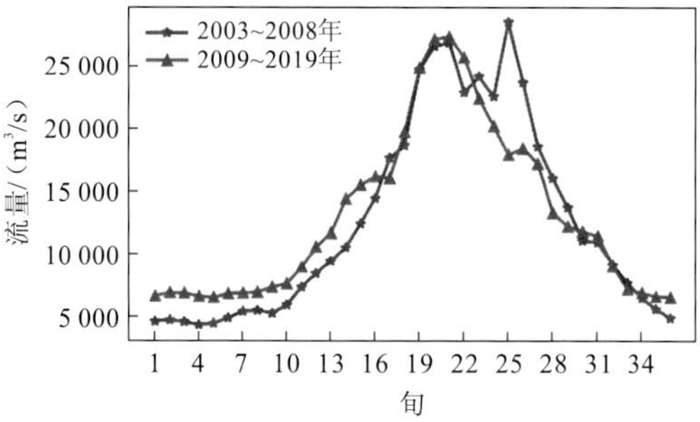

（e）庙河站

图 3.5　三峡水库各站点不同工程阶段年旬均流量过程图

针对三峡水库消落期（1～5 月）、汛期（6～9 月）、蓄水期（10 月）及高水位运行期（11～12 月），绘制三峡水库 5 个站点流量柱状图如图 3.6 所示，比较流量在三峡水库

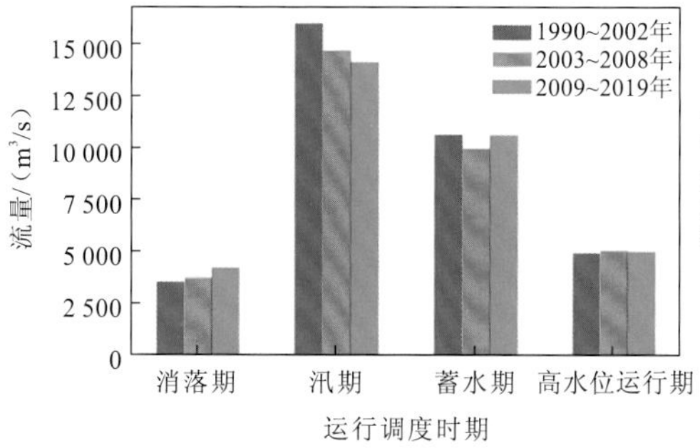

（a）朱沱站

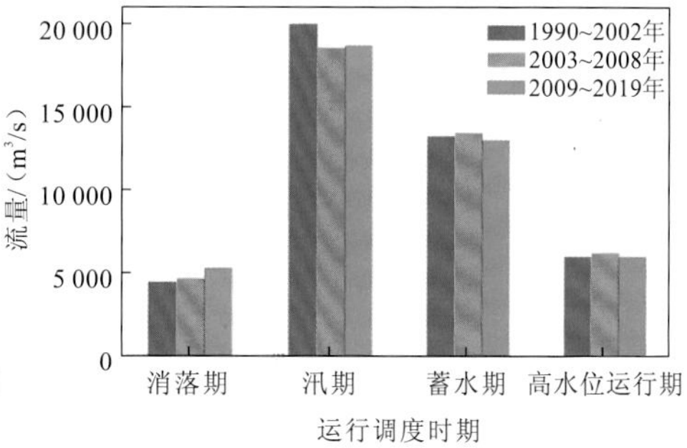

（b）寸滩站

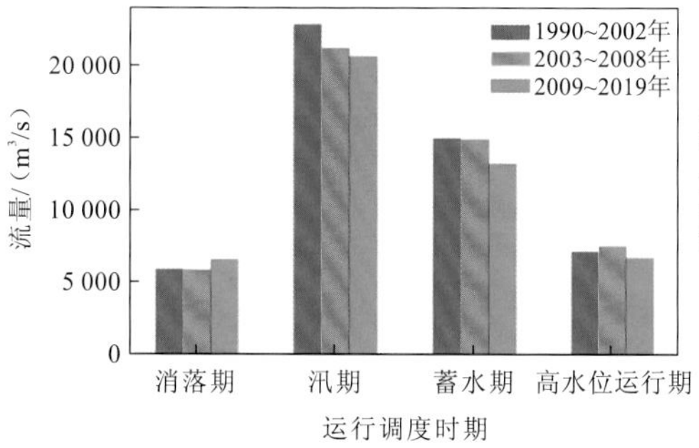

（c）清溪场站

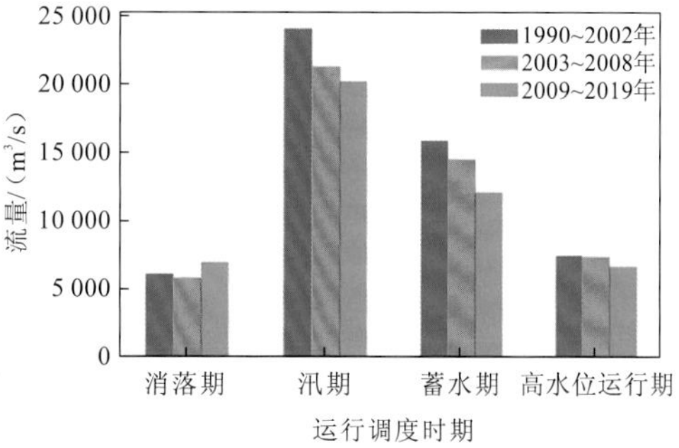

（d）万县站

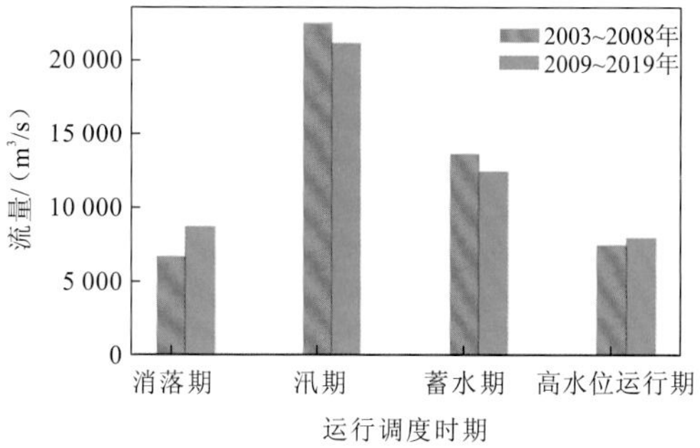

（e）庙河站

图 3.6　三峡水库各站点不同工程阶段不同调度时期流量柱状图

不同工程阶段不同运行调度时期的变化特征可以看出，消落期流量有所上升，汛期流量有所下降，蓄水期和高水位运行期无明显变化规律。

采用 M-K 趋势检验法对三峡水库各站点流量特征值和各旬流量系列进行趋势性检验，M-K 趋势检验法统计值如表 3.5 所示。从表 3.5 可以看出，年均值和年最大值均有减小趋势，除了万县站的年均值外，其他站年均值下降趋势不显著，但是年最小值均有显著的上升趋势。

表 3.5　三峡水库各站点 M-K 趋势检验法统计值

项目		朱沱站	寸滩站	清溪场站	万县站	庙河站
年均值		−0.36	−0.14	−0.89	−2.07	0.54
年最大值		−1.68	−0.50	−0.82	−1.78	−1.28
年最小值		3.60	3.85	2.82	4.03	4.24
1 月（消落期）	上旬	4.12	3.18	3.09	2.64	2.76
	中旬	5.14	5.21	5.17	4.39	2.35
	下旬	3.75	4.17	3.71	4.53	2.03
2 月（消落期）	上旬	2.78	3.25	3.14	4.46	−0.12
	中旬	3.71	4.64	3.18	3.89	1.19
	下旬	3.03	2.82	2.16	2.75	0.87
3 月（消落期）	上旬	4.14	3.32	2.46	3.32	−0.37
	中旬	4.07	4.07	3.19	3.60	0.12
	下旬	3.00	3.48	2.50	3.03	0.45
4 月（消落期）	上旬	1.68	1.96	1.96	2.64	−0.21
	中旬	2.14	2.82	1.78	1.93	−0.21
	下旬	1.39	1.53	1.28	1.46	0.45
5 月（消落期）	上旬	0.46	0.32	−0.29	0.07	−1.52
	中旬	0.46	0.14	0.00	−0.04	−0.62
	下旬	0.29	0.43	0.71	0.39	−2.60
6 月（汛期）	上旬	−0.43	−0.96	−0.89	−0.43	0.04
	中旬	−1.82	−1.39	−1.25	−1.34	1.11
	下旬	−1.89	−0.82	−0.77	−1.61	0.00
7 月（汛期）	上旬	−1.84	−1.03	−1.36	−2.03	1.36
	中旬	−0.84	−0.93	−0.80	−1.50	0.62
	下旬	0.00	0.36	0.36	−0.07	1.61

续表

项目		朱沱站	寸滩站	清溪场站	万县站	庙河站
8 月（汛期）	上旬	0.11	0.39	0.50	0.16	3.25
	中旬	−1.28	−1.53	−1.28	−1.75	3.09
	下旬	−1.25	−1.03	−1.00	−1.62	1.19
9 月（汛期）	上旬	−1.64	−1.28	−1.32	−2.00	3.65
	中旬	−0.21	0.93	0.59	−0.43	3.56
	下旬	−0.50	−0.25	−0.54	−1.71	3.88
10 月（蓄水期）	上旬	−0.86	−0.62	−1.03	−2.39	3.92
	中旬	0.02	−0.43	−1.64	−2.60	3.56
	下旬	0.96	0.34	−0.64	−1.96	4.10
11 月（高水位运行期）	上旬	0.75	0.80	0.36	−0.50	3.20
	中旬	0.89	−0.36	−0.50	−1.30	3.83
	下旬	−0.39	−1.39	−1.86	−2.07	2.84
12 月（高水位运行期）	上旬	−0.16	−0.77	−1.86	−2.11	1.94
	中旬	1.87	1.50	−0.11	−0.54	2.30
	下旬	3.25	3.35	1.93	1.96	3.20

从各旬流量系列变化趋势来看，1 月和 8～12 月的庙河站、1～3 月的朱沱站、寸滩站、清溪场站和万县站流量均有显著上升趋势，万县站在 6 月之后的个别旬流量系列表现为显著下降趋势。

同样，采用曼-肯德尔突变分析法对流量特征值进行突变检验，突变前后均值变化见表 3.6。由表 3.6 可见，万县站年均值和年旬最大值在 2001 年、2004 年有较大变化，均值较之前分别降低了 10%、16%，寸滩站、清溪场站和万县站在 2014 年、2015 年和 2014 年有明显提升，均值较突变前分别上升 27%、13%和 23%。

表 3.6　三峡水库各站点流量特征值突变年份及变化情况

特征值	水文站	突变年份	突变前均值/(m^3/s)	突变后均值/(m^3/s)	均值变化率/%
年均值	万县站	2001	13 172	11 797	−10
年旬最大值	万县站	2004	38 081	32 164	−16
年旬最小值	寸滩站	2014	3 101	3 948	27
	清溪场站	2015	3 861	4 378	13
	万县站	2014	3 950	4 860	23

3.1.3　含沙量特征变化

三峡水库有含沙量数据的站点有朱沱站、寸滩站、清溪场站、万县站、庙河站，三峡水库建成前（1990～2002 年）、建成运行后（2003～2008 年）和中小洪水调度后（2009～2019 年）3 个工程阶段含沙量特征值如表 3.7 所示。从表 3.7 可以看出：年均值方面，朱沱站至庙河站沿程降低，各站点 1990～2002 年均值最高（庙河站除外），三峡水库蓄水初期和后期（2003 年后）均值减小，说明 2003 年以来受三峡水库建设影响含沙量下降；年最大值方面，数据特征和年均值基本一致，2003 年后较 1990～2002 年最大值减小（庙河站除外）；年最小值 2003 年后较 1990～2002 年减小（朱沱站和庙河站除外）。

表 3.7　三峡水库站点 3 个工程阶段含沙量特征值

特征值	阶段	朱沱站	寸滩站	清溪场站	万县站	庙河站
年均值/（kg/m³）	1990～2019 年	0.737 5	0.671 1	0.589 8	0.517 1	0.090 3
	1990～2002 年	1.083 7	1.010 9	0.905 0	0.910 2	—
	2003～2008 年	0.779 1	0.592 5	0.488 8	0.329 8	0.155 5
	2009～2019 年	0.305 7	0.312 4	0.272 3	0.154 7	0.054 8
年最大值/（kg/m³）	1990～2019 年	1.878 1	1.656 9	1.539 4	1.332 8	0.394 4
	1990～2002 年	2.488 6	2.176 5	2.050 8	1.928 8	—
	2003～2008 年	1.986 2	1.544 9	1.376 5	1.046 5	0.601 1
	2009～2019 年	1.097 7	1.103 9	1.023 9	0.784 6	0.281 6
年最小值/（kg/m³）	1990～2019 年	0.021 7	0.018 4	0.010 4	0.010 5	0.002 6
	1990～2002 年	0.025 8	0.022 7	0.016 8	0.020 7	—
	2003～2008 年	0.027 5	0.021 1	0.009 7	0.003 4	0.003 2
	2009～2019 年	0.013 8	0.012 0	0.003 3	0.002 4	0.002 2

绘制三峡水库各站点 1990～2002 年、2003～2008 年和 2009～2019 年旬均含沙量过程图（图 3.7），三峡水库不同工程阶段旬均含沙量在 5～11 月差距较大，1990～2002 年过程线较 2003～2008 年有较大降幅，2003～2008 年过程线较 2009～2019 年降幅减小。

针对三峡水库消落期（1～5 月）、汛期（6～9 月）、蓄水期（10 月）及高水位运行期（11～12 月），绘制三峡水库 5 个站点含沙量柱状图如图 3.8 所示，比较含沙量在三峡水库不同工程阶段不同运行调度时期的变化特征，可以看出含沙量呈现下降趋势，汛期下降幅度最大，蓄水期下降幅度次之。

采用 M-K 趋势检验法对三峡水库各站点含沙量特征值和各旬含沙量系列进行趋势性检验，M-K 趋势检验法统计值如表 3.8 所示，从表 3.8 可以看出，各统计值均呈显著下降趋势。从各旬含沙量系列变化趋势来看，除个别旬外，各站点各旬基本呈显著下降趋势。

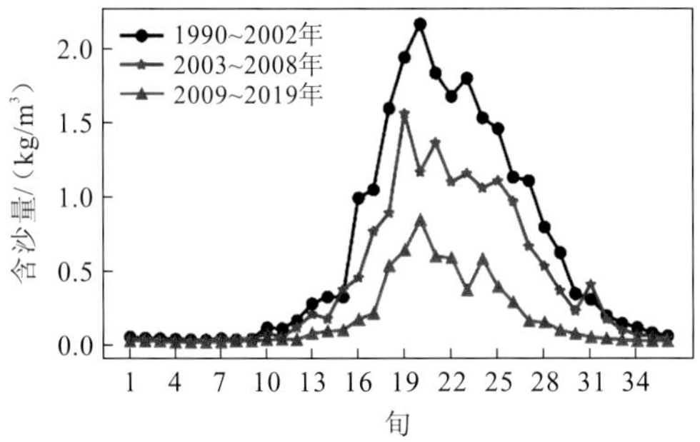

（a）朱沱站

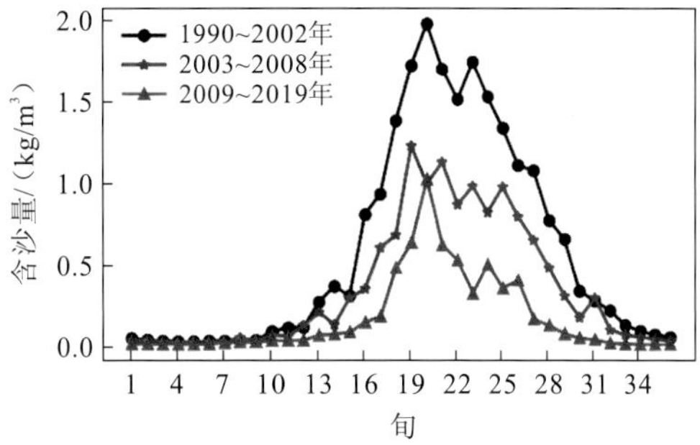

（b）寸滩站

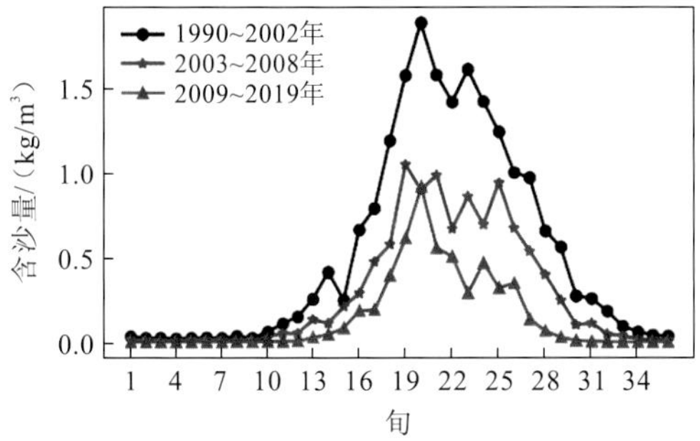

（c）清溪场站

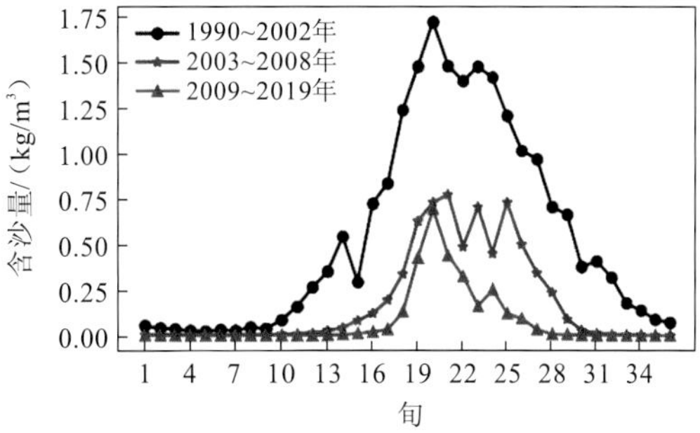

（d）万县站

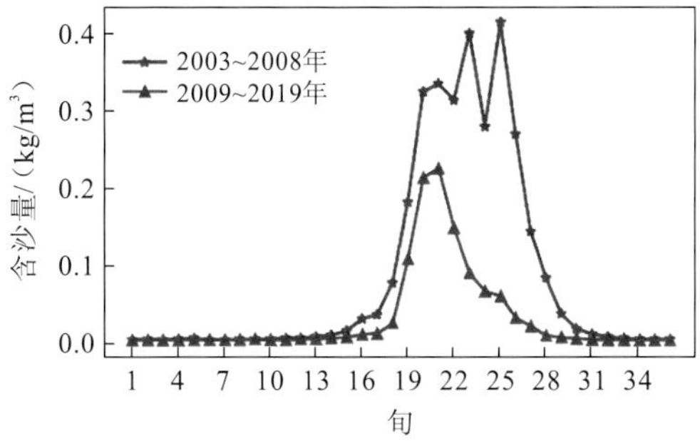

（e）庙河站

图 3.7　三峡水库各站点不同工程阶段年旬均含沙量过程图

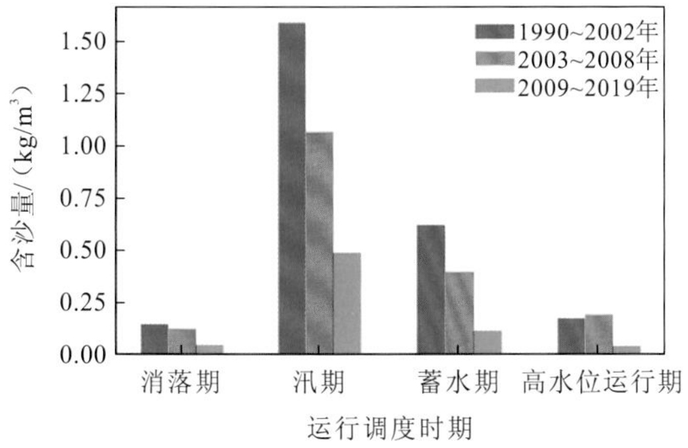

（a）朱沱站

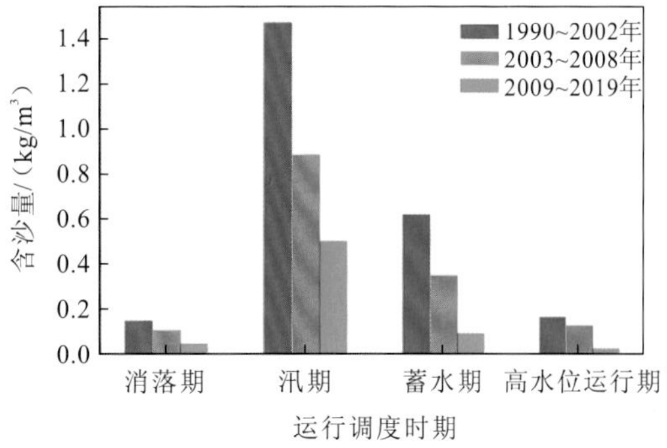

（b）寸滩站

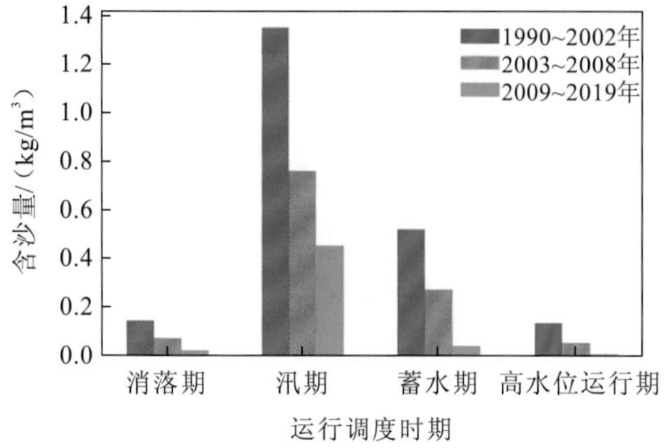

（c）清溪场站

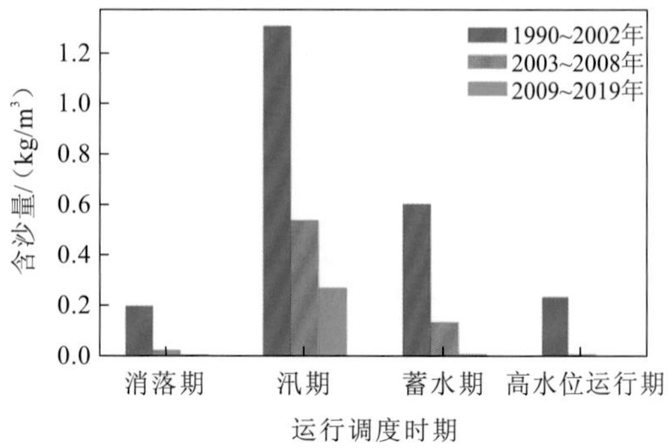

（d）万县站

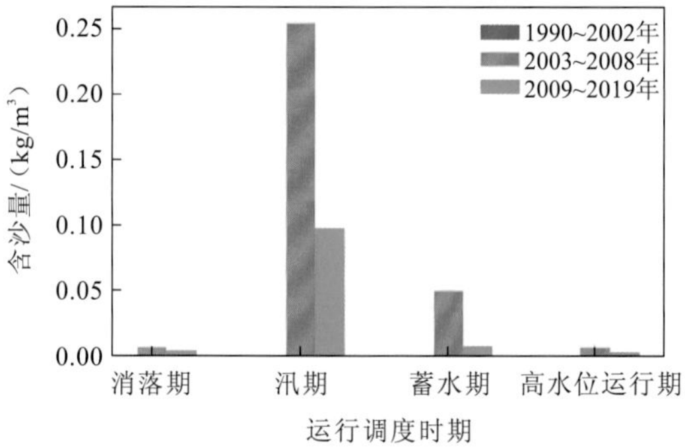

（e）庙河站

图 3.8　三峡水库各站点不同工程阶段不同调度时期含沙量柱状图

表 3.8　三峡水库各站点含沙量 M-K 趋势检验法统计值

项目		朱沱站	寸滩站	清溪场站	万县站	庙河站
年均值		−5.07	−5.78	−5.89	−6.14	−3.17
年最大值		−4.42	−4.53	−4.64	−4.92	−2.43
年最小值		−2.57	−3.35	−5.25	−4.66	−2.70
1 月（消落期）	上旬	−2.64	−4.67	−5.32	−4.30	−2.43
	中旬	−2.19	−4.00	−5.03	−4.48	−2.27
	下旬	−2.61	−3.46	−4.75	−4.57	−2.84
2 月（消落期）	上旬	−2.76	−3.21	−4.64	−4.50	−2.84
	中旬	−3.13	−3.64	−4.78	−5.44	−1.85
	下旬	−2.95	−3.39	−4.59	−4.31	−1.52
3 月（消落期）	上旬	−1.86	−1.18	−4.60	−5.16	−2.35
	中旬	−0.92	−1.14	−4.92	−4.69	−1.77
	下旬	−2.08	0.25	−5.82	−5.21	−2.35

续表

项目		朱沱站	寸滩站	清溪场站	万县站	庙河站
4 月（消落期）	上旬	−2.25	−1.25	−4.71	−4.94	−2.35
	中旬	−2.75	−2.00	−4.17	−5.14	−2.10
	下旬	−2.53	−2.82	−4.39	−4.67	−1.77
5 月（消落期）	上旬	−3.14	−3.18	−4.42	−5.35	−3.34
	中旬	−2.39	−3.78	−4.57	−5.10	−3.75
	下旬	−2.82	−2.96	−3.35	−4.96	−3.17
6 月（汛期）	上旬	−4.32	−5.17	−4.50	−4.89	−3.75
	中旬	−5.46	−4.92	−4.92	−5.17	−4.49
	下旬	−4.21	−4.35	−4.64	−5.07	−3.34
7 月（汛期）	上旬	−4.60	−4.67	−4.35	−5.21	−3.97
	中旬	−4.89	−4.39	−4.35	−4.89	−2.66
	下旬	−4.67	−4.71	−4.78	−4.96	−3.34
8 月（汛期）	上旬	−3.89	−4.32	−4.57	−5.10	−2.43
	中旬	−5.25	−5.57	−5.42	−5.21	−2.31
	下旬	−4.35	−4.39	−4.53	−4.71	−2.78
9 月（汛期）	上旬	−4.03	−4.57	−4.64	−5.28	−2.57
	中旬	−4.42	−4.10	−3.89	−5.53	−1.60
	下旬	−5.35	−5.07	−4.92	−5.64	−2.03
10 月（蓄水期）	上旬	−4.85	−5.42	−5.64	−6.07	−3.47
	中旬	−5.28	−5.67	−5.35	−5.74	−1.84
	下旬	−4.92	−5.32	−6.03	−5.17	−2.69
11 月（高水位运行期）	上旬	−4.39	−4.89	−5.46	−5.74	−1.00
	中旬	−4.35	−5.85	−5.74	−5.39	−0.41
	下旬	−4.42	−5.46	−5.50	−4.78	−0.91
12 月（高水位运行期）	上旬	−4.33	−5.64	−5.74	−4.78	−3.29
	中旬	−3.92	−5.17	−5.17	−5.01	−3.02
	下旬	−3.25	−5.28	−5.39	−4.14	−2.83

同样，采用 M-K 突变分析法对含沙量特征值进行突变检验，突变前后均值变化见表 3.9，从表 3.9 可以看出，特征值系列突变后均值降低，年均值和年最大值突变时间在 2002 年前后，与三峡水库蓄水时间一致性高，站点年均值突变后平均降低 64%，年最大值平均降低 49%，最小值平均降低 63%。

表 3.9　三峡水库各站点突变前后均值变化

项目	水文站	突变年份	突变前均值/（kg/m^3）	突变后均值/（kg/m^3）	均值变化率/%
年均值	朱沱站	2003	1.083 7	0.472 7	−56
	寸滩站	2002	1.040 5	0.424 9	−59
	清溪场站	2000	0.978 3	0.395 5	−60
	万县站	2001	0.949 2	0.266 9	−72
	庙河站	2006	0.216 8	0.063 2	−71
年最大值	朱沱站	2002	2.557 3	1.425 3	−44
	寸滩站	1999	2.429 2	1.325 9	−45
	清溪场站	2000	2.231 2	1.193 5	−47
	万县站	1999	2.126 6	0.992 6	−53
	庙河站	2006	0.722 9	0.324 0	−55
年最小值	朱沱站	2014	0.025 3	0.007 5	−70
	寸滩站	2012	0.022 1	0.008 4	−62
	清溪场站	2006	0.016 1	0.004 0	−75
	万县站	1995	0.028 1	0.007 0	−75
	庙河站	2009	0.003 2	0.002 2	−31

3.2　三峡水库干流水质特征变化

3.2.1　三峡水库干流水质评价

采用 1998～2019 年重庆寸滩断面、涪陵清溪场断面、万州沱口断面、奉节十里铺断面、巴东碚石（官渡口）断面、宜昌太平溪断面 6 个断面逐月的水质数据，分消落期、汛期、蓄水期和高水位运行期对三峡水库的水质进行评价，评价结果见表 3.10。从表 3.10 可以看出：重庆寸滩断面 2003 年和 2007 年汛期水质为 IV 类，超标因子分别为高锰酸盐指数和总磷；涪陵清溪场断面 2007 年汛期和 2011 年消落期、汛期水质均为 IV 类，超标因子均为总磷；万州沱口断面 2003 年和 2007 年汛期水质均为 IV 类，超标因子均为高锰酸盐指数；其余水质断面水质良好，符合 II～III 类标准。

表 3.10　三峡水库干流各断面水质总体评价

断面名称	年份	消落期（1～5月）		汛期（6～9月）		蓄水期（10月）		高水位运行期（11～12月）	
		水质类别	超标因子	水质类别	超标因子	水质类别	超标因子	水质类别	超标因子
重庆寸滩断面	2003	—	—	IV	高锰酸盐指数 0.13）	II	—	III	—
	2007	II	—	IV	总磷（0.16）	III	—	III	—
	2011	III	—	III	—	III	—	III	—
	2015	III	—	III	—	III	—	III	—
	2019	II	—	III	—	II	—	II	—
涪陵清溪场断面	2003	III	—	—	—	II	—	II	—
	2007	II	—	IV	总磷（0.17）	III	—	II	—
	2011	IV	总磷（0.19）	IV	总磷（0.17）	III	—	III	—
	2015	II	—	II	—	II	—	II	—
	2019	II	—	III	—	II	—	II	—
万州沱口断面	2003	—	—	IV	高锰酸盐指数（0.12）	III	—	III	—
	2007	II	—	IV	高锰酸盐指数（0.13）	II	—	II	—
	2011	III	—	III	—	III	—	III	—
	2015	III	—	II	—	III	—	III	—
	2019	II	—	II	—	II	—	II	—
奉节十里铺断面	2003	II	—	II	—	III	—	III	—
	2007	II	—	III	—	II	—	II	—
	2011	III	—	III	—	II	—	III	—
	2015	III	—	II	—	II	—	II	—
	2019	II	—	II	—	II	—	II	—
巴东碚石（官渡口）断面	2003	III	—	III	—	II	—	II	—
	2007	III	—	III	—	II	—	II	—
	2011	III	—	III	—	II	—	II	—
	2015	III	—	II	—	II	—	I	—
	2019	II	—	II	—	II	—	II	—
宜昌太平溪断面	2003	II	—	II	—	II	—	II	—
	2007	II	—	II	—	II	—	II	—
	2011	III	—	II	—	II	—	II	—
	2015	III	—	II	—	II	—	II	—
	2019	II	—	II	—	II	—	II	—

总体来看，三峡水库干流水质较好，大部分处于II～III类，主要超标因子为高锰酸盐指数和总磷。从三峡水库不同调度时期来看，汛期水质较差，其余调度时期水质较好。

3.2.2　三峡水库干流水质年际变化

选择三峡水库水质超标因子总磷和高锰酸盐指数，以及受关注程度较高的氨氮和溶解氧作为指标，分析三峡水库干流重庆寸滩断面、涪陵清溪场断面等 6 个断面的年际变化趋势之间的差异。

1. 总磷

三峡水库干流各断面总磷质量浓度年际变化如图 3.9 所示，重庆寸滩断面 1998～2019 年总磷质量浓度变化范围为 0.038～0.199 mg/L，涪陵清溪场断面 1998～2019 年总

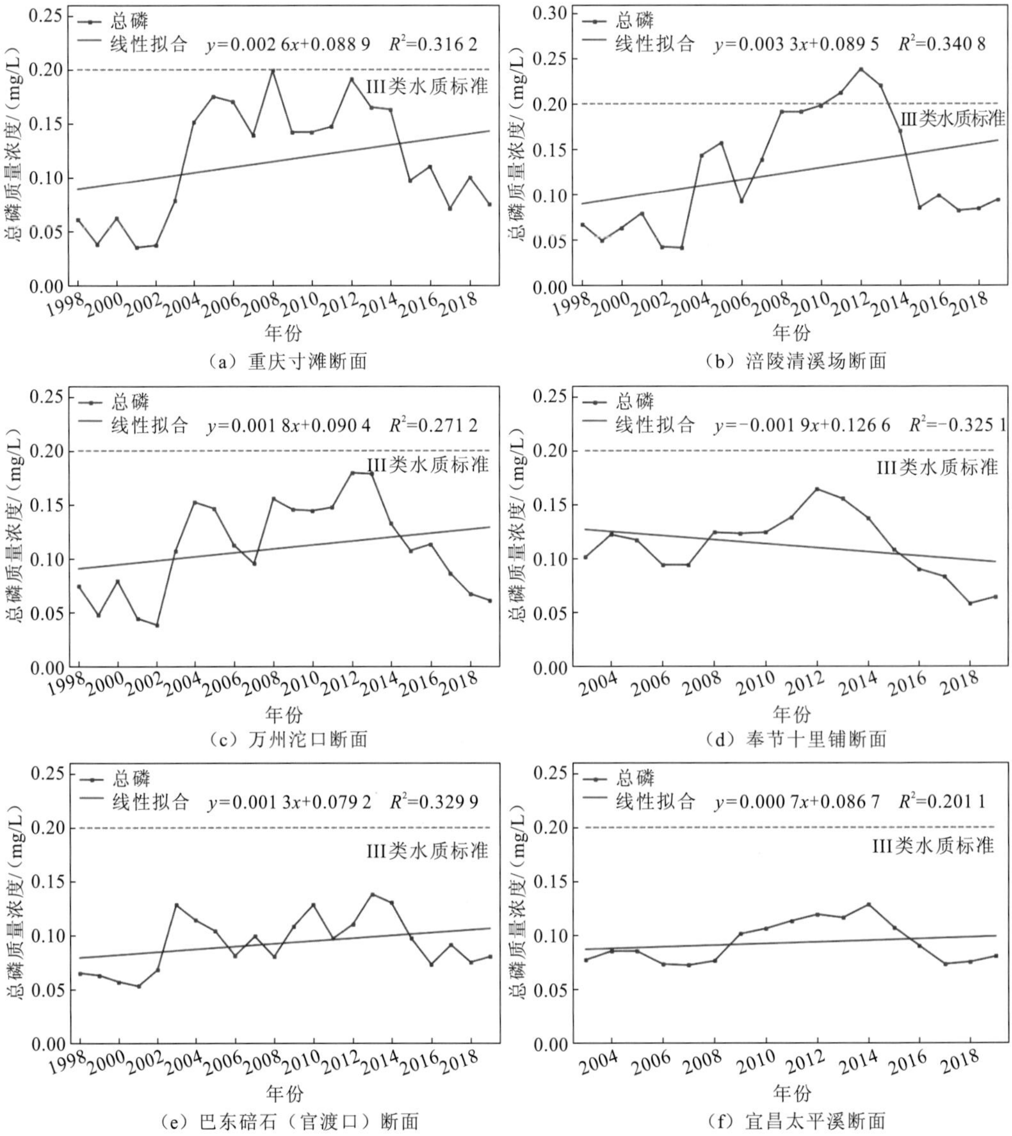

（a）重庆寸滩断面　（b）涪陵清溪场断面

（c）万州沱口断面　（d）奉节十里铺断面

（e）巴东碚石（官渡口）断面　（f）宜昌太平溪断面

图 3.9　三峡水库干流各断面总磷质量浓度年际变化

磷质量浓度变化范围为 0.041～0.238 mg/L，万州沱口断面 1998～2019 年总磷质量浓度变化范围为 0.044～0.179 mg/L，奉节十里铺断面 2003～2019 年总磷质量浓度变化范围为 0.058～0.164 mg/L，巴东碚石（官渡口）断面 1998～2019 年总磷质量浓度变化范围为 0.053～0.138 mg/L，宜昌太平溪断面 2003～2019 年总磷质量浓度变化范围为 0.072～0.128 mg/L，除涪陵清溪场断面 2011～2013 年总磷质量浓度超 III 类水质标准外，其余断面各年份均符合 III 类水质标准。各断面除奉节十里铺断面外，倾向率均大于 0。从三峡水库不同工程阶段来看，总磷质量浓度三峡水库建成运行后和中小洪水调度后较三峡水库建成前有显著上升，三峡水库建成运行后和中小洪水调度后无显著性差异。各断面三峡水库不同工程阶段总磷质量浓度见表 3.11，总体呈上升趋势。

表 3.11　三峡水库干流各断面不同工程阶段总磷质量浓度

断面名称	三峡水库建成前/（mg/L）	三峡水库建成运行后/（mg/L）	中小洪水调度后/（mg/L）
重庆寸滩断面	0.05 ± 0.01^a	0.15 ± 0.04^b	0.13 ± 0.04^b
涪陵清溪场断面	0.06 ± 0.01^a	0.13 ± 0.05^b	0.15 ± 0.06^b
万州沱口断面	0.06 ± 0.02^a	0.13 ± 0.02^b	0.12 ± 0.04^b
奉节十里铺断面	0.04 ± 0.01^a	0.11 ± 0.01^b	0.11 ± 0.03^b
巴东碚石（官渡口）断面	0.06 ± 0.01^a	0.10 ± 0.02^b	0.10 ± 0.02^b
宜昌太平溪断面	0.03 ± 0.01^a	0.08 ± 0.01^b	0.10 ± 0.02^c

注：两组数据间不同字母代表存在显著性差异（$P<0.05$），否则无显著性差异。

2. 氨氮

三峡水库干流各断面氨氮年际变化如图 3.10 所示。重庆寸滩断面 1998～2019 年氨氮质量浓度变化范围为 0.051～0.311 mg/L，同期涪陵清溪场断面氨氮质量浓度变化范围为 0.052～0.397 mg/L，万州沱口断面氨氮质量浓度变化范围为 0.054～0.245 mg/L，奉节十里铺断面 2003～2019 年氨氮质量浓度变化范围为 0.067～0.237 mg/L，巴东碚石（官渡口）断面氨氮质量浓度变化范围为 0.042～0.294 mg/L，宜昌太平溪断面 2003～2019 年氨氮质量浓度变化范围为 0.036～0.147 mg/L，均符合 II 类水质标准。从年际变化看，重庆寸滩断面、涪陵清溪场断面和宜昌太平溪断面倾向率大于 0，万州沱口断面、奉节十里铺断面和巴东碚石（官渡口）断面倾向率小于 0。三峡水库建成前、建成运行后和

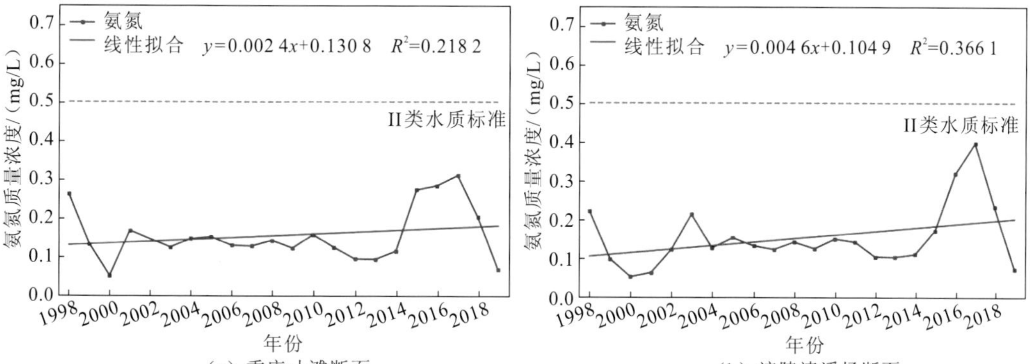

（a）重庆寸滩断面　（b）涪陵清溪场断面

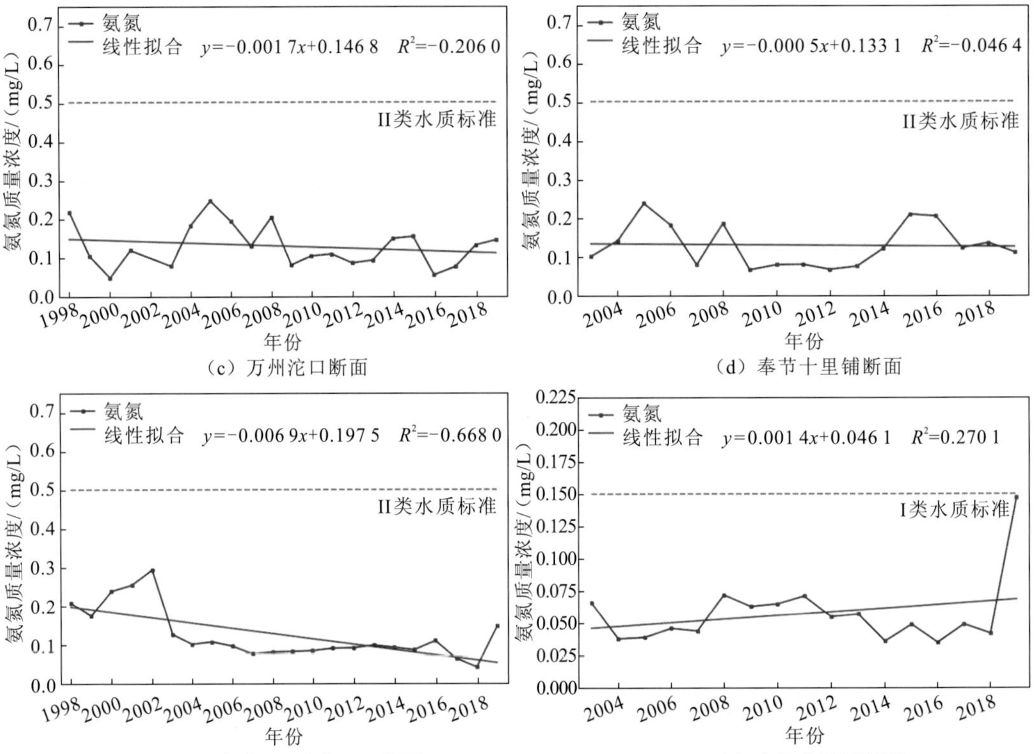

（e）巴东碚石（官渡口）断面　　（f）宜昌太平溪断面

图 3.10　三峡水库干流各断面氨氮质量浓度年际变化

中小洪水调度后氨氮质量浓度如表 3.12 所示，重庆寸滩断面各阶段无显著差异（$P>0.05$），涪陵清溪场断面随着三峡水库建成运行后和中小洪水调度后逐渐上升。万州沱口断面在三峡水库建成运行后氨氮质量浓度升高，中小洪水调度后质量浓度降低，甚至低于三峡水库建设前（$P<0.05$）。巴东碚石（官渡口）断面、宜昌太平溪断面和奉节十里铺断面三峡水库建成前显著高于三峡水库建成运行后和中小洪水调度后（$P<0.05$）。

表 3.12　三峡水库干流各断面不同工程阶段氨氮质量浓度　（单位：mg/L）

断面名称	三峡水库建成前	三峡水库建成运行后	中小洪水调度后
重庆寸滩断面	0.15 ± 0.08^{a}	0.14 ± 0.01^{a}	0.17 ± 0.08^{a}
涪陵清溪场断面	0.11 ± 0.06^{a}	0.15 ± 0.03^{ab}	0.18 ± 0.10^{b}
万州沱口断面	0.12 ± 0.06^{b}	0.17 ± 0.05^{a}	0.11 ± 0.03^{b}
奉节十里铺断面	0.26 ± 0.07^{b}	0.15 ± 0.05^{a}	0.12 ± 0.05^{a}
巴东碚石（官渡口）断面	0.23 ± 0.04^{a}	0.10 ± 0.02^{b}	0.09 ± 0.02^{b}
宜昌太平溪断面	0.24 ± 0.05^{b}	0.05 ± 0.01^{a}	0.06 ± 0.03^{a}

注：两组数据间不同字母代表存在显著性差异（$P<0.05$），否则无显著性差异。

3. 溶解氧

三峡水库干流各断面溶解氧年际变化如图 3.11 所示。重庆寸滩断面 1998～2019 年溶解氧质量浓度变化范围为 6.9～9.1 mg/L，同期涪陵清溪场断面溶解氧质量浓度变化范围为 6.4～9.1 mg/L，万州沱口断面溶解氧质量浓度变化范围为 7.5～8.8 mg/L，奉节十里铺断面溶解氧质量浓度变化范围为 7.3～8.8 mg/L，巴东碚石（官渡口）断面溶解氧质量浓度变化范围为 6.7～10.2 mg/L，宜昌太平溪断面溶解氧质量浓度变化范围为 6.9～8.7 mg/L。除万州沱口断面基本符合 I 类标准外，其余断面均符合 II 类水质标准。重庆寸滩断面、涪陵清溪场断面、万州沱口断面和巴东碚石（官渡口）断面倾向率小于 0，奉节十里铺断面和宜昌太平溪断面倾向率大于 0。三峡水库建成前、建成运行后和中小洪水调度后干流各断面溶解氧质量浓度如表 3.13 所示，重庆寸滩断面三个工程阶段溶解氧质量浓度依次为 8.57±0.19 mg/L、8.08±0.64 mg/L 和 8.22±0.77 mg/L，三峡水库建成前显著高于三峡水库建成运行后，但与中小洪水调度后的溶解氧质量浓度差异不显著。涪陵清溪场断面溶解氧质量浓度依次为 8.58±0.25 mg/L、8.05±0.51 mg/L 和 8.09±0.87 mg/L，三峡水库建成前显著高于三峡水库建成运行后和中小洪水调度后。万州沱口断面溶解氧

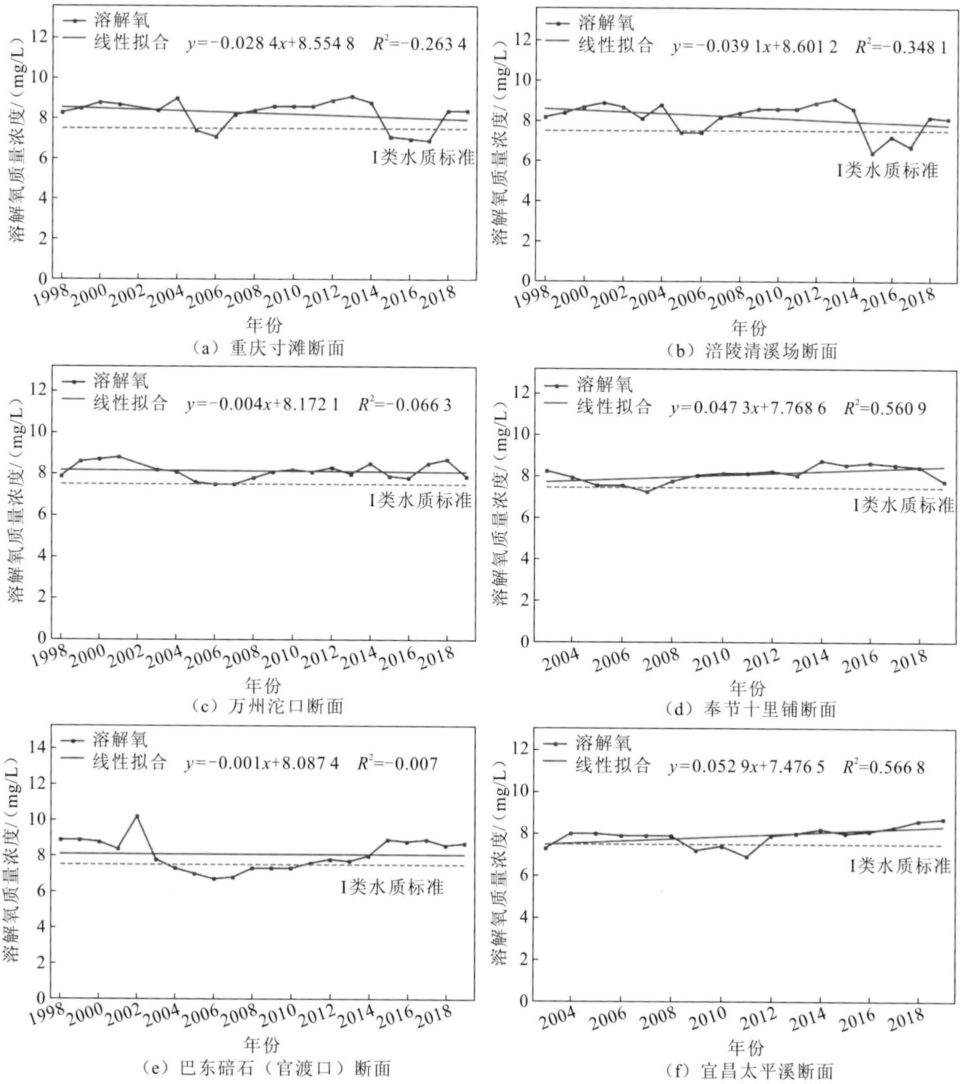

图 3.11　三峡水库干流各断面溶解氧年际变化

质量浓度依次为 8.50±0.35 mg/L、7.78±0.28 mg/L 和 8.18±0.28 mg/L，三峡水库建成前和中小洪水调度后溶解氧质量浓度显著高于三峡水库建成运行后阶段。奉节十里铺断面、巴东碚石（官渡口）断面和宜昌太平溪断面 3 个工程阶段溶解氧质量浓度均随着三峡水库建设运行大大降低，随着中小洪水调度略有回升。

表 3.13　三峡水库干流各断面不同工程阶段溶解氧质量浓度　（单位：mg/L）

断面名称	三峡水库建成前	三峡水库建成运行后	中小洪水调度后
重庆寸滩断面	8.57±0.19^{a}	8.08±0.64^{a}	8.22±0.77^{a}
涪陵清溪场断面	8.58±0.25^{a}	8.05±0.51^{b}	8.09±0.87^{ab}
万州沱口断面	8.50±0.35^{a}	7.78±0.28^{b}	8.18±0.28^{b}
奉节十里铺断面	9.11±0.75^{a}	7.77±0.32^{b}	8.35±0.29^{c}
巴东碚石（官渡口）断面	9.04±0.61^{a}	7.15±0.37^{b}	8.15±0.61^{c}
宜昌太平溪断面	9.21±0.88^{b}	7.83±0.24^{a}	7.94±0.54^{a}

注：两组数据间不同字母代表存在显著性差异（$P<0.05$），否则无显著性差异。

4. 高锰酸盐指数

三峡水库干流各断面高锰酸盐指数年际变化及不同工程阶段高锰酸盐指数如图 3.12 和表 3.14 所示。1998～2019 年三峡水库 6 个断面高锰酸盐指数变化范围为 1.4～4.9 mg/L，符合 II 类水质标准，除巴东碚石（官渡口）断面外，各断面高锰酸盐指数倾向率均小于 0，三峡水库高锰酸盐指数整体呈现下降趋势。

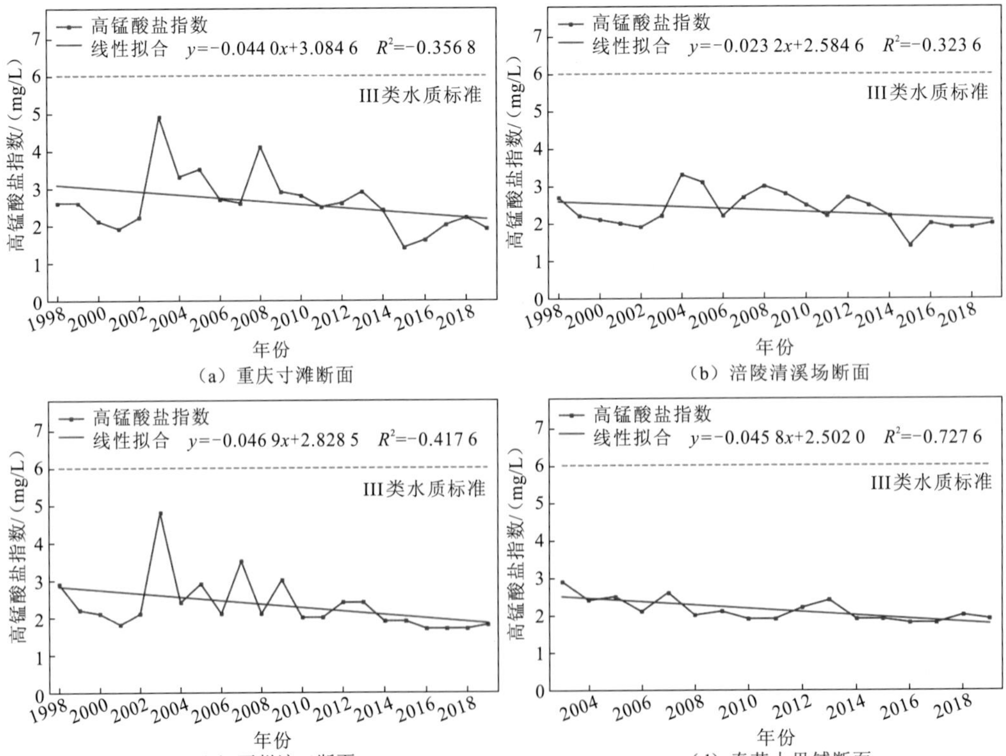

（a）重庆寸滩断面　（b）涪陵清溪场断面

（c）万州沱口断面　（d）奉节十里铺断面

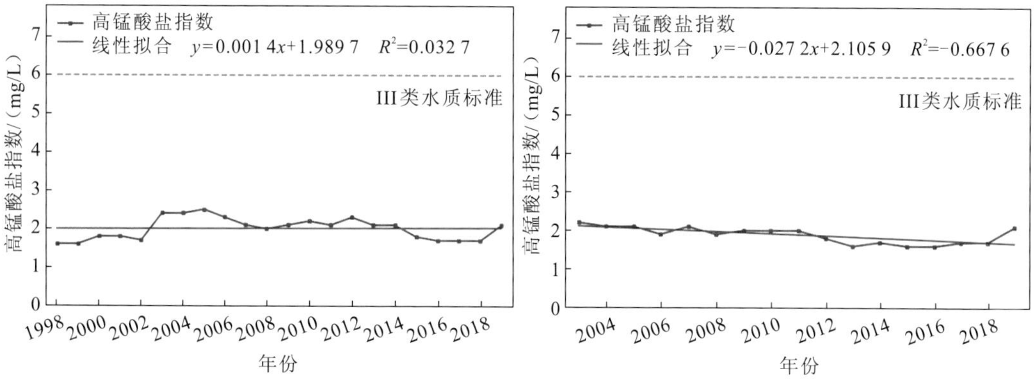

（e）巴东碚石（官渡口）断面　（f）宜昌太平溪断面

图 3.12　三峡水库干流各断面高锰酸盐指数年际变化

表 3.14　三峡水库干流各断面不同工程阶段高锰酸盐指数　（单位：mg/L）

断面名称	三峡水库建成前	三峡水库建成运行后	中小洪水调度后
重庆寸滩断面	2.28±0.28[a]	3.42±0.80[b]	2.29±0.49[a]
涪陵清溪场断面	2.18±0.28[a]	2.75±0.43[b]	2.19±0.39[a]
万州沱口断面	2.22±0.37[a]	2.97±0.96[b]	2.05±0.38[a]
奉节十里铺断面	1.80±0.33[b]	2.42±0.30[a]	1.98±0.17[b]
巴东碚石（官渡口）断面	1.70±0.09[a]	2.28±0.18[b]	1.99±0.21[c]
宜昌太平溪断面	1.78±0.13[b]	2.05±0.11[a]	1.80±0.18[b]

注：两组数据间不同字母代表存在显著性差异（$P<0.05$），否则无显著性差异。

从三峡水库不同工程阶段来看，各断面均为三峡水库建成运行后高锰酸盐指数最高，显著高于三峡水库建成前和中小洪水调度后（$P<0.05$）。如重庆寸滩断面在三峡水库建成前高锰酸盐指数为 2.28±0.28 mg/L，三峡水库建成运行后高锰酸盐指数为 3.42±0.80 mg/L，中小洪水调度后高锰酸盐指数为 2.29±0.49 mg/L，表明三峡水库高锰酸盐指数经历了建库后先上升，中小洪水调度后再下降的过程。

3.2.3　三峡水库干流水质变化趋势分析

采用 M-K 趋势检验法对三峡水库干流重庆寸滩断面、涪陵清溪场断面、万州沱口断面、奉节十里铺断面、巴东碚石（官渡口）断面、宜昌太平溪断面水质进行变化趋势分析。

1. 总磷

三峡水库干流各断面总磷 M-K 趋势检验法统计值如表 3.15 所示，从全时段各月变化来看：万州沱口断面 2 月、12 月，宜昌太平溪断面 5 月、10 月、12 月，巴东碚石（官渡口）断面5月呈显著上升趋势，其中万州沱口断面12月和巴东碚石（官渡口）断面5月呈极显著上升趋势；奉节十里铺断面6～9月和宜昌太平溪断面的8月呈显著下降趋势，其中奉节十里铺断面7～9月呈极显著下降趋势。从全时段年均值变化来看：涪陵清溪场断面呈显著上升趋势。

表3.15　三峡水库干流各断面总磷M-K趋势检验法统计值

三峡水库不同工程阶段	月份	重庆寸滩断面	涪陵清溪场断面	万州沱口断面	奉节十里铺断面	巴东碚石（官渡口）断面	宜昌太平溪断面
全时段	1月（消落期）	2.35	1.86	1.67	1.34	0.62	0.81
	2月（消落期）	1.99	1.53	2.02	0.53	1.71	1.43
	3月（消落期）	2.24	1.74	1.61	0.05	0.03	−0.24
	4月（消落期）	1.52	1.62	0.79	−1.15	0.68	−0.14
	5月（消落期）	1.36	0.68	0.75	−1.48	3.18	2.18
	6月（汛期）	0.54	1.18	−0.03	−2.15	1.27	−0.22
	7月（汛期）	−0.22	0.68	0.06	−3.11	1.86	0.83
	8月（汛期）	0.70	1.21	−1.49	−3.77	0.35	−2.57
	9月（汛期）	0.25	1.15	0.63	−2.87	1.47	0.00
	10月（蓄水期）	1.18	0.32	0.62	−1.61	1.53	2.09
	11月（高水位运行期）	0.71	0.77	1.15	−1.18	0.27	0.17
	12月（高水位运行期）	1.94	1.44	2.72	0.00	0.94	2.15
	年均值	1.09	2.03	0.80	−0.91	1.27	0.91
三峡水库建成前（2002年之前）	1月（消落期）	−0.42	−1.27	−2.12	—	−1.46	—
	2月（消落期）	−0.29	−0.59	−1.46	—	−2.05	—
	3月（消落期）	−1.46	0.29	−2.05	—	−2.05	—
	4月（消落期）	−0.29	−0.59	0.29	—	−1.46	—
	5月（消落期）	0.29	0.29	0.00	—	0.29	—
	6月（汛期）	0.00	0.88	−0.29	—	1.46	—
	7月（汛期）	−0.59	−0.29	−0.88	—	0.29	—
	8月（汛期）	−0.29	−0.29	−0.88	—	0.29	—
	9月（汛期）	0.88	0.29	0.29	—	0.88	—
	10月（蓄水期）	0.88	0.88	0.00	—	2.63	—
	11月（高水位运行期）	−0.88	−1.46	−0.88	—	1.46	—
	12月（高水位运行期）	−0.88	−0.88	−1.46	—	0.88	—
	年均值	−0.88	−0.29	−1.46	—	−0.29	—

续表

三峡水库不同工程阶段	月份	重庆寸滩断面	涪陵清溪场断面	万州沱口断面	奉节十里铺断面	巴东碚石（官渡口）断面	宜昌太平溪断面
三峡水库建成运行后（2003～2008 年）	1 月（消落期）	0.29	1.75	−2.05	−0.29	−1.31	−1.46
	2 月（消落期）	−1.46	0.00	−1.46	0.00	−0.65	0.00
	3 月（消落期）	−0.88	1.31	0.00	0.00	−0.87	0.00
	4 月（消落期）	−0.59	0.00	0.00	0.00	−2.18	−1.46
	5 月（消落期）	−0.29	0.00	0.29	0.00	−1.31	−0.87
	6 月（汛期）	−0.29	1.31	0.88	2.05	−1.96	−0.87
	7 月（汛期）	0.00	0.00	0.29	0.00	0.00	0.00
	8 月（汛期）	−0.88	1.75	−1.17	−0.88	−0.87	−1.31
	9 月（汛期）	0.29	0.87	−2.63	−2.05	−1.53	−1.09
	10 月（蓄水期）	2.62	0.87	0.00	−1.75	0.00	0.44
	11 月（高水位运行期）	0.44	1.75	−2.40	−1.53	−0.22	1.53
	12 月（高水位运行期）	0.22	1.31	−1.17	−1.46	−0.65	−0.88
	年均值	1.31	1.31	0.00	0.00	−2.62	−1.09
中小洪水调度后（2009～2019 年）	1 月（消落期）	−0.68	−1.78	−0.59	−0.51	1.27	0.34
	2 月（消落期）	−1.52	−1.95	−0.59	−0.93	−0.08	−1.02
	3 月（消落期）	−0.85	−2.80	−1.27	−1.10	−1.02	−0.68
	4 月（消落期）	−2.20	−2.97	−2.46	−2.54	−1.61	−1.69
	5 月（消落期）	−1.52	−2.71	−2.97	−3.13	−2.20	−2.46
	6 月（汛期）	−2.03	−0.76	−2.37	−2.37	1.19	−0.42
	7 月（汛期）	−2.46	−2.80	−3.22	−2.97	−1.10	−2.20
	8 月（汛期）	−1.44	−3.30	−3.05	−3.13	−1.19	−0.08
	9 月（汛期）	−2.46	−2.88	−2.97	−2.29	−2.46	−1.52
	10 月（蓄水期）	−1.78	−2.80	−2.29	−2.88	−2.20	−0.93
	11 月（高水位运行期）	−1.86	−1.36	−0.93	−1.52	−0.93	0.00
	12 月（高水位运行期）	−0.87	−2.39	0.00	0.88	−1.20	1.76
	年均值	−1.95	−2.20	−3.05	−2.54	−1.95	−1.36

从三峡水库不同工程阶段变化趋势来看，三峡水库建成前各月变化趋势方面：巴东碚石（官渡口）断面 10 月呈极显著上升趋势；万州沱口断面 1 月、3 月和巴东碚石（官渡口）断面 2～3 月呈显著下降趋势。年均值变化方面：各断面在三峡水库建成前无显著

变化趋势。

三峡水库建成运行后各月变化趋势方面：重庆寸滩断面10月及奉节十里铺断面6月呈显著上升趋势，其中重庆寸滩断面10月呈极显著上升趋势；万州沱口断面9月、11月，奉节十里铺断面9月和巴东碚石（官渡口）断面4月、6月呈显著下降趋势，其中万州沱口断面9月呈极显著下降趋势。年均值变化方面：巴东碚石（官渡口）断面呈显著下降趋势。

中小洪水调度各月变化趋势方面：6个断面汛期和蓄水期均呈显著下降趋势[巴东碚石（官渡口）断面除外]，其中万州沱口断面（12月除外）和奉节十里铺断面（12月除外）呈极显著下降趋势。年均值变化方面：涪陵清溪场断面、万州沱口断面及奉节十里铺断面呈显著下降趋势，其中万州沱口断面呈极显著下降趋势。

2. 氨氮

三峡水库各断面氨氮M-K趋势检验法统计值如表3.16所示，从全时段各月变化来看：涪陵清溪场断面7～8月、10月和宜昌太平溪断面8～10月呈显著上升趋势，其中宜昌太平溪断面9月呈极显著上升趋势；巴东碚石（官渡口）断面各调度时期均呈显著下降趋势（6月、8月除外），其中1～2月和10～12月呈极显著下降趋势。从全时段年均值变化来看：巴东碚石（官渡口）断面呈极显著下降趋势。

表3.16　三峡水库干流各断面氨氮M-K趋势检验法统计值

三峡水库不同工程阶段	月份	重庆寸滩断面	涪陵清溪场断面	万州沱口断面	奉节十里铺断面	巴东碚石（官渡口）断面	宜昌太平溪断面
全时段	1月（消落期）	−1.06	0.74	−0.51	−1.19	−3.76	−0.33
	2月（消落期）	−0.24	−0.09	−0.99	−0.24	−4.71	−1.67
	3月（消落期）	0.00	0.56	−0.48	−0.14	−1.61	−0.14
	4月（消落期）	0.17	0.56	−0.54	0.72	−2.40	−0.69
	5月（消落期）	−0.95	0.50	−1.06	−0.74	−2.40	0.17
	6月（汛期）	−1.86	1.41	−0.51	0.00	0.22	1.13
	7月（汛期）	0.13	2.44	−0.51	−1.74	−0.82	−0.35
	8月（汛期）	2.72	2.24	0.00	1.00	0.00	2.48
	9月（汛期）	1.33	0.27	0.22	1.31	−2.40	3.54
	10月（蓄水期）	0.98	2.15	−0.03	1.52	−3.35	2.27
	11月（高水位运行期）	1.42	0.27	−0.32	0.44	−3.38	1.66
	12月（高水位运行期）	1.26	−1.15	−0.68	0.29	−3.60	−0.91
	年均值	−0.06	1.33	−0.57	0.09	−2.65	−0.09

续表

三峡水库不同工程阶段	月份	重庆寸滩断面	涪陵清溪场断面	万州沱口断面	奉节十里铺断面	巴东碚石（官渡口）断面	宜昌太平溪断面
三峡水库建成前（2002年之前）	1月（消落期）	−0.42	−1.46	0.00	—	0.00	—
	2月（消落期）	−0.42	−0.88	−0.42	—	0.42	—
	3月（消落期）	−0.85	−0.59	0.00	—	0.00	—
	4月（消落期）	−0.42	−0.29	0.42	—	0.00	—
	5月（消落期）	−1.27	−0.59	−0.42	—	0.00	—
	6月（汛期）	−0.42	−0.59	0.00	—	0.00	—
	7月（汛期）	−0.42	0.00	0.00	—	0.00	—
	8月（汛期）	0.85	2.34	0.85	—	0.85	—
	9月（汛期）	0.00	1.46	0.00	—	1.70	—
	10月（蓄水期）	0.42	−1.76	2.12	—	0.00	—
	11月（高水位运行期）	0.00	0.88	0.00	—	0.42	—
	12月（高水位运行期）	0.00	0.29	−1.27	—	0.42	—
	年均值	−0.42	−0.29	−0.42	—	2.05	—
三峡水库建成运行后（2003～2008年）	1月（消落期）	0.29	2.18	−2.05	−1.46	−2.18	0.00
	2月（消落期）	0.00	0.87	−1.46	−0.29	−0.87	0.00
	3月（消落期）	0.88	0.00	0.29	0.00	−1.31	0.29
	4月（消落期）	0.29	−2.18	−0.88	−0.29	−1.31	0.29
	5月（消落期）	−1.17	−0.87	0.00	0.44	−1.31	1.53
	6月（汛期）	−1.31	−0.87	1.31	0.87	0.65	0.00
	7月（汛期）	0.44	0.22	2.18	1.96	−1.75	0.87
	8月（汛期）	−0.44	−1.31	1.31	2.40	−1.31	1.09
	9月（汛期）	0.44	0.00	0.87	0.44	−2.18	0.44
	10月（蓄水期）	0.00	0.00	0.00	0.00	−3.06	2.40
	11月（高水位运行期）	−0.44	1.31	−0.87	−1.31	−1.75	2.18
	12月（高水位运行期）	−0.87	−0.44	−0.29	−1.17	−2.62	0.29
	年均值	0.00	−0.87	0.87	0.44	−2.18	0.87
中小洪水调度后（2009～2019年）	1月（消落期）	0.00	0.51	1.19	2.20	−0.93	−2.54
	2月（消落期）	0.17	−0.93	2.20	0.42	−1.02	−0.51
	3月（消落期）	−0.51	−0.17	0.34	0.00	−2.29	−0.59

续表

三峡水库不同工程阶段	月份	重庆寸滩断面	涪陵清溪场断面	万州沱口断面	奉节十里铺断面	巴东碚石（官渡口）断面	宜昌太平溪断面
中小洪水调度后（2009～2019年）	4月（消落期）	0.00	−0.68	−0.51	1.36	1.52	0.08
	5月（消落期）	1.19	0.51	0.00	1.69	0.25	−1.77
	6月（汛期）	0.85	1.36	0.00	1.86	0.17	−2.03
	7月（汛期）	0.51	1.69	−0.51	0.00	1.02	1.44
	8月（汛期）	1.69	1.86	−1.86	−1.36	1.19	−1.36
	9月（汛期）	0.17	1.69	0.00	1.19	2.03	1.69
	10月（蓄水期）	−0.17	0.34	1.36	1.86	−0.34	1.19
	11月（高水位运行期）	0.17	−0.85	0.76	1.78	−0.93	−0.17
	12月（高水位运行期）	2.18	−0.68	0.81	0.29	−2.22	−0.29
	年均值	0.51	0.68	0.85	2.20	0.85	−1.27

从三峡水库不同工程阶段变化趋势来看：三峡水库建成前各月变化方面，涪陵清溪场断面8月和万州沱口断面10月呈显著上升趋势；年均值变化方面，巴东碚石（官渡口）断面呈显著上升趋势。

三峡水库建成运行后各月变化方面：涪陵清溪场断面1月、万州沱口断面7月、奉节十里铺断面7～8月和宜昌太平溪断面10～11月呈显著上升趋势；涪陵清溪场断面4月、万州沱口断面1月、巴东碚石（官渡口）断面1月、9月、10月及12月呈显著下降趋势，其中巴东碚石（官渡口）断面10月和12月呈极显著下降趋势。年均值变化方面：巴东碚石（官渡口）断面呈显著下降趋势。

中小洪水调度后各月变化方面：重庆寸滩断面12月，万州沱口断面2月、奉节十里铺断面1月和巴东碚石（官渡口）断面9月呈显著上升趋势；巴东碚石（官渡口）断面3月、12月和宜昌太平溪断面1月、6月呈显著下降趋势。年均值变化方面：奉节十里铺断面呈显著上升趋势。

3. 溶解氧

三峡水库干流各断面溶解氧M-K趋势检验法统计值如表3.17所示，从全时段各月变化来看，万州沱口断面9月，奉节十里铺断面1～4月、7月、12月和宜昌太平溪断面4月、6月呈显著上升趋势，其中奉节十里铺断面1～3月和12月呈极显著上升趋势。从全时段年均值变化来看，奉节十里铺断面及宜昌太平溪断面呈显著上升趋势，其中宜昌太平溪断面呈极显著上升趋势。

表 3.17　三峡水库干流各断面溶解氧 M-K 趋势检验法统计值

三峡水库不同工程阶段	月份	重庆寸滩断面	涪陵清溪场断面	万州沱口断面	奉节十里铺断面	巴东碚石（官渡口）断面	宜昌太平溪断面
全时段	1 月（消落期）	-1.40	-1.59	0.00	2.96	-0.13	1.72
	2 月（消落期）	-1.40	-1.30	1.06	4.06	0.70	0.91
	3 月（消落期）	-0.41	-0.53	-0.75	2.72	0.82	0.96
	4 月（消落期）	-1.26	-0.88	-0.37	2.39	1.39	2.53
	5 月（消落期）	0.68	-0.06	-0.65	0.44	-0.60	0.00
	6 月（汛期）	-0.98	-0.82	-1.42	1.57	1.45	2.18
	7 月（汛期）	-0.16	0.56	0.51	2.00	0.63	1.52
	8 月（汛期）	0.70	-0.38	0.38	1.18	0.44	1.13
	9 月（汛期）	0.44	-0.53	1.96	1.05	1.14	0.44
	10 月（蓄水期）	-0.73	-0.27	0.79	1.83	0.22	1.48
	11 月（高水位运行期）	-1.74	-1.71	-0.06	1.66	0.19	-0.22
	12 月（高水位运行期）	-1.26	-1.53	0.71	2.91	0.79	0.91
	年均值	-0.63	-1.06	-0.06	2.31	0.47	2.83
三峡水库建成前（2002 年之前）	1 月（消落期）	0.85	0.00	-0.42	—	-1.27	—
	2 月（消落期）	-0.42	1.17	0.00	—	-1.27	—
	3 月（消落期）	0.42	-0.59	0.85	—	-1.70	—
	4 月（消落期）	0.00	0.00	1.27	—	-2.12	—
	5 月（消落期）	0.85	0.00	0.42	—	-0.42	—
	6 月（汛期）	0.42	-0.29	0.00	—	-0.85	—
	7 月（汛期）	-0.42	2.05	0.85	—	0.00	—
	8 月（汛期）	0.00	2.05	0.00	—	-0.42	—
	9 月（汛期）	1.27	2.34	0.85	—	-0.85	—
	10 月（蓄水期）	0.42	1.46	0.00	—	0.00	—
	11 月（高水位运行期）	0.42	1.17	1.27	—	0.00	—
	12 月（高水位运行期）	0.42	1.17	0.42	—	-1.27	—
	年均值	1.27	1.76	2.12	—	0.00	—
三峡水库建成运行后（2003～2008 年）	1 月（消落期）	-0.88	0.44	-0.29	-1.17	-3.06	-0.29
	2 月（消落期）	0.00	0.44	-1.46	0.59	-0.87	-0.29
	3 月（消落期）	0.29	-0.22	-0.29	-0.59	-0.65	0.29
	4 月（消落期）	0.29	-0.44	-0.88	1.76	-0.44	1.76

续表

三峡水库不同工程阶段	月份	重庆寸滩断面	涪陵清溪场断面	万州沱口断面	奉节十里铺断面	巴东碚石（官渡口）断面	宜昌太平溪断面
三峡水库建成运行后（2003～2008年）	5月（消落期）	0.29	0.44	−0.59	−2.84	−1.75	0.44
	6月（汛期）	−0.44	0.00	−1.75	−1.75	1.31	0.22
	7月（汛期）	0.00	0.44	−1.53	−1.75	−1.31	−0.65
	8月（汛期）	0.00	−0.44	−1.31	−1.31	1.09	0.00
	9月（汛期）	0.00	0.44	0.00	−0.87	1.75	−0.22
	10月（蓄水期）	−0.87	0.00	0.44	−0.87	−2.18	−0.87
	11月（高水位运行期）	−0.44	0.00	1.75	0.00	0.00	0.00
	12月（高水位运行期）	−1.31	0.00	0.29	−1.76	−0.87	0.59
	年均值	−0.22	0.22	−1.53	−1.53	−1.09	0.00
中小洪水调度后（2009～2019年）	1月（消落期）	−0.34	−0.68	0.68	2.97	2.88	1.44
	2月（消落期）	−1.44	−1.36	1.86	3.22	3.39	3.81
	3月（消落期）	−0.42	−1.61	3.05	3.13	2.97	2.20
	4月（消落期）	−2.37	−2.37	0.00	0.42	1.95	1.27
	5月（消落期）	−1.10	−1.52	0.76	−0.34	1.78	1.95
	6月（汛期）	−1.52	−1.86	−2.03	−0.51	1.69	1.78
	7月（汛期）	−0.76	−2.37	0.17	0.17	2.80	2.46
	8月（汛期）	−0.93	−1.78	1.78	1.44	−0.17	1.86
	9月（汛期）	−1.36	−1.78	0.00	0.00	1.44	1.78
	10月（蓄水期）	−0.51	−0.25	−0.34	−0.08	1.86	0.17
	11月（高水位运行期）	−1.44	−1.44	−0.17	0.17	2.29	3.05
	12月（高水位运行期）	−1.31	−1.71	1.04	2.63	2.39	0.85
	年均值	−1.52	−1.52	0.00	0.76	3.05	3.81

从三峡水库不同工程阶段变化趋势来看，三峡水库建成前各月变化方面：涪陵清溪场断面7～9月呈显著上升趋势；巴东碚石（官渡口）断面4月呈显著下降趋势。年均值变化方面：万州沱口断面呈显著上升趋势。

三峡水库建成运行后各月变化方面：奉节十里铺断面5月和巴东碚石（官渡口）断面1月、10月呈显著下降趋势，其中奉节十里铺断面5月和巴东碚石（官渡口）断面1月呈极显著下降趋势。年均值变化方面：各断面在三峡水库建成运行后无显著变化趋势。

中小洪水调度后各月变化方面：万州沱口断面3月，奉节十里铺断面1～3月、12月，巴东碚石（官渡口）断面1～3月、7月、11～12月和宜昌太平溪断面2～3月、7月、11月呈显著上升趋势，其中万州沱口断面3月，奉节十里铺断面1～3月、12月和巴东碚石（官渡口）断面 1～3 月、7 月和宜昌太平溪断面 2 月、11 月呈极显著上升趋势，重庆寸滩断面 4 月、涪陵清溪场断面 4 月、7 月和万州沱口断面 6 月呈显著下降趋势。年均值变化方面：巴东碚石（官渡口）断面（8 月除外）和宜昌太平溪断面呈极显著上升趋势。

4. 高锰酸盐指数

三峡水库干流各断面高锰酸盐指数 M-K 趋势检验法统计值如表 3.18 所示，从全时段各月变化来看，各断面消落期除奉节十里铺断面、巴东碚石（官渡口）断面，其余断面均呈下降趋势；汛期除巴东碚石（官渡口）断面、宜昌太平溪断面，其余断面也均呈下降趋势。从全时段年均值变化来看，各断面均呈下降趋势，其中万州沱口断面、奉节十里铺断面和宜昌太平溪断面呈极显著下降趋势。

表 3.18　三峡水库干流各断面高锰酸盐指数 M-K 趋势检验法统计值

三峡水库不同工程阶段	月份	重庆寸滩断面	涪陵清溪场断面	万州沱口断面	奉节十里铺断面	巴东碚石（官渡口）断面	宜昌太平溪断面
全时段	1 月（消落期）	−1.61	−3.22	−0.95	0.24	0.21	−2.01
	2 月（消落期）	−1.80	−2.53	−1.30	−0.24	0.12	−2.91
	3 月（消落期）	−2.53	−0.91	−2.47	−1.43	0.06	−3.06
	4 月（消落期）	−2.91	−3.33	−3.07	−1.96	−2.06	−3.34
	5 月（消落期）	−1.74	−2.95	−4.24	−3.75	−0.59	−0.83
	6 月（汛期）	−2.95	−1.68	−0.85	−2.27	0.38	−2.09
	7 月（汛期）	−0.85	−0.27	−1.30	−2.74	1.12	−0.83
	8 月（汛期）	−0.29	0.24	−3.03	−3.31	0.65	−1.70
	9 月（汛期）	−1.27	−0.29	−1.59	−3.44	1.41	0.00
	10 月（蓄水期）	−0.68	0.53	−0.94	0.04	1.30	−0.09
	11 月（高水位运行期）	0.00	−1.24	−0.27	0.48	1.50	−0.35
	12 月（高水位运行期）	−0.62	−1.56	−0.38	−0.33	−0.12	−0.86
	年均值	−1.80	−1.77	−2.95	−3.18	−0.15	−2.92
三峡水库建成前（2002 年之前）	1 月（消落期）	0.59	−1.27	0.00	—	0.59	—
	2 月（消落期）	0.29	0.00	0.00	—	1.17	—
	3 月（消落期）	−0.29	−0.88	−0.59	—	0.00	—
	4 月（消落期）	−2.05	−0.88	−1.46	—	1.17	—
	5 月（消落期）	−0.29	0.00	−1.76	—	−0.29	—
	6 月（汛期）	0.00	−2.63	0.88	—	−0.29	—
	7 月（汛期）	−1.17	−2.63	−0.59	—	1.46	—
	8 月（汛期）	−0.88	−1.17	−1.17	—	0.00	—
	9 月（汛期）	−1.76	−0.59	−0.59	—	1.17	—
	10 月（蓄水期）	−2.05	−0.29	−0.59	—	0.00	—

续表

三峡水库不同工程阶段	月份	重庆寸滩断面	涪陵清溪场断面	万州沱口断面	奉节十里铺断面	巴东碚石（官渡口）断面	宜昌太平溪断面
三峡水库建成前（2002 年之前）	11 月（高水位运行期）	−2.34	−0.59	−1.76	—	0.29	—
	12 月（高水位运行期）	−1.46	−2.05	−0.88	—	0.00	—
	年均值	−1.17	−2.63	−1.76	—	0.88	—
三峡水库建成运行后（2003～2008 年）	1 月（消落期）	−1.46	−1.31	−0.29	−2.05	0.00	1.17
	2 月（消落期）	−0.88	−1.31	−0.88	−0.59	0.22	0.00
	3 月（消落期）	−1.46	−1.09	−0.88	−1.76	−1.31	−1.17
	4 月（消落期）	−0.29	−1.96	1.17	0.59	−1.96	−1.76
	5 月（消落期）	−0.88	0.00	0.00	−2.18	0.22	−0.65
	6 月（汛期）	−2.18	0.00	0.44	0.00	−1.96	0.00
	7 月（汛期）	−0.44	0.22	−0.87	0.00	−0.22	0.65
	8 月（汛期）	0.00	0.87	−2.18	−0.44	−1.75	−1.31
	9 月（汛期）	−1.75	0.44	−2.18	−1.31	−0.87	1.09
	10 月（蓄水期）	0.87	0.00	−2.18	−0.87	1.53	0.00
	11 月（高水位运行期）	0.00	0.87	−1.31	−2.84	0.00	1.31
	12 月（高水位运行期）	−0.22	−0.44	−2.34	−2.34	−0.65	−1.76
	年均值	−0.22	0.22	−1.53	−1.53	−1.09	0.00
中小洪水调度后（2009～2019 年）	1 月（消落期）	−2.12	−1.36	0.17	0.17	−2.12	0.17
	2 月（消落期）	0.00	−0.17	0.42	1.78	−2.20	−2.12
	3 月（消落期）	0.42	2.54	0.76	0.85	−1.52	−1.86
	4 月（消落期）	−1.52	0.42	−0.93	1.95	−0.34	−2.12
	5 月（消落期）	−0.85	0.42	−1.19	0.17	−1.10	−1.52
	6 月（汛期）	−1.86	−1.69	−2.29	−1.19	−1.02	−0.25
	7 月（汛期）	−2.20	−2.54	−2.37	−1.44	−1.86	−0.25
	8 月（汛期）	−2.54	−2.71	−2.29	−2.46	−1.61	−0.76
	9 月（汛期）	−2.37	−1.78	−2.29	−1.95	−0.76	0.25
	10 月（蓄水期）	0.08	−0.34	−1.69	−1.86	−0.68	−0.17
	11 月（高水位运行期）	0.00	−0.17	−1.44	−1.02	−0.76	−0.76
	12 月（高水位运行期）	0.00	0.00	−0.12	1.17	−0.68	−0.29
	年均值	−2.46	−2.71	−2.88	−1.10	−2.12	−0.93

从三峡水库不同工程阶段变化趋势来看：三峡水库建成前各月变化方面，重庆寸滩断面 4 月、10～11 月和涪陵清溪场断面 6～7 月、12 月呈显著下降趋势，其中涪陵清溪场断面 6～7 月呈极显著下降趋势；年均值变化方面，涪陵清溪场断面呈极显著下降趋势。

三峡水库建成运行后各月变化方面：重庆寸滩断面 6 月，涪陵清溪场断面 4 月，万州沱口断面 8～10 月、12 月，奉节十里铺断面 1 月、5 月、11 月、12 月，巴东碚石（官渡口）断面 4 月、6 月呈显著下降趋势；奉节十里铺断面 11 月呈极显著下降趋势。年均值变化方面：各断面在此期间无显著变化趋势。

中小洪水调度后各月变化方面：涪陵清溪场断面 3 月呈显著上升趋势；重庆寸滩断面、涪陵清溪场断面、万州沱口断面、奉节十里铺断面和巴东碚石（官渡口）断面、宜昌太平溪断面基本呈下降趋势，其中涪陵清溪场断面 8 月呈极显著下降趋势。年均值变化方面：重庆寸滩断面、涪陵清溪场断面、万州沱口断面和巴东碚石（官渡口）断面呈显著下降趋势，其中涪陵清溪场断面和万州沱口断面呈极显著下降趋势。

3.2.4　三峡水库干流水质突变分析

采用 M-K 突变分析法，对三峡水库干流 6 个断面主要水质超标因子的年均质量浓度进行突变检验，各断面不同水质超标因子的突变年份及变化情况见表 3.19。

表 3.19　三峡水库干流各断面主要水质超标因子统计值　（单位：mg/L）

水质超标因子	断面名称	突变年份	突变前均值	突变后均值	差值
总磷	重庆寸滩断面	2003	0.047	0.151	0.104
		2016	0.151	0.089	-0.062
	涪陵清溪场断面	2005	0.069	0.172	0.103
		2016	0.172	0.090	-0.082
	万州沱口断面	2003	0.056	0.137	0.081
		2017	0.137	0.117	-0.020
	奉节十里铺断面	2008	0.106	0.134	0.028
		2016	0.134	0.074	-0.060
	巴东碚石（官渡口）断面	2003	0.061	0.109	0.048
		2017	0.109	0.082	-0.027
	宜昌太平溪断面	2009	0.078	0.103	0.025
		2019	0.103	0.080	-0.023
氨氮	涪陵清溪场断面	2016	0.130	0.255	0.125
	巴东碚石（官渡口）断面	2003	0.234	0.093	-0.141
	宜昌太平溪断面	2007	0.047	0.060	0.013

续表

水质超标因子	断面名称	突变年份	突变前均值	突变后均值	差值
溶解氧	涪陵清溪场断面	2002	8.55	8.11	−0.44
	巴东碚石（官渡口）断面	2013	7.87	8.51	0.64
高锰酸盐指数	重庆寸滩断面	2000	2.60	2.68	0.08
		2012	2.68	2.13	−0.55
	涪陵清溪场断面	2003	2.05	2.39	0.34
	万州沱口断面	2000	2.55	2.68	0.13
		2010	2.68	1.95	−0.73
	奉节十里铺断面	2003	2.90	2.09	−0.81
	巴东碚石（官渡口）断面	2002	1.70	2.20	0.50
		2013	2.20	1.89	−0.31

总磷方面：重庆寸滩断面、万州沱口断面、巴东碚石（官渡口）断面在 2003 年发生上升突变，分别上升了 0.104 mg/L、0.081 mg/L 和 0.048 mg/L，涪陵清溪场断面在 2005 年发生上升突变，上升了 0.103 mg/L，奉节十里铺断面在 2008 年发生上升突变，上升了 0.028 mg/L，宜昌太平溪断面在 2009 年发生上升突变，上升了 0.025 mg/L。重庆寸滩断面、涪陵清溪场断面、奉节十里铺断面在 2016 年发生下降突变，分别下降了 0.062 mg/L、0.082 mg/L 和 0.060 mg/L，万州沱口断面和巴东碚石（官渡口）断面在 2017 年发生下降突变，分别下降了 0.020 mg/L 和 0.027 mg/L，宜昌太平溪断面在 2019 年发生下降突变，下降了 0.023 mg/L。

氨氮方面：巴东碚石（官渡口）断面在 2003 年发生了下降突变，下降了 0.141 mg/L。宜昌太平溪断面在 2007 年发生上升突变，上升了 0.013 mg/L；涪陵清溪场断面在 2016 年发生上升突变，上升了 0.125 mg/L。

溶解氧方面：涪陵清溪场断面在 2002 年发生下降突变，下降了 0.44 mg/L。巴东碚石（官渡口）断面在 2013 年出现上升突变，上升了 0.64 mg/L。

高锰酸盐指数方面：重庆寸滩断面在 2000 年发生上升突变，上升了 0.08 mg/L，2012 年发生下降突变，下降了 0.55 mg/L；涪陵清溪场断面在 2003 年发生上升突变，上升了 0.34 mg/L；万州沱口断面在 2000 年发生上升突变，上升了 0.13 mg/L，在 2010 年发生下降突变，下降了 0.73 mg/L；奉节十里铺断面在 2003 年发生下降突变，下降了 0.81 mg/L；巴东碚石（官渡口）断面在 2002 年发生上升突变，上升了 0.50 mg/L，在 2013 年发生下降突变，下降了 0.31 mg/L。

部分断面的主要水质项目 M-K 突变检验统计值如图 3.13 所示。

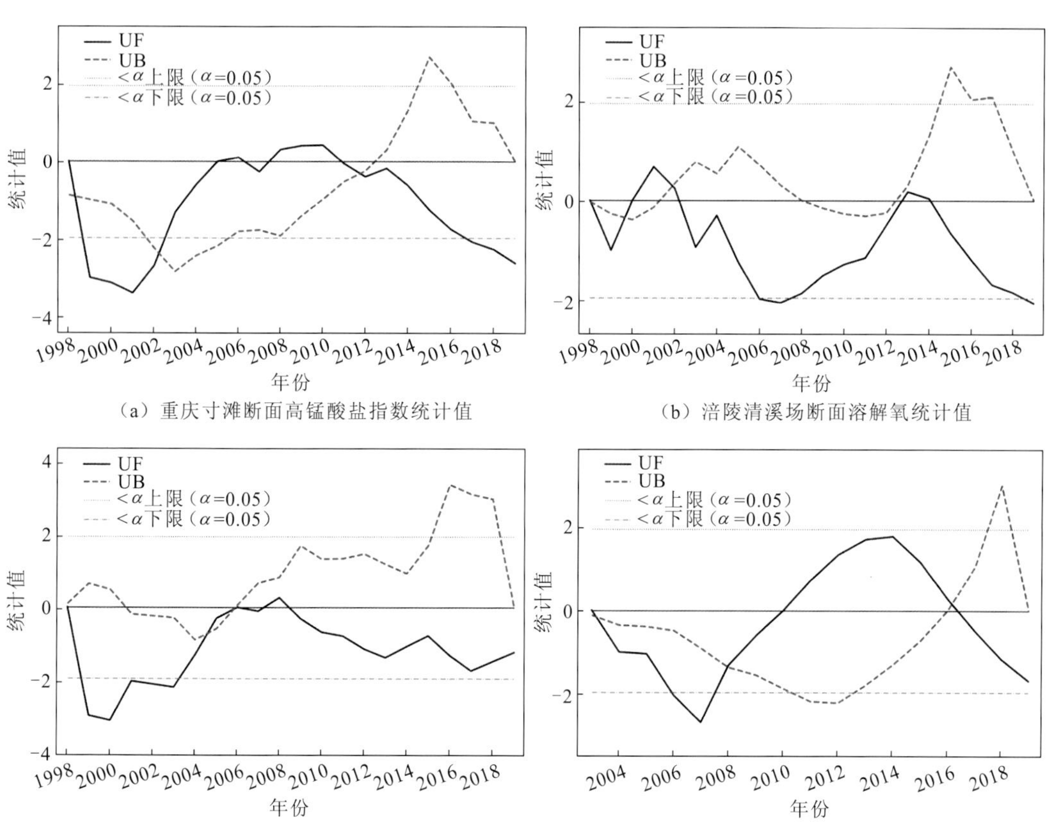

（a）重庆寸滩断面高锰酸盐指数统计值

（b）涪陵清溪场断面溶解氧统计值

（c）万州沱口断面氨氮统计值

（d）奉节十里铺断面总磷统计值

图 3.13　三峡水库干流主要水质超标因子 M-K 突变检验统计值

3.3　三峡水库干流水文泥沙演变、水质演变与水库调度影响分析

3.3.1　水文泥沙演变与水库调度影响分析

三峡水库水文泥沙演变与水库调度的影响关系见表 3.20。三峡水库建设运行对三峡水库水文情势影响主要体现在水位上。初期蓄水期，万县、巴东和庙河位于三峡水库常年淹没区范围内，年均水位呈显著上升趋势，发生突变，朱沱站是三峡入库控制站，寸滩是 175 m 蓄水库尾断面，清溪场为 156 m 蓄水库尾断面，初期蓄水高程最高为 156 m，因而未有明显变化趋势，中小洪水调度时期三峡水库蓄水高程最高为 175 m，除朱沱站外，其他各站点年均水位均显著上升。

表 3.20　三峡水库水文泥沙演变与水库调度的影响关系

主要指标	三峡水库建设运行与建库前相比			中小洪水调度后与三峡水库建成后相比		
	变化趋势	变化情况	影响情况	变化趋势	变化情况	影响情况
水位	朱沱、寸滩、清溪场无显著变化趋势，万县、巴东和庙河呈上升趋势	万县、巴东和庙河有突变	朱沱站是三峡入库控制站，寸滩是 175 m 蓄水库尾断面，清溪场为 156 m 蓄水库尾断面，万县、巴东和庙河位于常年淹没区，水文变化受三峡水库蓄水影响	除入库站朱沱站外，其他站均呈上升趋势	除入库站朱沱站外，其他站均有突变	除入库站朱沱站外，其他站随着三峡水库正常蓄水运行水位进一步上升
流量	无显著变化趋势	无突变	流量受上游来水影响，未明显受三峡水库建设运行影响	无显著变化趋势	无突变	流量受上游来水影响，未明显受中小洪水调度影响
含沙量	下降趋势	有突变	一方面受三峡水库建设和运行影响，流速降低，泥沙在水库沉积；另一方面，受水利工程拦沙、水土保持减沙和河道采砂等影响，含沙量呈显著下降趋势	下降趋势	有突变	受水利工程拦沙、水土保持减沙和河道采砂等影响，含沙量呈显著下降趋势，未明显受中小洪水调度运行影响

流量主要受上游来水影响，因此三峡水库建设运行与中小洪水调度对流量变化无明显的影响。一方面，三峡水库建设运行后，上游来水进入三峡水库后流速降低，有利于泥沙沉积，含沙量减小；另一方面，三峡水库含沙量的影响因素主要来自上游，近些年在上游降水条件变化、水利工程拦沙、水土保持减沙和河道采砂等综合影响下，三峡水库建设运行后与中小洪水调度后，三峡水库含沙量呈显著下降趋势。

3.3.2　水质演变与水库调度影响分析

三峡水库水质演变与水库调度的影响关系见表 3.21。水质年际变化表明，各断面总磷、氨氮、溶解氧及高锰酸盐指数在三峡水库建设运行后均无显著变化趋势，而总磷和高锰酸盐指数在中小洪水调度后有一定的下降趋势，但各时期水质突变情况均与三峡水库各工程阶段间无明显相关规律，水质突变节点与工程时间节点不相吻合。

表 3.21　三峡水库水质演变与水库调度的影响关系

主要指标	三峡水库建设运行后与建库前相比			中小洪水调度后与建库后相比		
	变化趋势	变化情况	影响情况	变化趋势	变化情况	影响情况
总磷	无显著变化趋势	有突变	总磷含量变化趋势及突变情况与三峡水库建设运行阶段的时间节点不相吻合，三峡水库建设运行未明显对库区总磷含量造成影响	涪陵清溪场断面、万州沱口断面、奉节十里铺断面为下降趋势，其余断面均无显著变化趋势	有突变	总磷含量变化趋势及突变情况与三峡水库中小洪水调度的时间节点不相吻合，水库调度未明显对三峡水库总磷含量造成影响
氨氮	无显著变化趋势	无突变	氨氮含量变化未明显受三峡水库建设运行的影响	无显著变化趋势	无突变	氨氮含量变化未明显受三峡水库中小洪水调度的影响
溶解氧	无显著变化趋势	无突变	溶解氧含量变化未明显受三峡水库建设运行的影响	除巴东碚石（官渡口）断面和宜昌太平溪断面为显著上升趋势，其余断面无显著变化趋势	无突变	溶解氧含量变化趋势及突变情况与三峡水库中小洪水调度的时间节点不相吻合，中小洪水调度未明显对三峡水库溶解氧含量造成影响
高锰酸盐指数	无显著变化趋势	有突变	高锰酸盐指数变化趋势及突变情况与三峡水库建设运行阶段的时间节点不相吻合，三峡水库建设运行未明显对库区高锰酸盐指数造成影响	下降趋势	有突变	高锰酸盐指数变化趋势及突变情况与三峡水库中小洪水调度时间节点不相吻合，中小洪水调度未明显对三峡水库高锰酸盐指数造成影响

水质年内变化表明：总磷和高锰酸盐指数均为汛期最高，4个调度时期主要为三峡水库建成运行后高于中小洪水调度；氨氮含量在各断面、各时期有所差异；溶解氧含量为消落期最高，汛期最低，建库后溶解氧含量有小幅下降。三峡水库水质变化未明显受三峡水库建设运行及中小洪水调度的影响，水质变化可能与泥沙变化及流域污染排放有关。

第4章

三峡水库支流富营养化及水华与水库调度

本章主要分析三峡水库重点支流营养状态指数、水华发生的频次、水华年度变化过程和支流空间分布特征。重点研究水华发生期间的优势藻种、出现频率，以及优势藻种演变趋势。总结分析三峡水库支流水华发生的主要影响因子，采用主成分分析法和冗余分析法揭示水华暴发期浮游植物优势种密度、种类、生物多样性与水库动态水位、流速变化，以及其他环境因子之间的响应关系，识别三峡水库重点支流水华生消的关键驱动因子，分析三峡水库重点支流浮游植物和水华受水库调度运行的影响及变化情况。

4.1　三峡水库支流富营养化

4.1.1　三峡水库支流富营养化状况

对 2011～2020 年三峡水库 12 条重点支流的富营养化程度进行统计（图 4.1），苎溪河因河口与长江交汇处建有调节坝，长期与长江干流处于隔绝状态，为非天然河流，其在上述监测年限中，均处于中度富营养状态，多年综合营养状态指数 TLI(Σ)均值为 62.3。除苎溪河外，其余支流多年 TLI(Σ)均值小于 50.0，为中营养状态。

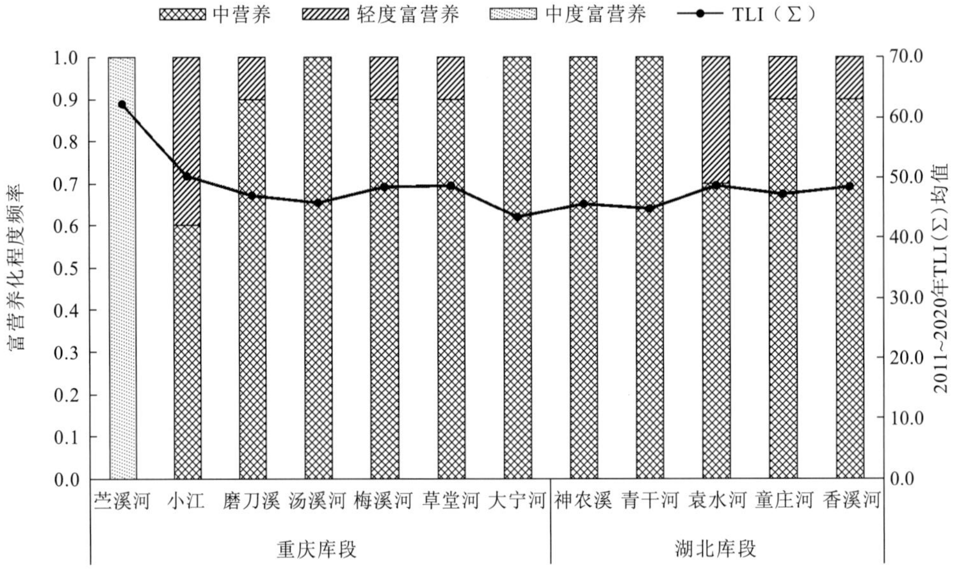

图 4.1　2011～2020 年三峡水库重点支流富营养化程度

4.1.2　三峡水库支流富营养化趋势

小江、磨刀溪、梅溪河、草堂河、袁水河、童庄河、香溪河有个别年份 TLI(Σ)均值超过 50.0，达到轻度富营养化状态。从区域上统计，重庆库段 7 条支流多年 TLI(Σ)均值为 49.0，略高于湖北库段 5 条支流的 46.5（表 4.1）。

表 4.1　2011～2020 年三峡水库重点支流 TLI(Σ)评价结果

支流	年份										均值
	2011	2012	2013	2014	2015	2016	2017	2018	2019	2020	
苎溪河	62.6	61.4	63.2	62.2	64.6	61.7	62.2	60.9	60.5	61.3	62.1
小江	49.0	46.9	47.5	52.1	53.0	48.2	53.6	48.7	48.3	52.2	50.0
磨刀溪	45.7	45.3	44.4	47.4	47.4	46.7	50.9	44.4	44.9	48.5	46.6

续表

支流	年份										均值
	2011	2012	2013	2014	2015	2016	2017	2018	2019	2020	
汤溪河	45.1	43.2	45.2	47.3	46.7	46.8	49.5	43.5	42.0	44.6	45.4
梅溪河	45.0	43.7	47.6	49.9	49.1	46.8	55.2	46.9	48.5	47.4	48.0
草堂河	45.0	43.7	47.6	49.9	49.1	46.8	55.2	46.9	48.5	47.4	48.0
大宁河	44.3	41.6	42.1	41.5	47.4	41.8	48.5	43.1	39.1	39.7	42.9
神农溪	45.1	43.6	43.8	47.2	46.0	41.7	54.3	41.8	40.9	42.4	44.7
青干河	43.1	44.1	47.5	46.6	45.9	44.9	44.3	45.6	41.2	43.1	44.6
袁水河	49.8	46.3	50.7	50.9	47.4	47.7	50.0	47.3	45.5	47.7	48.3
童庄河	48.4	45.9	46.9	49.5	47.2	50.1	46.2	45.3	44.7	44.5	46.9
香溪河	47.6	45.6	49.7	52.6	49.3	47.4	49.8	46.5	46.7	46.7	48.2

4.2 水华频次及优势藻种

4.2.1 水华频次

根据多年的监测经验，将持续时间一周以上、影响范围 2 km 以上河段的水华定义为典型水华，典型水华为本书关注重点。2010～2020 年三峡水库支流监测结果统计分析表明（图 4.2）：12 条支流均发生过 1 次以上典型水华，总计发生典型水华次数 66 次，其中重庆库段的苎溪河发生水华次数最多，为 19 次，小江次之，为 14 次；湖北库段的神农溪和香溪河，水华发生次数均达到了 5 次以上，其余支流水华发生次数较少。重庆库段 7 条支流的水华发生次数均值为 6.3，高于湖北库段 5 条支流的 4.4。

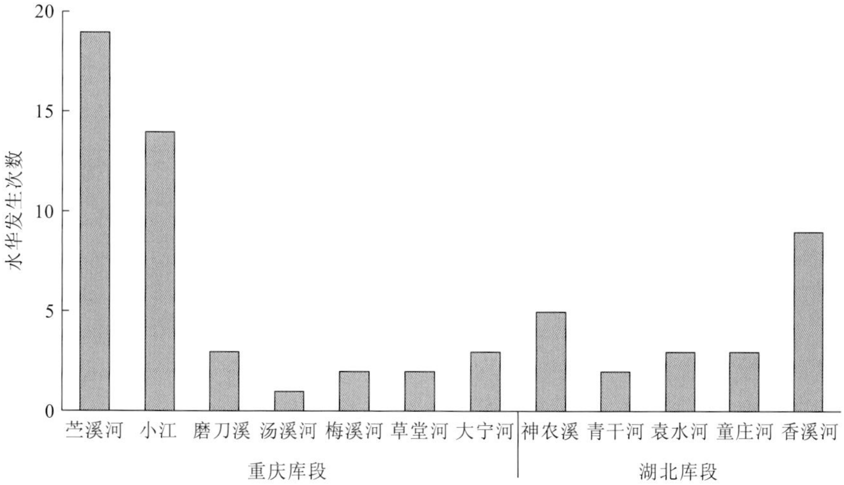

图 4.2 2010～2020 年三峡水库支流典型水华发生次数

根据 2010～2020 年三峡水库 12 条支流 66 次典型水华发生的月份统计结果(图 4.3)，三峡水库支流水华一般发生在 3～9 月，其间累计发生典型水华 64 次，2 月和 10 月各发生 1 次。按照三峡水库调度时期来划分，三峡水库消落期（1～5 月）发生典型水华 34 次，汛期（6～9 月）发生典型水华 31 次，蓄水期（10 月）发生典型水华 1 次，消落期和汛期均为典型水华高发期。

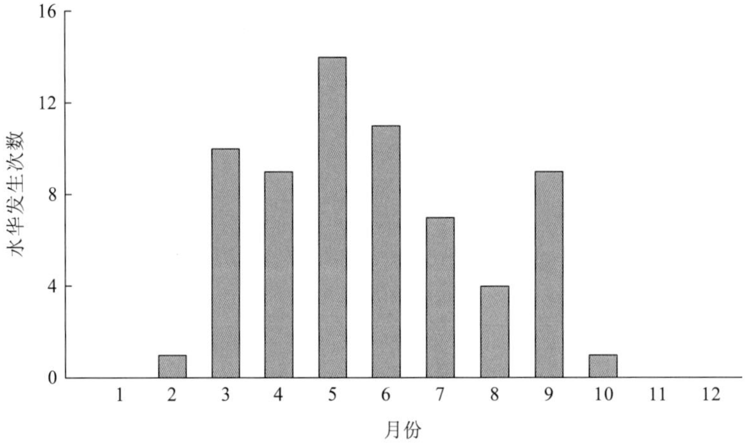

图 4.3　2010～2020 年三峡水库支流典型水华发生月份统计

根据 2010～2020 年三峡水库支流典型水华发生次数随年度变化的统计结果(图 4.4)，可以看出 2010 年水华发生次数最多，为 18 次，此后水华发生次数呈现下降趋势，2017～2020 年水华发生次数均为 3 次，为历史观测年最低水平，三峡水库调度显著降低了库区水华的发生次数。

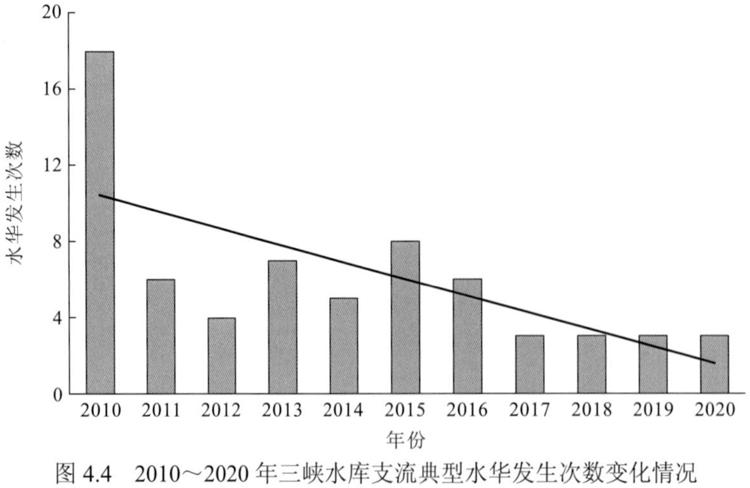

图 4.4　2010～2020 年三峡水库支流典型水华发生次数变化情况

4.2.2　水华优势藻种

三峡水库常见优势藻种有硅藻、甲藻、隐藻、蓝藻和绿藻，其中蓝藻和硅藻是发生水华的主要优势藻种，其出现频率分别为 35.8%和 31.1%，其次是绿藻和隐藻，而甲藻出现的频率相对较低。通过对比 2010～2020 年三峡水库支流水华优势藻种的出现频率可以发现：2010～2014 年三峡水库以硅藻水华为主（2012 年除外）；2015 年以后，三峡水库以蓝藻水华为主（图 4.5）。三峡水库支流水华类型由河流型水华（硅藻、甲藻）向湖泊型水华（蓝藻、绿藻）演变。

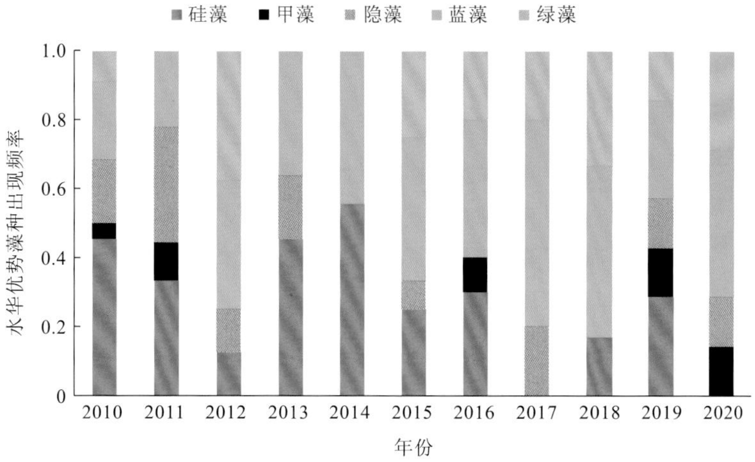

图 4.5　2010～2020 年三峡水库支流水华优势藻种出现频率

4.3　水华生消与水库调度响应

4.3.1　支流水华发生影响因子

水华生消与藻类的生长过程密切相关。藻类的生长过程可以分为四个阶段，分别为迟缓期、对数期、稳定期和衰亡期。与之相对应，水华的生消也可以分为四个阶段：迟滞期、对数期、稳定期和衰退期。三峡水库水华的发生往往是多种因素综合作用的结果，因素包括三峡水库的水文条件、营养盐、光照、温度和生物因素等。其中，营养盐是水华发生的内在原因，温度、光照、水文条件等环境因素是水华发生和演替的重要影响因子（牛晓君，2006）。

1. 营养盐

一般来说，藻类生长所需的主要营养元素是氮和磷。氮是藻类自身的组成元素，磷直接参与藻类光合作用、呼吸作用、酶系统活化和能量转化等过程，这两者都是藻类生长过程中不可缺少的关键营养因子（刘信安 等，2006；牛晓君，2006；惠阳 等，2000）。水华的实质是水体生态系统失衡而导致的某种优势藻类的大量繁殖。水体的氮、磷等营养条件是藻类生长的物质基础。三峡水库蓄水后，大量的有机质和无机氮、磷在三峡水库积累和滞留，为三峡水库的浮游植物提供了丰富的营养物质。三峡水库经过 135 m 水位、175 m 水位二期蓄水，江水倒灌使支流形成了由原河流中段至河口约 5～25 km 的回水区，由于流程的缩短和水体交换的减弱，除在丰水期回水区有部分水体交换外，长江干流丰富的营养物有一部分滞留在支流回水区内。大量植被在蓄水期长时间的浸泡过程中，腐化分解，产生大量的腐殖酸，为藻类暴发性生长提供了充足的营养物质，为发生“水华”提供了良好的条件。目前大部分的支流已经达到了中营养到富营养状态。支流的氮、磷质量浓度远高于湖库水体出现水华的总氮和总磷的临界质量浓度 0.20 mg/L、0.02 mg/L。由此可见，三峡水库支流藻类生长具有充足的营养基础，已经具备发生水华的物质条件。

2. 温度

三峡水库建成后，改变了局部地区水文气候条件，从而影响气温和水温。适宜的温度有利于藻类进行光合作用，加快酶促反应，增加生物量，促进藻类水华的发生。不同浮游藻类具有不同的临界和最大生长温度，硅藻的适宜温度较广，在 15～35 ℃均可生长，以 20～30 ℃为最佳。有研究指出甲藻能在 10～28 ℃条件下大量繁殖，一旦条件适宜，即可形成甲藻水华（Tang et al.，2007）。三峡水库典型藻类水华的特点是：春夏季节均能形成藻密度高峰，秋冬季节为藻密度低谷，藻类水华的多发期与生长峰期基本一致，多在春夏季。温度在水华形成与发展过程中起着重要作用，不同的水华优势藻种发生暴发性增殖的温度不同，蓝藻水华往往发生在相对较高的温度条件下，而三峡水库支流的甲藻和硅藻水华发生在气温逐渐转暖、日照充足的初春。随着温度的增加，当温度超出甲藻和硅藻生长的最适温度范围时，甲藻、硅藻水华逐渐消退，适合较高温度的蓝藻、绿藻水华开始出现，三峡水库藻类水华季节性特征十分明显（叶麟，2006）。

3. 光照

2008 年 175 m 试验性蓄水之后水华发生的范围先减小后增加，水华发生期间平均藻类密度也有所增加。对比四条典型支流试验性蓄水前后透明度变化发现（图 4.6），175 m 蓄水后，四条支流的透明度都有大幅度增加。香溪河和小江春季水华期间藻类的密度在 175 m 蓄水后也大幅度增加，神农溪在此期间发生水华。光照对藻类光合作用和水华发

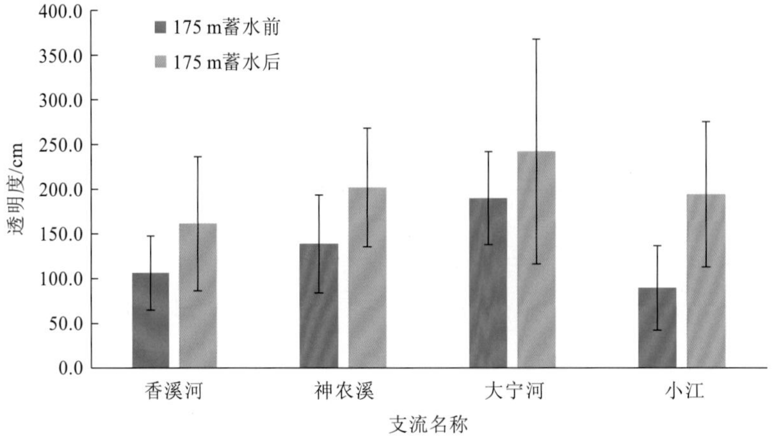

图 4.6　典型支流试验性蓄水前后透明度变化

生影响重大。室内实验研究发现，随着光照强度（1 000～5 000 lx）的增大，藻类生长的比增长率也增大。当光照强度由 1 000 lx 增加到 4 000 lx 时，藻类密度增加较快，4 000 lx 以后逐渐趋于平缓，在 5 000 lx 基本达到最大值。在相同温度下，1 000～5 000 lx 的光照强度与藻类密度的增加可以用半对数或指数方程来表示（中国科学院水生生物研究所洪湖课题研究组，1991）。

三峡水库蓄水后支流流速降低，有利于泥沙沉淀，使支流库湾透明度增加，水体光照条件变得更加优良，改善了藻类的生长条件，有利于藻类的生长与繁殖，促进了三峡水库支流库湾藻类密度增加。

4. 水文条件

有研究表明大型水利工程尤其是拦河大坝的建立可以对河流浮游植物群落结构和动态变化产生显著的影响（庞燕飞和周解，2008）。大坝对水华的影响主要体现在改变流域水质和水文条件两个方面。大坝截流或限流期间，接纳的污染物不能充分稀释，下游江段的环境自净能力下降，造成营养盐含量升高，再加上水体交换时间增长，这些因素为水华的发生提供了有利条件。三峡水库上游水质一般优于下游，但是大坝的建立阻断了上游水体的流通，使得三峡水库及其附近汇入的支流形成了类似湖泊的静水系统，从而易于形成水华（王岚 等，2009；杨霞 等，2009；Ha et al.，2002）。

此外，三峡水库建成后，水库水位抬升 10～30 m，形成了很长的回水区及库湾，长江水面坡降减小，水文情势和水流状态发生较大变化，使得库区水体流速减缓，部分水体流速非常缓慢。在枯水期，三峡水库上游来水量减少，坝前水位的升高，三峡水库受回水顶托影响使干支流的流速比蓄水前大为减小。流速条件对水体中藻类生长有重要影响，随着流速的增加，藻类的叶绿素含量先增大后减小，较大的流速和较小的流速均不适于藻类的生长，当流速在 0.05～0.15 m/s 时，藻类生长的水平较高。有研究表明支流库湾越小或年均流量越小，藻类叶绿素含量越高，越容易在春季形成水华（徐宁 等，2001）。

三峡水库建成后，水位变化特征一般是夏季最低、汛期末及枯水期初期最高。在相同流量条件下：自库尾至坝前流速逐渐减缓，枯水期（1～4 月）水库以高水位运行时，流速一般不超过 0.1～0.5 m/s；汛期以低水位（6～9 月）运行时，库内流速随着流量的增大而增大，但坝前流速一般在 0.5 m/s 以下。因此，枯水期（1～4 月）较缓的流速也为藻类的大量生长提供了条件。

4.3.2　支流水华关键驱动因子

1. PCA

为了分析水华暴发期，藻类密度和主要环境因子之间的关系，我们对 2003～2015 年的历史数据采取了 PCA，通过 PCA 排序图可以直观看出浮游植物密度和主要环境因子之间的关系。PCA 主要是利用降维的思想，把多指标转化为少数几个综合指标。在统计学中，PCA 是一种简化数据集的技术，这个变换是把数据变换到一个新的坐标系统中，使得任何数据投影的第一大方差在第一个坐标（称为第一主成分）上，第二大方差在第二个坐标（称为第二主成分）上，不同的环境数据指标根据相关性聚集成簇或者单独分开。2003～2015 年浮游植物密度、TP、TN、SiO_2、Chl-a 主要投影在 PCA 第一轴，溶解氧、pH 和水华发生的长度主要投影在 PCA 第二轴。浮游植物密度与 TP、TN 呈显著正相关，而与 SiO_2、SDD 呈显著负相关，水华发生的长度与 pH、溶解氧和营养水平呈显著负相关（图 4.7）。

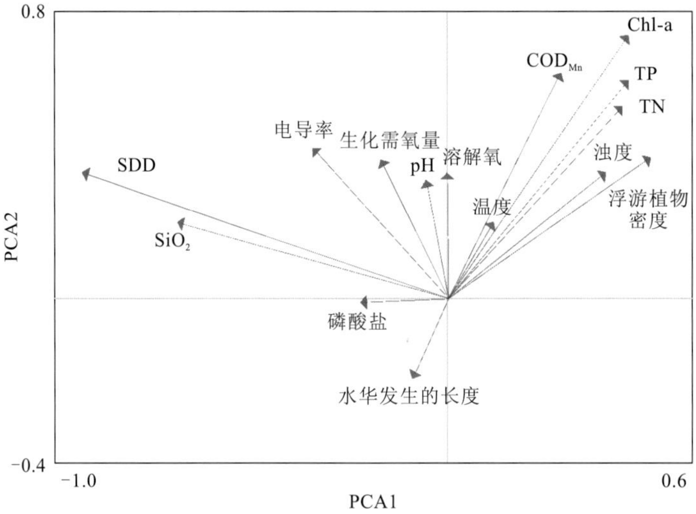

图 4.7　2003～2015 年三峡水库支流浮游植物与主要环境因子的 PCA 排序图

2. RDA

由于历史资料水文数据和藻类监测数据的不匹配或者缺少，在进行历史数据分析时，没有加入水文相关的数据。在 2016～2017 年，总共对三峡水库 4 条重点支流（香溪河、大宁河、小江、神农溪）浮游植物进行了 4 次调查采样，原位监测了藻类群落结构、水质及水文相关的参数，并进行了 RDA。对比 PCA 可以发现，RDA 就是约束化的主成分分析。PCA 和 RDA 的目的都是寻找新的变量来代替原来的变量，它们主要区别在于后者样方在排序图中的坐标是环境因子的线性组合。RDA 的优点就是考虑了环境因子对样方的影响，因为有时需要考虑到在某些特定条件限制下物种的分布，以及哪些物种受特定的环境因子影响等信息。通过 RDA 可以看出，藻类总密度与浊度和温度呈显著正相关，其中蓝藻与温度呈显著正相关，绿藻、硅藻、隐藻、裸藻、甲藻和金藻与浊度和 TN 呈显著正相关，而这些藻类都与水深、流速、磷酸盐、硝酸盐和 SiO_2 呈显著负相关。黄藻较例外，其与流速呈正相关（图 4.8）。通过本次的分析可以看出，在流速快、水体较深的水域，藻类密度通常较低，而温度较高时，藻类密度通常较高。

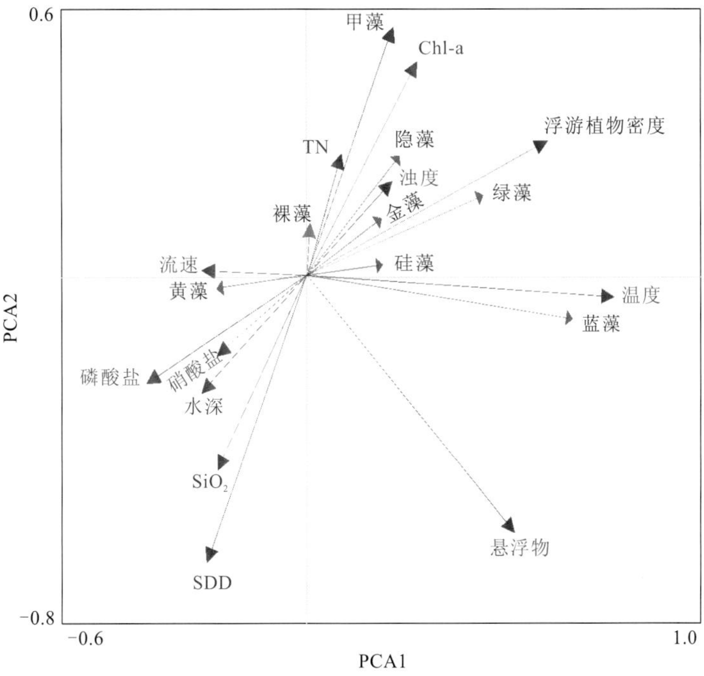

图 4.8　2016～2017 年监测期间 4 条支流浮游植物与环境因子的 RDA 排序图

为了获得不同的关键影响因素对藻类群落结构的影响贡献值，我们交互式向前选择分析不同的关键因子的贡献值，温度、SDD 和磷酸盐作为前三个关键的影响因子，其对藻类结构的变化贡献率分别为 44.6%、14.0%和 8.9%，具体的解释率、贡献率见表 4.2。

表 4.2　2016～2017 年 4 条支流主要环境因子对浮游植物结构的影响

参数	解释率/%	贡献率/%	*F*	*P*
温度	14.3	44.6	60.7	0.001
SDD	4.5	14.0	20.0	0.001
磷酸盐	2.8	8.9	13.1	0.001
Chl-a	2.2	7.0	10.9	0.001
SiO_2	2.0	6.1	9.8	0.001
悬浮物	1.4	4.3	6.9	0.001
流速	1.0	3.2	5.2	0.002
硝酸盐	1.0	3.2	5.3	0.003

注：*F* 为检验值；*P* 为显著水平。

4.4　浮游植物及水华与水库调度影响

浮游植物及水华与水库调度的影响关系见表 4.3。浮游植物方面，调度期间洪水进入支流主要发生在水体浅表层，洪水改变了浅表层水体的光学特性，水体光线会逐步衰减。调度前香溪河流域的优势藻种为蓝藻与硅藻，蓝藻所占比例高于硅藻，调度结束后，河流中上游水域硅藻占据优势。中小洪水调度使香溪河香农-维纳多样性指数有所降低，中小洪水调度的动态水位与流速变化降低了物种多样性，水环境的变化使浮游藻类生长的生境受到破坏，水库动态水位有助于抑制藻类的生长，降低水华暴发的风险。中小洪水调度产生的流速及水位等水动力条件变化引起了浮游植物在调度期间密度显著降低，其他因素如营养盐则变化较小，因此中小洪水调度是浮游植物密度降低的主要影响因子。

表 4.3　浮游植物及水华与水库调度的影响关系

主要指标	三峡水库建设运行与建库前相比			中小洪水调度后与建库后相比		
	变化趋势	变化情况	影响情况	变化趋势	变化情况	影响情况
浮游植物	—	—	—	—	—	中小洪水调度期间水体光线有所衰减；藻类香农-维纳多样性指数及浮游植物密度有所降低，水位变化使浮游藻类生长生境受到破坏，有助于抑制藻类的生长，降低水华暴发的风险
水华	支流开始发生水华	三峡水库建成后，三峡水库支流发生水华的频次大大增加	丰富的营养盐是水华发生的内在原因，光照、温度、水文条件等环境因素是水华发生和演替的重要影响因素。三峡水库建成后，三峡水库支流流速降低，干流顶托营养物质积累为藻类快速繁殖提供了条件	支流水华发生频次下降	—	中小洪水调度后，三峡水库支流水华发生频次自 2010 年的 18 次降低至 2017～2020 年的 3 次，库湾营养盐并未显著降低，初步认为中小洪水调度降低三峡水库支流水华的发生频次

注：—表示无长时间序列数据。

水华方面，中小洪水调度期间，三峡水库支流水华发生频次自 2010 年的 18 次，降低至 2017～2020 年的 3 次，降至历史观测年最低水平。与此同时，库区营养盐在中小洪水调度期间并未显著降低，因此初步认为中小洪水调度显著降低三峡水库支流水华的发生频次。

第 5 章

长江中下游干流水文水质演变与水库调度

本章主要分析三峡水库建成前、建成运行后和中小洪水调度后长江中下游干流的水位、流量和含沙量特征值变化情况和年水位变化过程，辨识三峡水库不同工程阶段消落期、汛期、蓄水期及高水位运行期长江中下游干流水位、流量和含沙量的变化特征。采用 M-K 趋势检验法、M-K 突变分析法分析长江中下游干流的水位、流量和含沙量变化趋势及突变情况。本章主要评价 2003～2019 年长江中下游水质状况，分析总磷、高锰酸盐指数、氨氮和溶解氧浓度的年际变化及三峡水库不同工程阶段之间的变化情况。采用 M-K 趋势检验法、M-K 突变分析法分析长江中下游干流各水质指标变化趋势及突变情况。针对长江中下游干流水文泥沙演变和水质演变分析三峡水库调度运行对其产生的影响。

5.1　长江中下游干流水文特征变化

5.1.1　长江中下游干流水位特征变化

长江中下游干流有水位数据的站点共 6 个，分别为宜昌站、枝城站、沙市（二郎矶）站、螺山站、汉口（武汉关）站、大通站。以三峡水库建成（2003 年）和中小洪水调度（2009 年）为时间节点，统计三峡水库建成前（1990～2002 年）、建成运行后（2003～2008 年）和中小洪水调度后（2009～2019 年）3 个阶段水位特征值，具体如表 5.1 所示。

表 5.1　长江中下游干流各站点三峡水库不同工程阶段水位特征值　（单位：m）

特征值	阶段	宜昌站	枝城站	沙市（二郎矶）站	螺山站	汉口（武汉关）站	大通站
年均值	1990～2019 年	42.75	40.38	34.82	24.06	19.07	8.60
	1990～2002 年	43.10	40.66	35.39	24.37	19.47	8.95
	2003～2008 年	42.57	40.34	34.72	23.74	18.75	8.12
	2009～2019 年	42.45	40.08	34.22	23.86	18.78	8.43
年最大值	1990～2019 年	49.64	46.01	41.04	30.99	25.78	13.58
	1990～2002 年	50.08	46.65	41.68	31.71	26.49	14.29
	2003～2008 年	49.64	45.86	40.74	30.25	24.98	12.60
	2009～2019 年	49.13	45.35	40.44	30.54	25.37	13.28
年最小值	1990～2019 年	39.07	37.57	30.92	19.03	14.06	4.68
	1990～2002 年	38.88	37.32	31.11	18.83	13.98	4.59
	2003～2008 年	38.75	37.44	30.72	19.09	14.19	4.58
	2009～2019 年	39.47	37.93	30.78	19.23	14.08	4.85
年内变幅	1990～2019 年	10.57	8.44	10.12	11.96	11.72	8.90
	1990～2002 年	11.20	9.33	10.57	12.87	12.51	9.70
	2003～2008 年	10.89	8.42	10.02	11.16	10.79	8.03
	2009～2019 年	9.66	7.41	9.66	11.31	11.30	8.43

年均值方面：受三峡水库调蓄影响，宜昌站至大通站沿程水位降低，2003～2008 年较 1990～2002 年降幅大，约 0.62 m；2009～2019 年宜昌站至沙市（二郎矶）站较 2003～2008 年水位平均下降约 0.29 m，螺山站至大通站水位平均上升约 0.15 m。年最大值与年均值规律基本一致：宜昌站至大通站沿程水位降低，2003～2008 年较 1990～2002 年降幅约 1.14 m；2009～2019 年宜昌站至沙市（二郎矶）站较 2003～2008 年水位平均下降 0.44 m，螺山站至大通站水位平均上升约 0.45 m。年最小值方面：2003～2008 年较 1990～

2002 年宜昌站、沙市（二郎矶）站水位下降，降幅分别为 0.13 m 和 0.39 m，枝城站、螺山站和汉口（武汉关）站最低水位均值上升，升幅分别为 0.12 m、0.26 m 和 0.21 m；宜昌站至螺山站和大通站 2009～2019 年较 2003～2008 年水位上升，宜昌站升幅最大，为 0.72 m，枝城站其次，为 0.49 m。从年内水位变幅来看，各站点 1990～2002 年变幅大于 2003～2008 年及 2009～2019 年，说明三峡水库蓄水后水位年内变幅逐渐减小。

1990～2002 年、2003～2008 年和 2009～2019 年旬均水位过程线如图 5.1 所示，对比分析表明：宜昌站、枝城站受三峡水库调蓄作用 1～3 月水位 2009～2019 年较之前两个阶段上升，1990～2002 年和 2003～2008 年水位过程线一致性高，4～5 月三个工程阶段相差不大，6～7 月 2003～2008 年和 2009～2019 年水位基本一致，8～12 月各工程阶段水位逐步下降，2009～2019 年较前两个阶段下降幅度大；沙市（二郎矶）站至螺山站河段 1～6 月水位过程线差距不大，7～12 月 2009～2019 年较之前两个阶段降幅较大，大通站与上游站点相比 1～7 月 2003～2008 年水位最低，8～12 月 2009～2019 年水位转为最低。

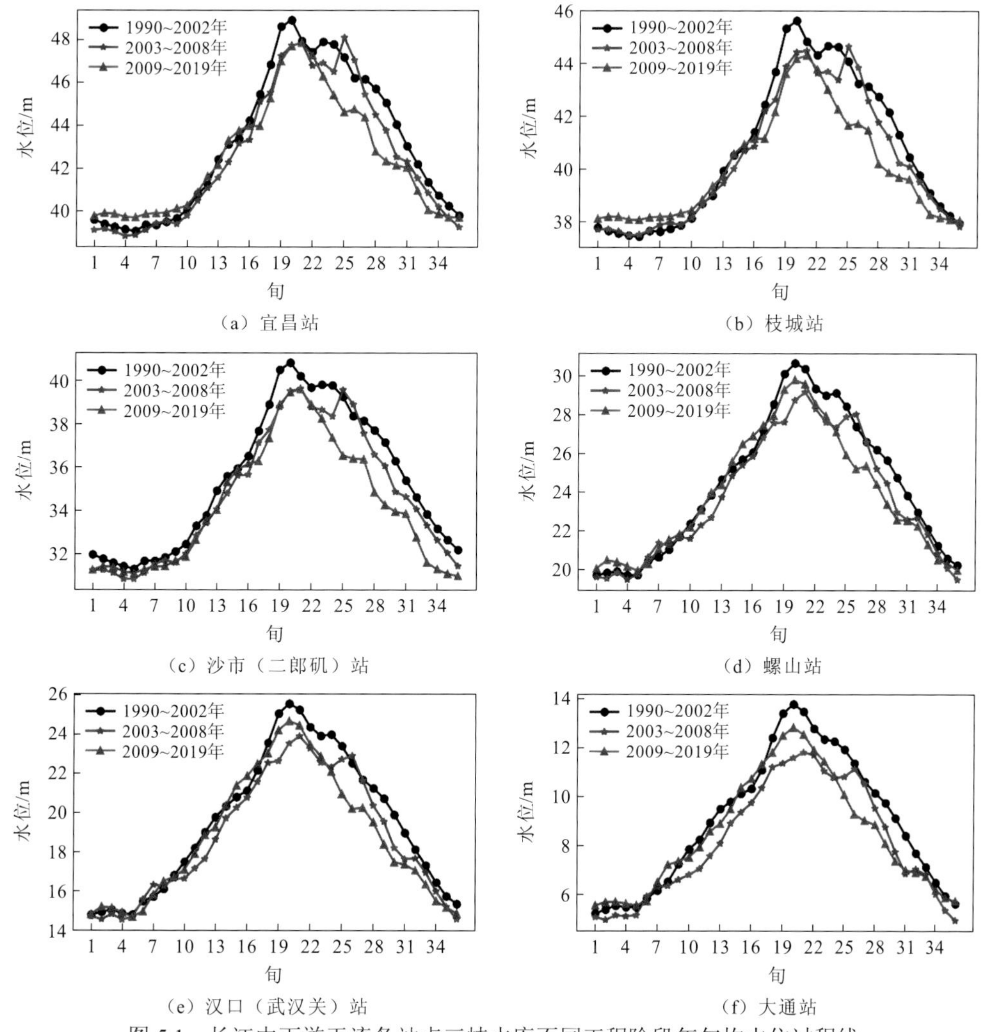

图 5.1　长江中下游干流各站点三峡水库不同工程阶段年旬均水位过程线

针对三峡水库运行调度消落期（1～5 月）、汛期（6～9 月）、蓄水期（10 月）及高水位运行期（11～12 月），绘制 6 个站点水位柱状图，如图 5.2 所示。比较水位在三峡水库不同阶段各运行时期的变化特征，宜昌站至汉口（武汉关）站汛期 6～9 月、蓄水期 10 月和高水位运行期 11～12 月三个时期水位逐渐下降，消落期 1～5 月 2003～2008 年水位最低。大通站因距三峡水库及上游汉口（武汉关）站远，区间受流域调蓄影响与上游站点水位特性有所不同，除 10 月水位随时间降低外，其余时期均是 2003～2008 年水位最低。

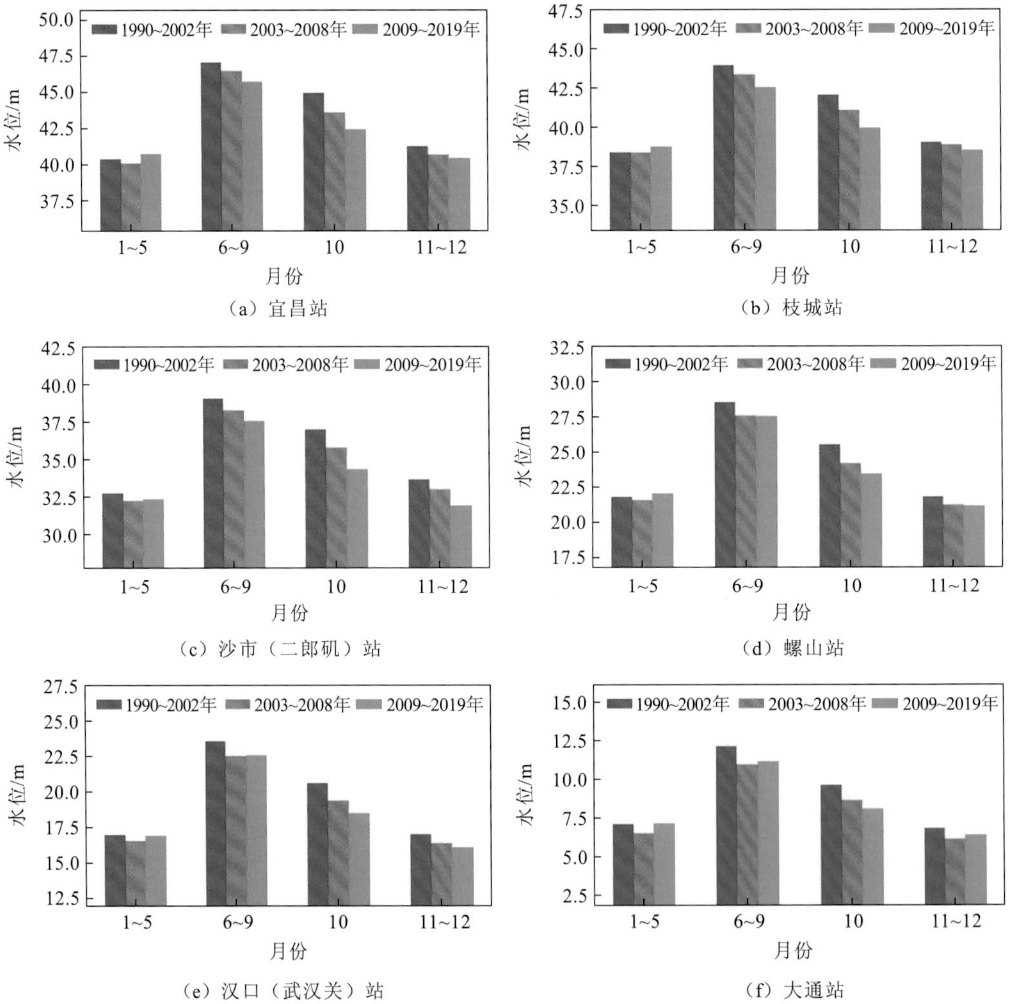

（a）宜昌站　（b）枝城站

（c）沙市（二郎矶）站　（d）螺山站

（e）汉口（武汉关）站　（f）大通站

图 5.2　长江中下游干流各站点三峡水库不同运行调度时期水位柱状图

采用 M-K 趋势检验法对长江中下游干流各站点水位特征值和各旬水位系列进行趋势检验，具体数据如表 5.2 所示。年均值方面，各站点均呈现下降趋势，宜昌站、枝城站、沙市（二郎矶）站和汉口（武汉关）站下降趋势显著；年最大值方面，各站点均呈现下降趋势；年最小值方面，宜昌站和枝城站水位呈现显著上升趋势，沙市（二郎矶）站呈显著下降趋势，螺山站和大通站呈上升趋势，汉口（武汉关）站呈下降趋势；年内变幅方面，各站点均呈下降趋势，枝城站下降趋势显著。

表 5.2　长江中下游干流各站点水位特征值统计表

项目		宜昌站	枝城站	沙市（二郎矶）站	螺山站	汉口（武汉关）站	大通站
年均值		−2.46	−3.14	−4.64	−1.50	−2.00	−1.68
年最大值		−1.00	−1.96	−1.89	−1.14	−1.36	−1.75
年最小值		4.03	4.89	−2.39	1.03	−0.14	1.25
年内变幅		−1.68	−2.57	−0.96	−1.39	−1.18	−1.82
1 月（消落期）	上旬	0.95	2.78	−3.68	1.03	0.04	1.09
	中旬	2.53	3.96	−2.60	1.86	0.77	0.89
	下旬	3.43	4.34	−1.96	1.50	0.79	0.96
2 月（消落期）	上旬	3.03	4.67	−1.53	1.46	0.43	0.96
	中旬	3.75	4.30	−1.57	0.57	0.11	0.46
	下旬	2.28	3.19	−2.07	−1.14	−1.28	−0.71
3 月（消落期）	上旬	2.60	3.32	−1.61	0.18	−0.43	0.07
	中旬	2.25	2.50	−1.50	0.79	0.43	0.79
	下旬	1.78	2.03	−1.46	−0.04	0.00	0.50
4 月（消落期）	上旬	0.61	1.61	−1.86	−0.96	−1.11	−0.39
	中旬	0.68	1.00	−1.71	−0.61	−1.03	−1.00
	下旬	0.89	1.18	−0.61	−0.14	−1.07	−1.89
5 月（消落期）	上旬	−0.29	−0.32	−1.82	−0.32	−0.62	−1.14
	中旬	0.71	0.18	−0.54	1.00	0.54	−0.82
	下旬	0.39	−0.07	−0.50	0.89	0.71	0.05
6 月（汛期）	上旬	−0.43	−0.50	−0.75	1.21	1.03	0.50
	中旬	−1.86	−2.46	−2.50	0.34	0.39	0.00
	下旬	−1.96	−2.50	−2.64	−0.64	−0.86	−0.89
7 月（汛期）	上旬	−1.75	−2.46	−2.46	−0.96	−1.18	−1.39
	中旬	−1.43	−2.03	−1.82	−0.68	−1.11	−1.36
	下旬	−0.36	−1.03	−0.93	−0.39	−0.75	−1.32
8 月（汛期）	上旬	0.00	−0.64	−0.89	−0.64	−0.79	−1.28
	中旬	−1.43	−2.07	−1.75	−0.68	−0.71	−1.07
	下旬	−2.00	−2.28	−2.43	−1.46	−1.61	−1.50
9 月（汛期）	上旬	−2.36	−2.50	−2.53	−1.96	−1.82	−1.71
	中旬	−1.46	−1.93	−2.07	−1.68	−1.96	−1.96
	下旬	−2.21	−2.75	−2.60	−1.39	−1.32	−1.57

续表

项目		宜昌站	枝城站	沙市（二郎矶）站	螺山站	汉口（武汉关）站	大通站
10月（蓄水期）	上旬	-2.85	-3.18	-3.03	-2.03	-1.78	-1.78
	中旬	-3.35	-3.71	-3.75	-2.80	-2.57	-2.60
	下旬	-2.39	-2.96	-3.78	-2.96	-3.07	-2.93
11月（高水位运行期）	上旬	-1.07	-1.39	-2.43	-1.43	-1.71	-2.21
	中旬	-2.14	-2.11	-3.43	-0.93	-1.07	-0.82
	下旬	-2.75	-2.85	-4.39	-1.11	-1.11	-0.48
12月（高水位运行期）	上旬	-2.69	-2.07	-4.46	-1.36	-1.53	-0.36
	中旬	-1.61	-1.09	-5.19	-0.96	-1.43	-0.29
	下旬	0.04	1.07	-4.42	-0.36	-0.96	0.61

从各旬水位系列变化趋势来看，宜昌站和枝城站1月消落期受三峡水库泄水影响呈显著上升趋势，宜昌站至沙市（二郎矶）站6～12月多个旬水位呈现显著下降趋势，螺山站至大通站在三峡水库蓄水期多个旬水位呈现显著下降趋势。

同样，采用M-K突变分析法对各站点水位特征值进行突变检验，突变前后水位变化情况见表5.3。年均值方面，宜昌站和枝城站的突变年份为2007年，与三峡水库正常运行蓄水时间一致；年均值和年旬最大值方面，系列站点突变后均值降低；年旬最小值方面，宜昌站和枝城站突变后升高，沙市（二郎矶）站则降低。

表5.3　长江中下游干流各站点水位特征值突变年份及变化情况　（单位：m）

特征值	水文站	突变年份	突变前均值	突变后均值	差值
年均值	宜昌站	2007	42.96	42.48	-0.48
	枝城站	2007	40.56	40.12	-0.44
	沙市（二郎矶）站	2003	35.34	34.37	-0.97
	汉口（武汉关）站	2000	19.49	18.83	-0.66
年旬最大值	沙市（二郎矶）站	2004	41.60	40.48	-1.12
	螺山站	2000	31.87	30.48	-1.39
	汉口（武汉关）站	1998	26.69	25.39	-1.30
	大通站	1997	14.42	13.28	-1.14
年旬最小值	宜昌站	2015	38.98	39.64	0.66
	枝城站	2011	37.42	37.96	0.54
	沙市（二郎矶）站	2015	31.00	30.39	-0.61

5.1.2　长江中下游干流流量特征变化

长江中下游干流有流量数据的站点共 6 个，分别为宜昌站、枝城站、沙市（二郎矶）站、螺山站、汉口（武汉关）站、大通站。统计长江中下游干流各站点三峡水库不同工程阶段流量特征值如表 5.4 所示。年均值方面，宜昌站至枝城站、沙市（二郎矶）站至大通站沿程增大，沙市（二郎矶）站由于荆江河段分流其流量较枝城站低，各站点 1990～2002 年年均值最高，三峡水库蓄水初期和后期（2003 年后）年均值有所降低，说明自 2003 年以来受降雨和人类活动影响来水量有所下降；年最大值方面，其数据特征和年均值一致，宜昌站至枝城站、沙市（二郎矶）站至大通站沿程增大，2003 年后较 1990～2002 年最大值减小；年最小值 2003 年后较 1990～2002 年则有所增加，说明各站点洪水过程呈现坦化特征，这点从不均匀系数 C_i 和集中度 C_d 上也可看出，1990～2002 年 C_i 和 C_d 大于 2003～2008 年及 2009～2019 年；从集中期来看，每年洪水基本集中在第 21～22 旬，即 7 月下旬到 8 月上旬，2009～2019 年洪水集中期较 2008 年之前约提前了一旬。

表 5.4　长江中下游干流各站点三峡水库不同工程阶段流量特征值

特征值	阶段	宜昌站	枝城站	沙市（二郎矶）站	螺山站	汉口（武汉关）站	大通站
年均值/（m^3/s）	1990～2019 年	13 248	13 429	12 343	19 971	22 160	28 481
	1990～2002 年	13 579	13 658	12 620	20 837	22 950	29 996
	2003～2008 年	12 567	12 839	11 852	18 549	21 135	25 856
	2009～2019 年	13 228	13 523	12 309	19 723	21 785	28 121
年最大值/（m^3/s）	1990～2019 年	35 764	36 063	30 618	45 881	49 921	58 050
	1990～2002 年	38 313	39 412	33 549	50 509	54 730	63 696
	2003～2008 年	35 418	35 048	29 744	42 027	47 673	50 238
	2009～2019 年	32 940	33 269	27 898	42 513	45 464	55 639
年最小值/（m^3/s）	1990～2019 年	4 616	4 949	4 988	7 315	8 749	10 980
	1990～2002 年	3 699	3 867	4 051	6 481	7 677	10 272
	2003～2008 年	4 024	4 360	4 503	6 843	8 644	10 307
	2009～2019 年	6 023	6 352	6 275	8 559	10 073	12 185
不均匀系数 C_i	1990～2019 年	0.65	0.65	0.58	0.54	0.52	0.47
	1990～2002 年	0.72	0.74	0.66	0.58	0.56	0.50
	2003～2008 年	0.68	0.66	0.59	0.53	0.51	0.46
	2009～2019 年	0.57	0.55	0.49	0.49	0.46	0.44
集中度 C_d	1990～2019 年	0.41	0.40	0.36	0.34	0.33	0.31
	1990～2002 年	0.45	0.45	0.41	0.37	0.36	0.33
	2003～2008 年	0.42	0.41	0.37	0.34	0.33	0.30
	2009～2019 年	0.35	0.34	0.30	0.31	0.29	0.28

续表

特征值	阶段	宜昌站	枝城站	沙市（二郎矶）站	螺山站	汉口（武汉关）站	大通站
集中期/旬	1990～2019年	21.9	21.8	21.9	20.7	20.9	20.5
	1990～2002年	22.2	22.1	22.3	21.1	21.2	20.9
	2003～2008年	22.2	22.1	22.1	21.0	21.3	20.9
	2009～2019年	21.2	21.3	21.3	20.1	20.4	19.9

绘制1990～2002年、2003～2008年和2009～2019年旬均流量过程线如图5.3所示，对比分析表明，各站点在三峡水库不同工程阶段年旬均流量过程基本一致，且均表现为洪峰减小，1～5月流量增大的特性。

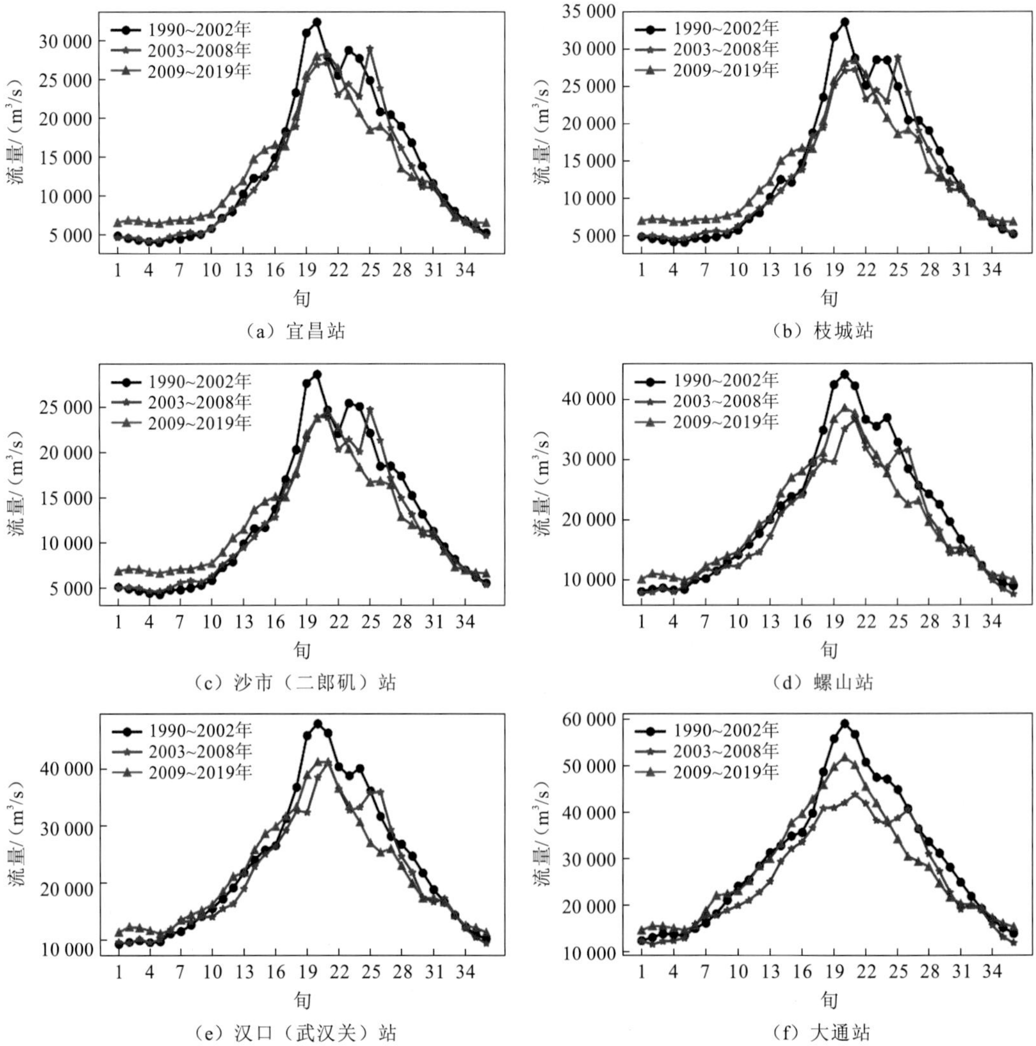

图5.3　长江中下游干流各站点三峡水库不同工程阶段年旬均流量过程线

根据三峡水库运行调度消落期（1～5 月）、汛期（6～9 月）、蓄水期（10 月）和高水位运行期（11～12 月）相关数据，绘制长江中下游干流 6 个站点流量柱状图，具体如图 5.4 所示。比较流量在三峡水库不同阶段各运行调度时期的变化特征可以看出，1～5 月由于三峡水库泄水流量上升，汛期和蓄水期流量则受水库蓄水影响有所下降，总体来看 11～12 月 2009 年之后流量最大（大通站除外），2003～2008 年流量最小。

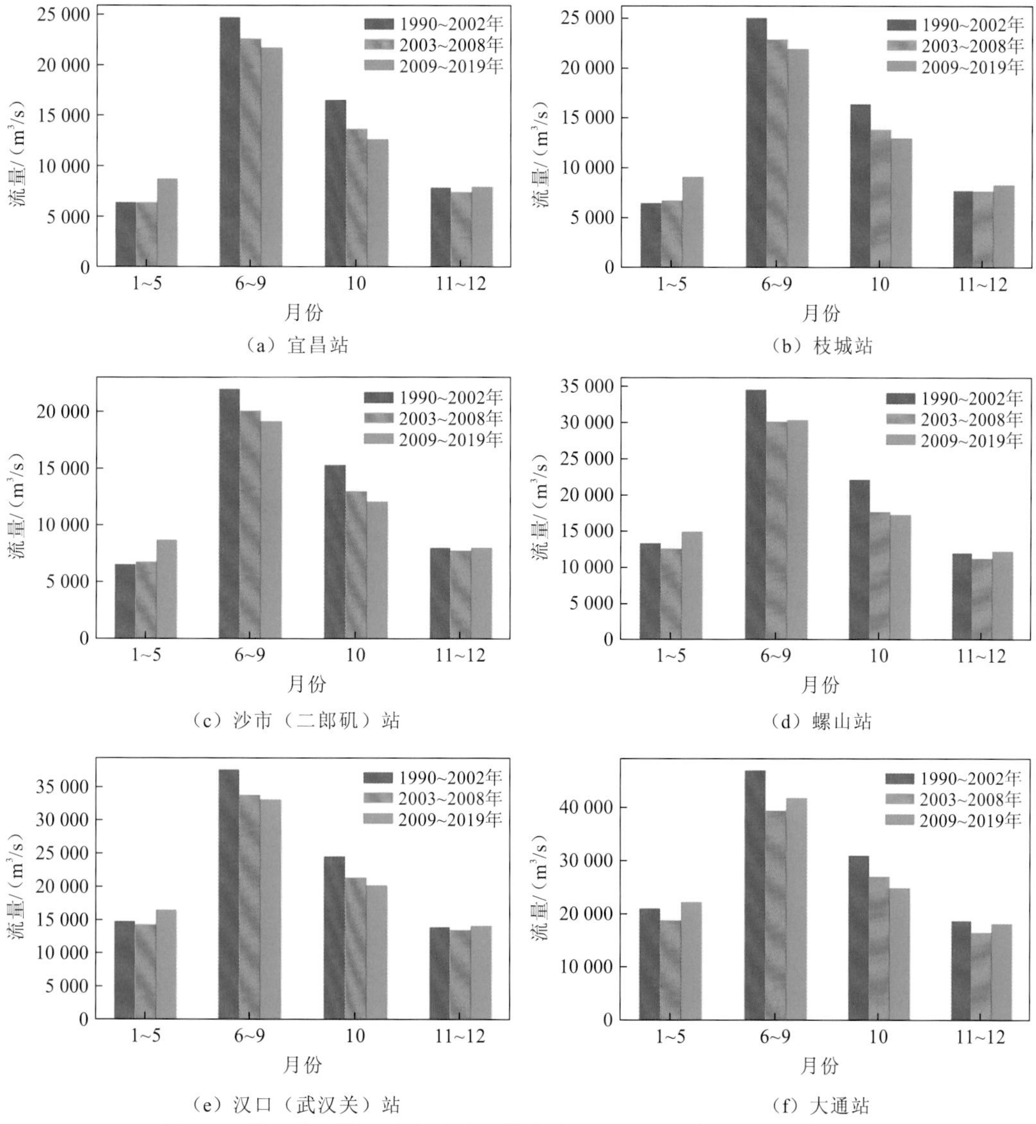

图 5.4　长江中下游干流各站点三峡水库不同运行调度时期流量柱状图

采用 M-K 趋势检验法对长江中下游干流各站点流量特征值和各旬流量系列进行趋势性检验，M-K 趋势检验法统计值如表 5.5 所示，年均值和年最大值方面，各站点均呈减小趋势（枝城站除外），但仅沙市（二郎矶）站的年最大值下降趋势显著，其他各站点下降趋势均不显著。但年最小值方面，各站点均呈显著上升趋势。

表 5.5　长江中下游干流各站点流量 M-K 趋势检验法统计值

项目		宜昌站	枝城站	沙市（二郎矶）站	螺山站	汉口（武汉关）站	大通站
年均值		−0.21	0.45	−0.28	−0.43	−0.61	−0.79
年最大值		−1.32	−1.64	−2.04	−1.53	−1.96	−1.28
年最小值		5.48	5.87	5.76	4.39	4.28	3.18
1 月（消落期）	上旬	3.68	4.64	4.00	2.57	2.82	2.00
	中旬	4.57	5.20	4.37	2.82	2.93	1.93
	下旬	5.00	5.47	5.12	2.68	2.64	2.09
2 月（消落期）	上旬	4.89	5.97	5.42	3.21	2.78	1.61
	中旬	5.25	5.71	5.35	2.11	2.14	1.36
	下旬	4.25	4.48	4.41	0.25	0.34	−0.04
3 月（消落期）	上旬	4.46	4.48	4.45	1.21	1.28	0.54
	中旬	4.14	4.33	4.15	1.52	1.68	1.36
	下旬	3.43	3.89	3.58	0.84	0.75	0.95
4 月（消落期）	上旬	2.85	3.44	3.43	0.11	0.32	0.00
	中旬	2.43	2.67	2.42	0.25	0.45	−0.61
	下旬	2.60	2.86	2.98	0.46	0.57	−1.39
5 月（消落期）	上旬	1.57	2.23	1.86	0.43	0.29	−0.39
	中旬	1.93	2.07	2.34	1.36	1.16	−0.14
	下旬	2.21	2.83	2.34	1.03	0.86	0.80
6 月（汛期）	上旬	0.77	1.28	0.92	1.18	1.00	1.00
	中旬	−0.36	−0.53	−1.11	0.11	0.14	0.64
	下旬	−0.91	−0.73	−0.24	−1.02	−0.96	−0.50
7 月（汛期）	上旬	−1.36	−0.81	−1.20	−0.82	−1.11	−1.14
	中旬	−1.21	−1.40	−1.71	−0.96	−1.21	−1.07
	下旬	−0.14	−0.30	−0.24	−0.54	−0.75	−0.89
8 月（汛期）	上旬	0.45	0.77	0.43	−0.43	−0.75	−0.71
	中旬	−0.57	−0.57	−0.84	−0.36	−0.45	−0.57
	下旬	−1.32	−1.32	−1.59	−1.25	−1.36	−1.18
9 月（汛期）	上旬	−1.91	−1.88	−2.01	−1.53	−1.50	−1.57
	中旬	−0.84	−0.65	−0.86	−1.53	−1.64	−1.64
	下旬	−1.39	−0.85	−1.03	−0.75	−0.98	−1.53

续表

项目		宜昌站	枝城站	沙市（二郎矶）站	螺山站	汉口（武汉关）站	大通站
10 月（蓄水期）	上旬	−2.18	−1.84	−2.19	−1.50	−1.07	−1.50
	中旬	−2.53	−1.92	−2.27	−2.57	−2.18	−1.91
	下旬	−1.21	−0.55	−1.03	−2.14	−2.28	−2.57
11 月（高水位运行期）	上旬	0.66	1.01	0.75	0.00	−0.05	−1.57
	中旬	−0.29	0.61	0.04	0.43	0.41	−0.04
	下旬	−0.57	0.49	−0.62	0.25	0.21	0.32
12 月（高水位运行期）	上旬	0.18	1.44	0.19	0.21	0.18	0.43
	中旬	1.94	2.98	1.78	1.57	1.36	0.87
	下旬	3.14	4.01	2.98	2.00	2.28	1.57

从各旬流量系列变化趋势来看：宜昌站、枝城站、沙市（二郎矶）站受三峡水库消落期泄水影响较大，1～5 月流量呈显著增大趋势；螺山站、汉口（武汉关）站和大通站由于距三峡坝址远，仅 1～3 月呈上升趋势（大通站 2 月下旬除外）。10 月各站点受三峡水库蓄水影响，各站点流量呈现明显的下降趋势。

采用 M-K 突变分析法对流量特征值进行突变检验，突变前后均值变化情况见表 5.6。枝城站至大通站年旬最大值较突变之前降低约 16%，枝城站和沙市（二郎矶）站突变时间在 2005 年、2004 年，螺山站和汉口（武汉关）站突变时间在 2000 年，大通站突变时间为 1998 年；年旬最小值系列宜昌站至沙市（二郎矶）站较突变前提升较高，约为 54%，受三峡大坝枯水期泄水影响，螺山站至大通站较突变前提升约 28%，宜昌站、枝城站、沙市（二郎矶）站、螺山站突变后流量年旬最小值呈上升趋势。

表 5.6　长江中下游干流各站点流量特征值突变年份及变化情况

特征值	水文站	突变年份	突变前均值/（m^3/s）	突变后均值/（m^3/s）	均值变化率/%
年旬最大值	枝城站	2005	39 106	33 021	−16
	沙市（二郎矶）站	2004	33 200	28 208	−15
	螺山站	2000	51 001	42 916	−16
	汉口（武汉关）站	2000	55 616	46 624	−16
	大通站	1998	65 421	54 891	−16
年旬最小值	宜昌站	2010	3 941	6 191	57
	枝城站	2008	4 041	6 352	57
	沙市（二郎矶）站	2009	4 289	6 317	47
	螺山站	2013	6 851	9 172	34
	汉口（武汉关）站	2010	8 121	10 214	26
	大通站	2015	10 650	13 126	23

5.1.3　长江中下游干流含沙量特征变化

长江中下游干流有含沙量数据的站点共 6 个，分别为宜昌站、枝城站、沙市（二郎矶）站、螺山站、汉口（武汉关）站、大通站，三峡水库建成前（1990～2002 年）、建成运行后（2003～2008 年）和中小洪水调度后（2009～2019 年）3 个阶段含沙量特征值如表 5.7 所示。年均值方面，宜昌站至枝城站沿程降低（2003～2008 年，2009～2019 年除外），沙市（二郎矶）站至大通站沿程降低（2009～2019 年除外），各站点 1990～2002 年年均值最高，三峡水库蓄水初期和后期（2003 年后）年均值减小，说明 2003 年以来受人类活动影响含沙量下降；年最大值沿程变化和年均值基本一致，2003 年后较 1990～2002 年最大值减小；年最小值方面，2003 年后较 1990～2002 年减小。

表 5.7　长江中下游干流各站点三峡水库不同工程阶段含沙量特征值

特征值	阶段	宜昌站	枝城站	沙市（二郎矶）站	螺山站	汉口（武汉关）站	大通站
年均值/（kg/m^3）	1990～2019 年	0.437 6	0.393 8	0.439 3	0.293 5	0.269 4	0.237 4
	1990～2002 年	0.903 7	0.853 8	0.874 3	0.498 2	0.437 1	0.349 6
	2003～2008 年	0.145 0	0.174 9	0.219 9	0.184 0	0.181 5	0.184 0
	2009～2019 年	0.046 3	0.053 3	0.084 3	0.111 3	0.119 2	0.133 9
年最大值/（kg/m^3）	1990～2019 年	1.081 1	0.945 2	1.040 6	0.669 1	0.627 8	0.525 7
	1990～2002 年	2.023 2	1.817 6	1.882 1	1.089 4	0.964 0	0.763 3
	2003～2008 年	0.569 6	0.605 3	0.668 3	0.489 7	0.523 3	0.463 7
	2009～2019 年	0.246 6	0.258 2	0.325 8	0.270 3	0.287 4	0.278 5
年最小值/（kg/m^3）	1990～2019 年	0.005 4	0.010 2	0.032 0	0.084 5	0.064 4	0.044 8
	1990～2002 年	0.009 5	0.020 6	0.051 0	0.121 9	0.092 3	0.047 7
	2003～2008 年	0.003 0	0.004 4	0.028 2	0.064 2	0.046 4	0.049 0
	2009～2019 年	0.001 9	0.002 9	0.013 5	0.051 4	0.041 2	0.039 2

绘制 1990～2002 年、2003～2008 年和 2009～2019 年旬均含沙量过程线如图 5.5 所示，对比分析表明，宜昌站至沙市（二郎矶）站各阶段含沙量在 5～11 月差距较大，螺山站至大通站各旬均有较大差距，1990～2002 年过程线高于 2003～2008 年和 2009～2019 年。

针对三峡水库消落期（1～5 月）、汛期（6～9 月）、蓄水期（10 月）以及高水位运行期（11～12 月），绘制 6 个站点含沙量柱状图，如图 5.6 所示，比较含沙量在三峡水库不同阶段各运行调度时期的变化特征可以看出，含沙量整体呈下降趋势，汛期 6～9 月下降幅度最大。

采用 M-K 趋势检验法对长江中下游干流各站点含沙量特征值和各旬含沙量进行趋势性检验，M-K 趋势检验法统计值如表 5.8 所示。从表 5.8 可以看出，各特征值均呈下降趋势，除大通站个别数据外，其他各站点特征值下降趋势均显著。从各旬含沙量特征值变化趋势来看，除大通站 1～4 月，12 月部分旬流量系列外，其余各站点各旬基本呈显著下降趋势。

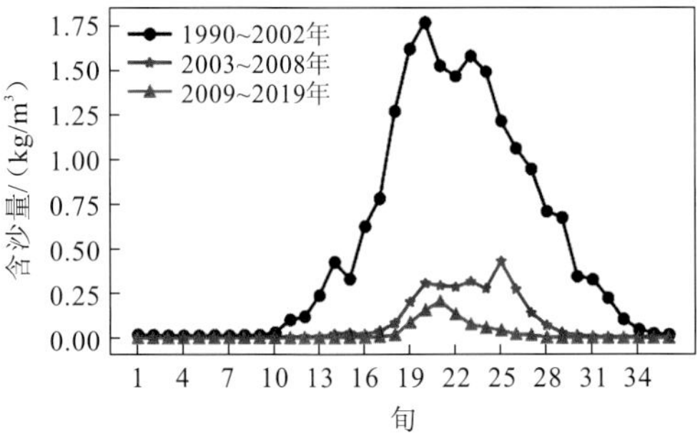

（a）宜昌站

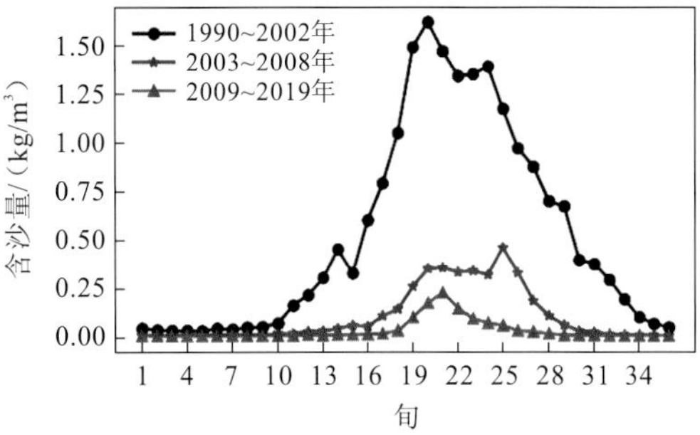

（b）枝城站

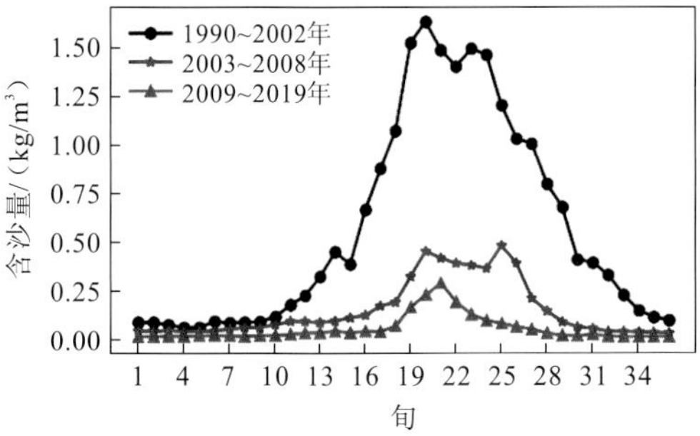

（c）沙市（二郎矶）站

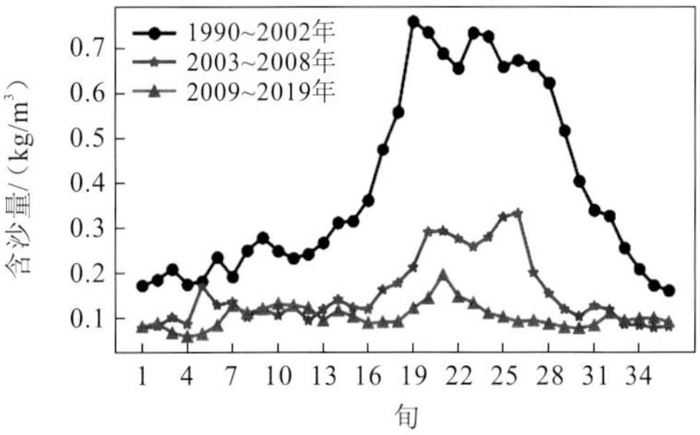

（d）螺山站

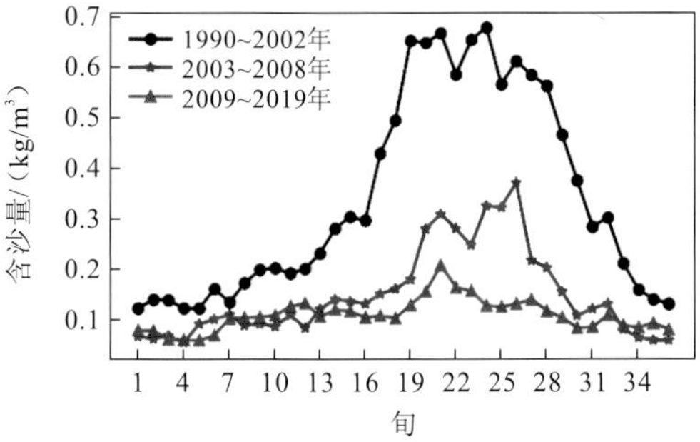

（e）汉口（武汉关）站

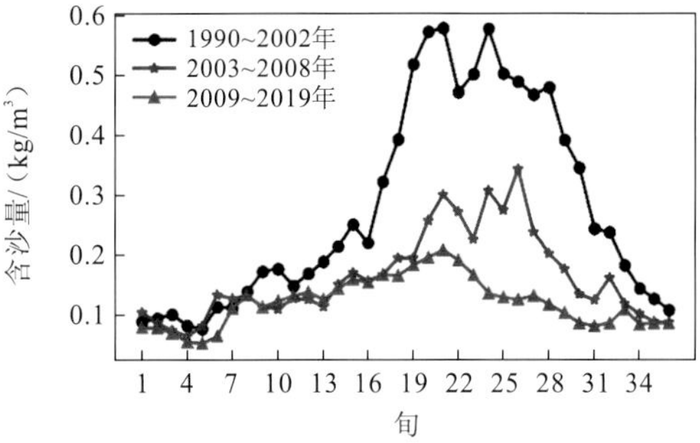

（f）大通站

图 5.5 长江中下游干流各站点三峡水库不同工程阶段年旬均含沙量过程线

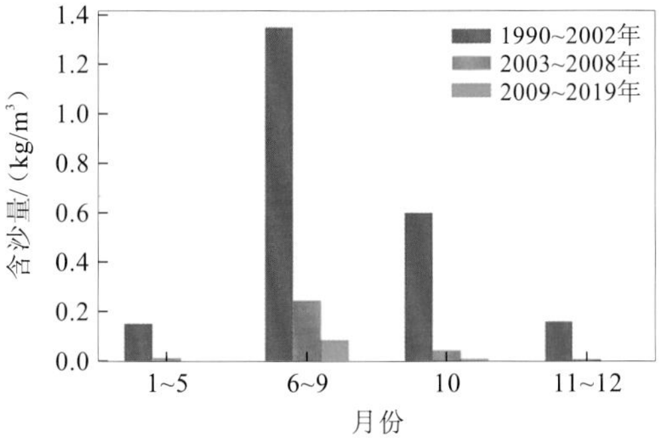

（a）宜昌站

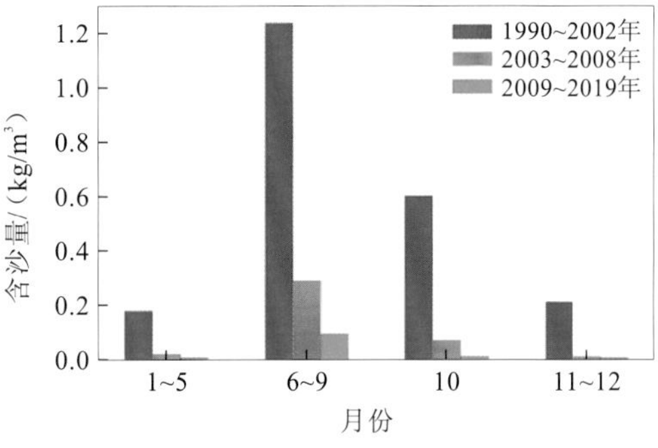

（b）枝城站

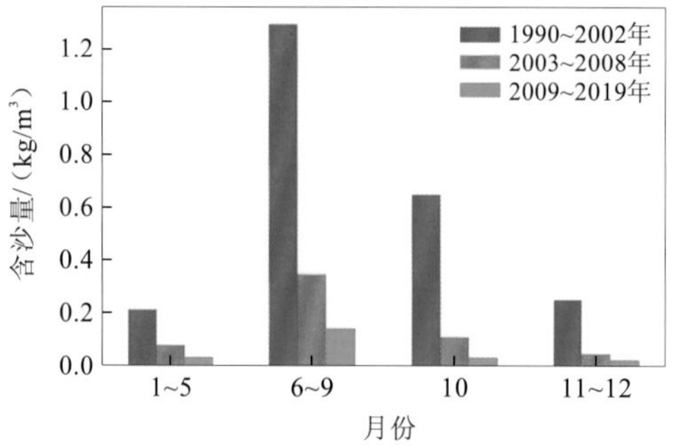

（c）沙市（二郎矶）站

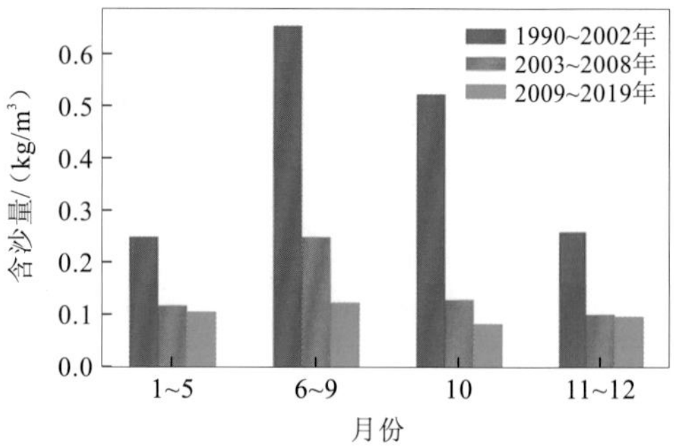

（d）螺山站

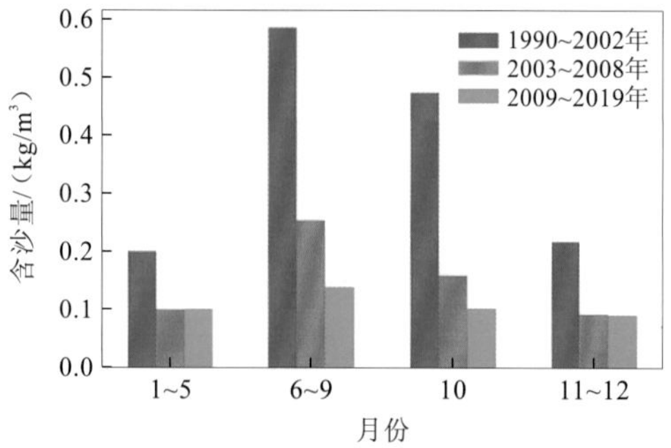

（e）汉口（武汉关）站

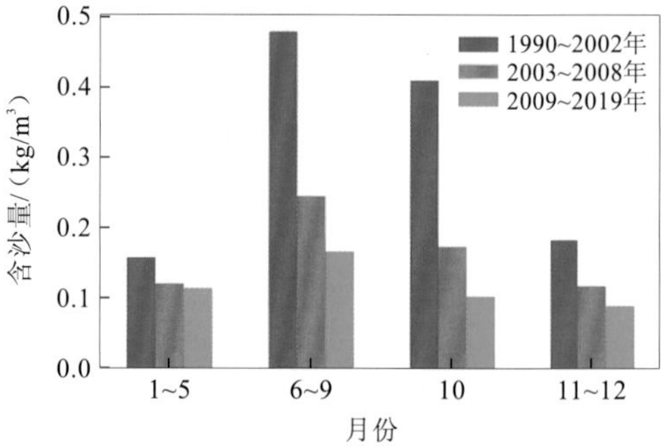

（f）大通站

图 5.6　长江中下游干流各站点三峡水库不同运行调度时期含沙量柱状图

表 5.8　长江中下游干流各站点含沙量 M-K 趋势检验法统计值

项目		宜昌站	枝城站	沙市（二郎矶）站	螺山站	汉口（武汉关）站	大通站
年均值		−5.89	−5.63	−5.65	−6.07	−6.10	−6.03
年最大值		−5.64	−5.35	−5.50	−5.42	−5.42	−5.35
年最小值		−5.02	−4.51	−4.60	−5.82	−5.42	−1.75
1 月（消落期）	上旬	−5.70	−4.23	−4.67	−4.39	−3.82	−0.68
	中旬	−5.55	−4.49	−5.01	−3.71	−3.82	−0.46
	下旬	−5.24	−4.64	−4.71	−5.35	−4.25	−1.46
2 月（消落期）	上旬	−5.54	−4.31	−4.56	−5.35	−4.53	−1.25
	中旬	−5.84	−5.36	−4.75	−5.25	−4.67	−2.32
	下旬	−5.52	−5.30	−4.18	−4.39	−3.82	−2.60
3 月（消落期）	上旬	−4.99	−5.14	−4.67	−3.10	−2.53	−0.43
	中旬	−5.09	−4.92	−4.45	−3.60	−3.00	−0.11
	下旬	−5.02	−4.52	−4.75	−3.57	−2.60	−2.11
4 月（消落期）	上旬	−4.65	−3.85	−4.86	−3.35	−3.46	−1.68
	中旬	−5.52	−5.24	−5.01	−4.28	−3.21	−2.11
	下旬	−5.05	−4.29	−4.48	−3.93	−2.93	−2.85

续表

项目		宜昌站	枝城站	沙市（二郎矶）站	螺山站	汉口（武汉关）站	大通站
5 月（消落期）	上旬	−5.50	−5.12	−5.46	−5.17	−4.07	−3.21
	中旬	−5.03	−4.96	−5.12	−4.39	−3.85	−2.18
	下旬	−5.71	−5.59	−5.87	−5.03	−4.42	−2.53
6 月（汛期）	上旬	−5.28	−4.96	−5.72	−5.46	−5.14	−3.25
	中旬	−5.39	−5.55	−5.65	−5.42	−5.21	−3.68
	下旬	−4.89	−4.84	−4.93	−5.42	−4.96	−5.10
7 月（汛期）	上旬	−4.71	−4.60	−4.90	−4.64	−3.82	−4.57
	中旬	−5.60	−5.47	−5.38	−5.32	−5.17	−3.93
	下旬	−5.10	−5.04	−5.08	−5.17	−5.17	−5.35
8 月（汛期）	上旬	−5.07	−4.68	−5.20	−5.28	−5.60	−5.10
	中旬	−5.07	−4.92	−5.16	−5.21	−5.00	−5.07
	下旬	−4.57	−4.41	−4.60	−5.32	−4.85	−4.78
9 月（汛期）	上旬	−5.46	−5.20	−5.23	−5.78	−5.53	−5.07
	中旬	−5.67	−5.27	−5.08	−5.10	−5.07	−5.17
	下旬	−5.67	−5.24	−5.23	−5.46	−5.03	−5.53
10 月（蓄水期）	上旬	−5.53	−5.20	−5.01	−5.67	−5.03	−5.25
	中旬	−5.42	−5.27	−5.16	−5.64	−5.50	−5.17
	下旬	−5.50	−5.27	−4.86	−5.71	−4.89	−5.60
11 月（高水位运行期）	上旬	−5.66	−5.12	−4.97	−5.07	−4.85	−5.10
	中旬	−5.61	−5.31	−5.20	−5.10	−4.35	−4.35
	下旬	−5.41	−4.86	−5.27	−5.03	−4.35	−3.78
12 月（高水位运行期）	上旬	−5.68	−4.56	−5.31	−4.39	−4.35	−3.85
	中旬	−5.68	−4.01	−5.16	−3.85	−3.43	−2.50
	下旬	−5.88	−3.69	−5.16	−4.03	−3.60	−1.50

采用 M-K 突变分析法对含沙量特征值进行突变检验，突变前后均值变化情况见表 5.9。从表 5.9 可以看出，突变后年均值降低，年均值和年旬最大值突变时间在 2002 年前后，与三峡水库蓄水时间一致性较高，年均值突变后平均降低 76%，年旬最大值降低 65%，年旬最小值降低 64%。

表 5.9　长江中下游干流各站点含沙量特征值突变年份及变化情况

特征值	水文站	突变年份	突变前均值/（kg/m^3）	突变后均值/（kg/m^3）	均值变化率/%
年均值	宜昌站	2002	0.930 9	0.108 6	−88
	枝城站	2003	0.853 8	0.096 2	−89
	沙市（二郎矶）站	2003	0.874 3	0.132 2	−85
	螺山站	2001	0.513 0	0.166 4	−68
	汉口（武汉关）站	2003	0.437 1	0.141 2	−68
	大通站	2002	0.355 8	0.158 4	−55
年旬最大值	宜昌站	2000	2.134 5	0.554 3	−74
	枝城站	2002	1.877 2	0.427 4	−77
	沙市（二郎矶）站	1998	1.909 0	0.764 3	−60
	螺山站	2003	1.089 4	0.347 8	−68
	汉口（武汉关）站	2002	0.989 7	0.386 5	−61
	大通站	1998	0.814 5	0.420 6	−48
年旬最小值	宜昌站	2002	0.009 2	0.002 9	−68
	枝城站	2002	0.020 6	0.004 4	−79
	沙市（二郎矶）站	2005	0.050 2	0.015 0	−70
	螺山站	1997	0.141 3	0.067 2	−52
	汉口（武汉关）站	1997	0.104 9	0.052 0	−50

5.2　长江中下游干流水质特征变化

5.2.1　长江中下游干流水质评价

收集 2003～2019 年长江中下游干流宜昌黄陵庙断面、宜昌水文测流断面、螺山断面、汉口 37 码头断面、黄石西塞山断面、九江市化工厂下游断面、安庆下渡口断面、大通水文测流断面逐月 24 项水质数据，分三峡水库调度消落期、汛期、蓄水期和高水位运行期 4 个时期对水质进行评价，具体数据见表 5.10。从表 5.10 可以看出长江中下游干流水质较好，大部分处于 II～III 类标准，主要超标因子为氨氮和总磷。螺山断面在 2011 年三峡水库消落期的水质为 V 类，超标因子为氨氮。大通水文测流断面在 2011 年三峡水库蓄水期的水质为 IV 类，超标因子为总磷。其余断面水质良好，符合 II～III 类标准。

表 5.10　长江中下游干流各断面水质评价

断面名称	年份	消落期（1～5 月）		汛期（6～9 月）		蓄水期（10 月）		高水位运行期（11～12 月）	
		水质类别	超标因子	水质类别	超标因子	水质类别	超标因子	水质类别	超标因子
宜昌黄陵庙断面	2003	III	—	III	—	III	—	II	—
	2007	II	—	III	—	II	—	II	—
	2011	III	—	III	—	II	—	II	—
	2015	III	—	III	—	III	—	II	—
	2019	II	—	II	—	II	—	II	—
宜昌水文测流断面	2003	III	—	III	—	II	—	II	—
	2007	II	—	III	—	II	—	II	—
	2011	III	—	III	—	II	—	II	—
	2015	II	—	II	—	II	—	I	—
	2019	II	—	II	—	II	—	III	—
螺山断面	2003	III	—	III	—	III	—	III	—
	2007	II	—	II	—	II	—	III	—
	2011	V	氨氮（0.6）	III	—	III	—	III	—
	2015	III	—	III	—	II	—	III	—
	2019	II	—	II	—	II	—	II	—
汉口 37 码头断面	2003	III	—	III	—	III	—	III	—
	2007	III	—	III	—	III	—	III	—
	2011	III	—	III	—	III	—	III	—
	2015	II	—	II	—	II	—	III	—
	2019	II	—	II	—	II	—	II	—
黄石西塞山断面	2003	II	—	III	—	II	—	II	—
	2007	II	—	II	—	II	—	III	—
	2011	III	—	III	—	II	—	III	—
	2015	III	—	III	—	III	—	III	—
	2019	II	—	II	—	II	—	II	—
九江市化工厂下游断面	2003	II	—	II	—	II	—	II	—
	2007	III	—	III	—	III	—	III	—
	2011	III	—	III	—	III	—	III	—
	2015	III	—	III	—	III	—	III	—
	2019	II	—	II	—	II	—	III	—

续表

断面名称	年份	消落期（1～5月）		汛期（6～9月）		蓄水期（10月）		高水位运行期（11～12月）	
		水质类别	超标因子	水质类别	超标因子	水质类别	超标因子	水质类别	超标因子
安庆下渡口断面	2003	—	—	—	—	—	—	—	—
	2007	II	—	II	—	II	—	II	—
	2011	II	—	II	—	II	—	II	—
	2015	II	—	II	—	II	—	II	—
	2019	II	—	II	—	II	—	II	—
大通水文测流断面	2003	II	—	II	—	II	—	II	—
	2007	III	—	II	—	III	—	III	—
	2011	III	—	III	—	IV	总磷（0.09）	III	—
	2015	II	—	II	—	II	—	II	—
	2019	II	—	II	—	II	—	II	—

5.2.2　长江中下游干流水质年际变化

选择长江中下游干流水质超标因子总磷和氨氮，以及受关注程度较高的溶解氧和高锰酸盐指数为评价指标，分析宜昌黄陵庙断面、宜昌水文测流断面等 8 个断面的水质年际变化趋势。

1. 总磷

长江中下游干流各断面总磷年际变化如图 5.7 所示，1998～2019 年汉口 37 码头断面、2003～2019 年长江中下游干流其他断面总磷质量浓度范围为 0.038～0.165 mg/L，符合 II 类水质标准。宜昌黄陵庙断面、汉口 37 码头断面、黄石西塞山断面、安庆下渡口断面倾向率大于 0；宜昌水文测流断面、螺山断面、九江市化工厂下游断面、大通水文测流断面倾向率小于 0。

长江中下游干流三峡水库不同工程阶段各断面总磷质量浓度如表 5.11 所示。宜昌黄陵庙断面、宜昌水文测流断面、汉口 37 码头断面、大通水文测流断面总磷质量浓度大致为三峡水库建成前显著低于三峡水库建成运行后和中小洪水调度后。螺山断面总磷质量浓度在三峡水库建成前、建成运行后和中小洪水调度后无显著差异。黄石西塞山断面、九江市化工厂下游断面、安庆下渡口断面在三峡水库建成前和三峡水库建成运行后总磷质量浓度低于中小洪水调度后。

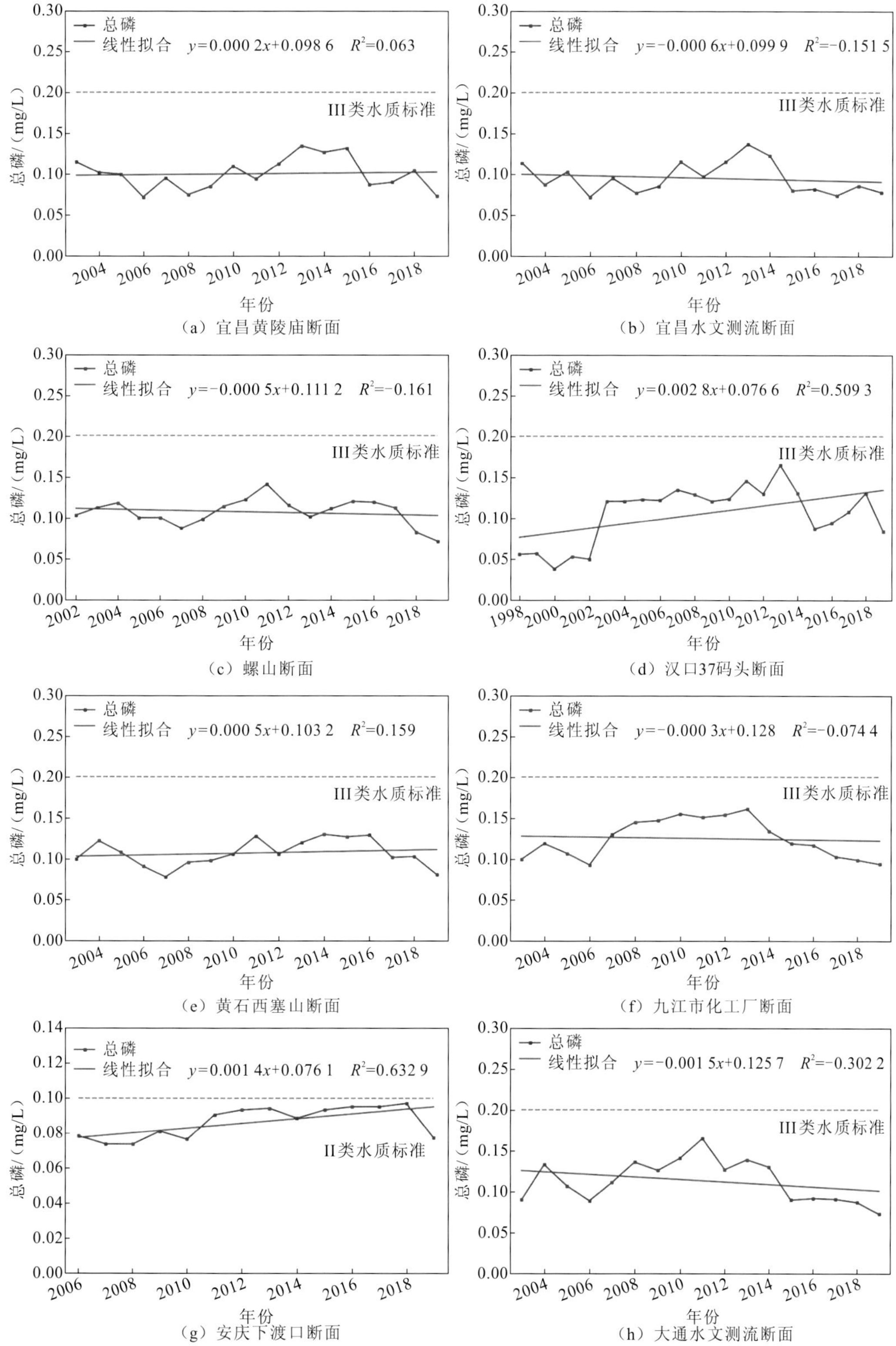

（a）宜昌黄陵庙断面　（b）宜昌水文测流断面
（c）螺山断面　（d）汉口37码头断面
（e）黄石西塞山断面　（f）九江市化工厂断面
（g）安庆下渡口断面　（h）大通水文测流断面

图 5.7　长江中下游干流各断面总磷年际变化

表 5.11 长江中下游干流三峡水库不同工程阶段各断面总磷质量浓度

断面名称	三峡水库建成前/（mg/L）	三峡水库建成运行后/（mg/L）	中小洪水调度后/（mg/L）
宜昌黄陵庙断面	0.05 ± 0.02^{b}	0.09 ± 0.02^{a}	0.10 ± 0.02^{a}
宜昌水文测流断面	0.05 ± 0.01^{b}	0.09 ± 0.01^{a}	0.10 ± 0.02^{a}
螺山断面	0.10 ± 0.01^{a}	0.10 ± 0.01^{a}	0.11 ± 0.02^{a}
汉口 37 码头断面	0.05 ± 0.01^{a}	0.13 ± 0.01^{b}	0.12 ± 0.02^{b}
黄石西塞山断面	0.04 ± 0.01^{a}	0.10 ± 0.01^{b}	0.11 ± 0.02^{c}
九江市化工厂下游断面	0.06 ± 0.02^{a}	0.12 ± 0.02^{b}	0.13 ± 0.02^{c}
安庆下渡口断面	0.05 ± 0.01^{a}	0.07 ± 0.00^{b}	0.09 ± 0.01^{c}
大通水文测流断面	0.06 ± 0.02^{b}	0.11 ± 0.02^{a}	0.11 ± 0.03^{a}

注：两组数据间不同字母代表存在显著性差异（$P<0.05$），否则无显著性差异，余同。

2. 氨氮

长江中下游干流各断面氨氮年际变化如图 5.8 所示。宜昌黄陵庙断面 2003～2019 年氨氮质量浓度变化范围为 0.053～0.163 mg/L，符合 II 类水质标准；宜昌水文测流断面氨氮质量浓度变化范围为 0.059～0.166 mg/L，符合 II 类水质标准；九江市化工厂下游断面氨氮质量浓度变化范围为 0.095～0.623 mg/L、大通水文测流断面氨氮质量浓度变化范围为 0.091～0.571 mg/L，均符合 III 类水质标准；螺山断面氨氮质量浓度变化范围为 0.088～1.111 mg/L，除 2011 年外均符合 III 类水质标准；汉口 37 码头断面氨氮质量浓度变化范围为 0.057～0.348 mg/L，符合 II 类水质标准；黄石西塞山断面氨氮质量浓度变化范围为 0.071～0.299 mg/L，符合 II 类水质标准。宜昌黄陵庙断面、螺山断面和黄石西塞山断面倾向率大于 0；宜昌水文测流断面、汉口 37 码头断面、九江市化工厂下游断面、安庆下渡口断面、大通水文测流断面倾向率均小于 0。

长江中下游干流三峡水库不同工程阶段各断面氨氮质量浓度如表 5.12 所示。宜昌黄陵庙断面、宜昌水文测流断面在三峡水库建成前氨氮质量浓度均为 0.24±0.04 mg/L，三峡水库建成运行后和中小洪水调度后减少 50%左右，三峡水库建成前氨氮质量浓度显著高于其余两个工程阶段。九江市化工厂下游断面、大通水文测流断面在三峡水库建成前氨氮质量浓度均为 0.41±0.04 mg/L，三峡水库建成运行后和中小洪水调度后氨氮质量浓度为 0.33～0.35 mg/L，三峡水库建成前氨氮质量浓度也显著高于其余两个工程阶段。螺山断面在三峡水库建成前氨氮质量浓度为 0.16±0.04 mg/L，三峡水库建成运行后氨氮质量浓度为 0.19±0.15 mg/L，中小洪水调度后为 0.30±0.30 mg/L，中小洪水调度后氨氮质量浓度显著高于其余两个阶段。汉口 37 码头断面在三峡水库建成前氨氮质量浓度为 0.24±0.06 mg/L，三峡水库建成运行后为 0.13±0.04 mg/L，中小洪水调度后氨氮质量浓度为 0.11±0.05 mg/L，三峡水库建成前氨氮质量浓度显著高于其余两个工程阶段。黄石西塞山断面在三峡水库建成前氨氮质量浓度为 0.16±0.05 mg/L，中小洪水调度后氨氮质量浓度为 0.17±0.08 mg/L，显著高于三峡水库建成运行后的 0.11±0.03 mg/L。安庆下渡口断面在三峡水库建成运行后氨氮质量浓度为 0.28±0.07 mg/L，显著高于三峡水库建成前的 0.23±0.02 mg/L 和中小洪水调度后的 0.21±0.11 mg/L。

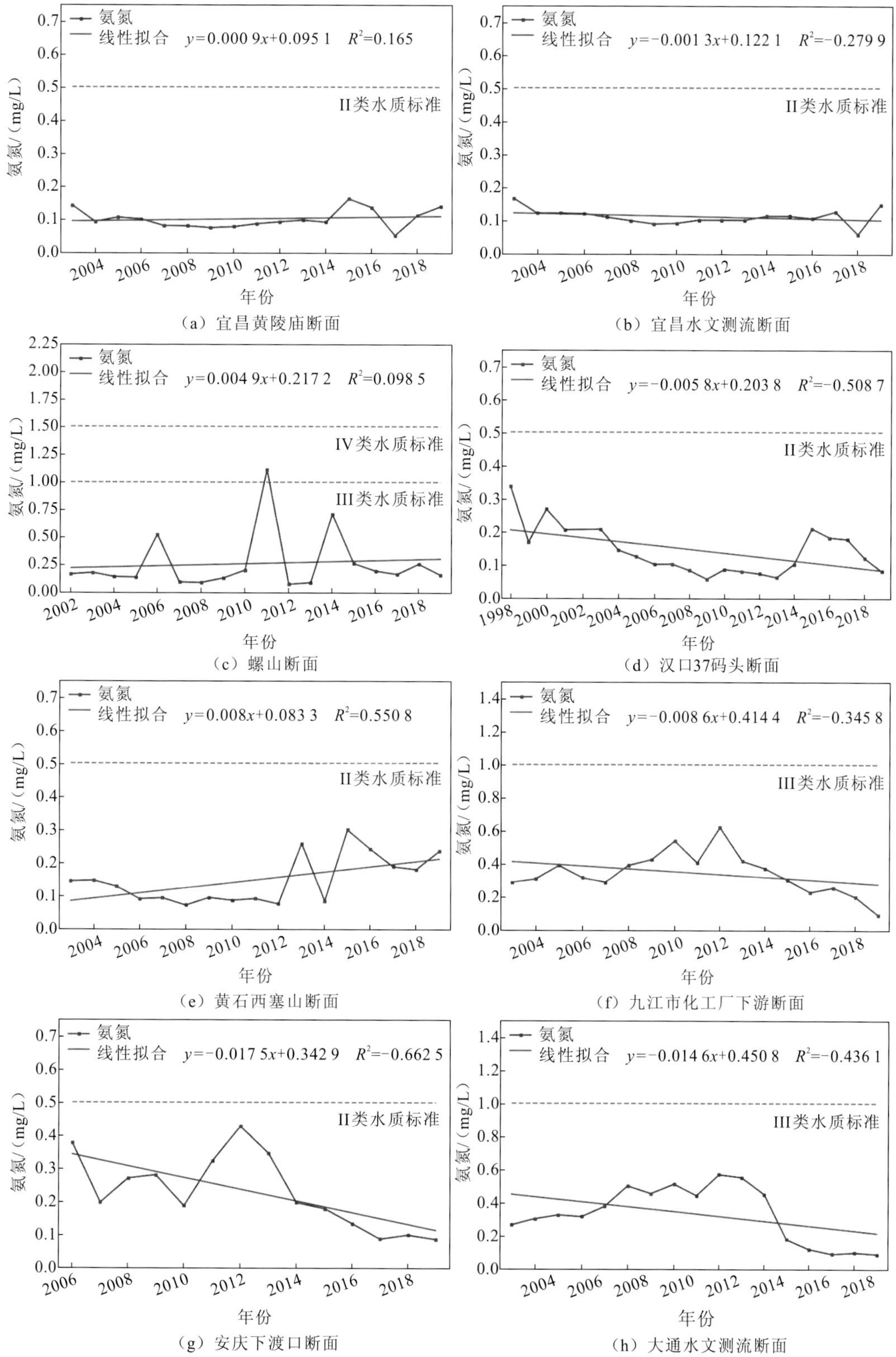

图 5.8　长江中下游干流各断面氨氮年际变化

表 5.12　长江中下游干流三峡水库不同工程阶段各断面氨氮质量浓度

断面名称	三峡水库建成前/（mg/L）	三峡水库建成运行后/（mg/L）	中小洪水调度后/（mg/L）
宜昌黄陵庙断面	0.24±0.04[b]	0.10±0.02[a]	0.10±0.03[a]
宜昌水文测流断面	0.24±0.04[b]	0.12±0.02[a]	0.11±0.02[a]
螺山断面	0.16±0.04[a]	0.19±0.15[a]	0.30±0.30[b]
汉口 37 码头断面	0.24±0.06[a]	0.13±0.04[b]	0.11±0.05[b]
黄石西塞山断面	0.16±0.05[b]	0.11±0.03[a]	0.17±0.08[b]
九江市化工厂下游断面	0.41±0.04[b]	0.33±0.04[a]	0.35±0.15[a]
安庆下渡口断面	0.23±0.02[b]	0.28±0.07[a]	0.21±0.11[b]
大通水文测流断面	0.41±0.04[a]	0.35±0.08[a]	0.33±0.20[a]

注：两组数据间不同字母代表存在显著性差异（$P<0.05$），否则无显著性差异。

3. 溶解氧

长江中下游干流各断面溶解氧年际变化如图 5.9 所示。2003～2019 年宜昌黄陵庙断面溶解氧质量浓度变化范围为 7.1～9.9 mg/L，宜昌水文测流断面溶解氧质量浓度变化范围为 7.6～9.5 mg/L，九江市化工厂下游断面溶解氧质量浓度变化范围为 7.4～8.2 mg/L，安庆下渡口断面溶解氧质量浓度变化范围为 7.9～8.5 mg/L，大通水文测流断面溶解氧质量浓度变

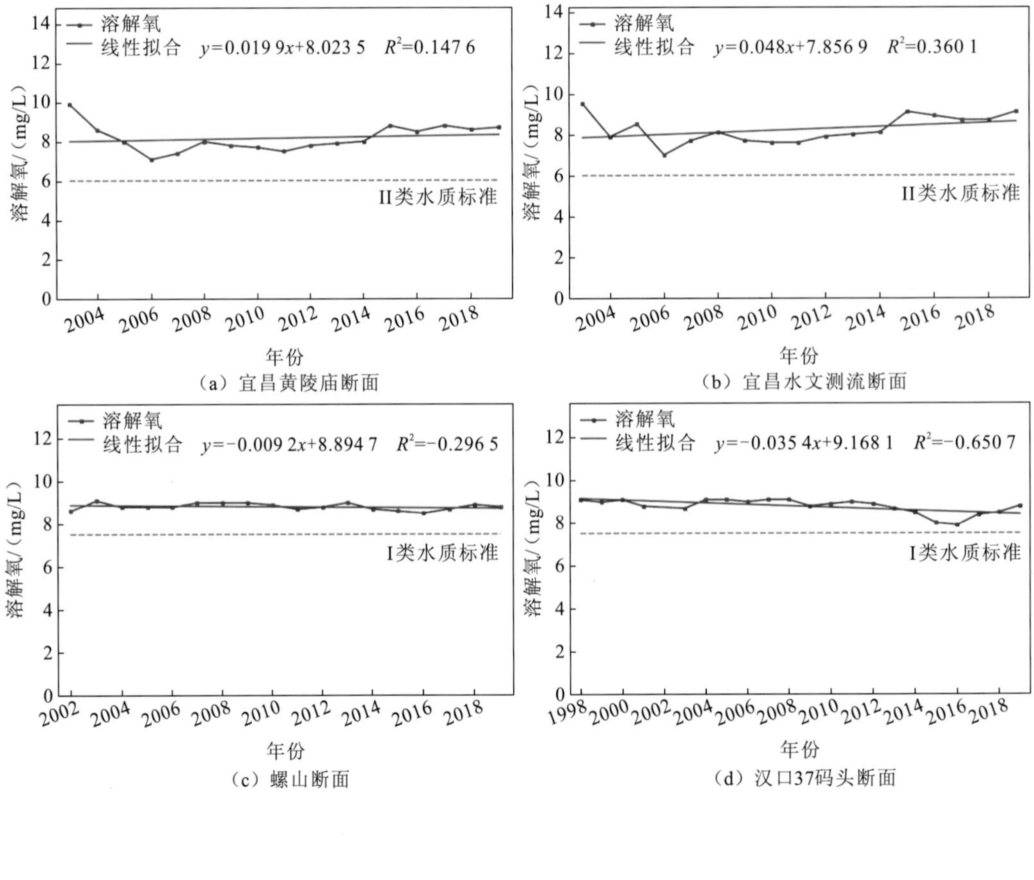

（a）宜昌黄陵庙断面　（b）宜昌水文测流断面　（c）螺山断面　（d）汉口37码头断面

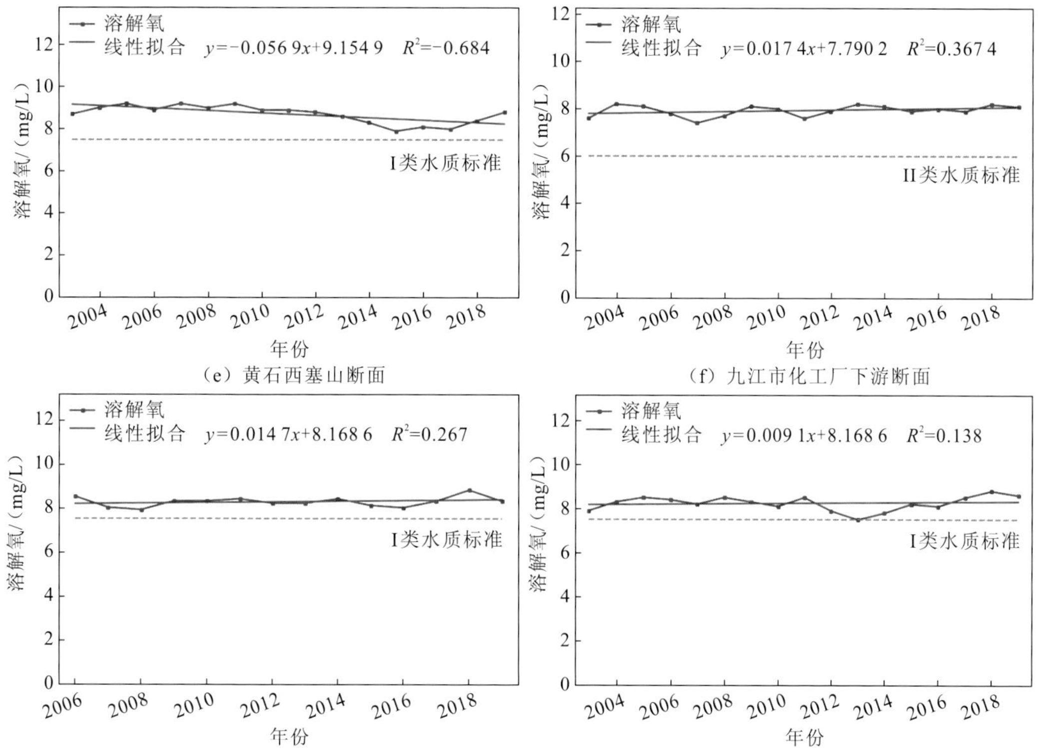

（e）黄石西塞山断面　（f）九江市化工厂下游断面

（g）安庆下渡口断面　（h）大通水文测流断面

图 5.9　长江中下游干流各断面溶解氧年际变化

化范围为 7.5～8.8 mg/L，均符合 I 类水质标准，倾向率均大于 0；螺山断面 2002～2019 年溶解氧质量浓度变化范围为 8.5～9.1 mg/L，汉口 37 码头断面 1998～2019 年溶解氧质量浓度变化范围为 7.9～9.1 mg/L，均符合 I 类水质标准，倾向率均小于 0。黄石西塞山断面 2003～2019 年溶解氧质量浓度变化范围为 7.9～9.2 mg/L，符合 I 类水质标准，倾向率小于 0。

长江中下游干流三峡水库不同工程阶段各断面溶解氧质量浓度如表 5.13 所示。宜昌黄陵庙断面、宜昌水文测流断面、九江市化工厂下游断面、安庆下渡口断面、大通水文测流断面溶解氧质量浓度三峡水库建成前均显著高于三峡水库建成运行后和中小洪水调度后。黄石西塞山断面在三峡水库建成前溶解氧质量浓度为 9.12 ± 0.14 mg/L，三峡水库建成运行后溶解氧质量浓度为 9.00 ± 0.17 mg/L，均显著高于中小洪水调度后的 8.54 ± 0.41 mg/L。

表 5.13　长江中下游干流三峡水库不同工程阶段各断面溶解氧质量浓度

断面名称	三峡水库建成前/（mg/L）	三峡水库建成运行后/(mg/L）	中小洪水调度后/（mg/L）
宜昌黄陵庙断面	9.02 ± 0.11^{b}	8.17 ± 0.91^{a}	8.19 ± 0.47^{a}
宜昌水文测流断面	9.07 ± 0.13^{b}	8.12 ± 0.77^{a}	8.31 ± 0.57^{a}
螺山断面	8.60 ± 0.10^{a}	8.92 ± 0.12^{a}	8.78 ± 0.15^{a}

续表

断面名称	三峡水库建成前/（mg/L）	三峡水库建成运行后/（mg/L）	中小洪水调度后/（mg/L）
汉口 37 码头断面	9.00±0.12[a]	9.02±0.15[a]	8.58±0.35[a]
黄石西塞山断面	9.12±0.14[b]	9.00±0.17[a]	8.54±0.41[b]
九江市化工厂下游断面	9.11±0.16[b]	7.80±0.28[a]	8.00±0.17[a]
安庆下渡口断面	9.21±0.11[b]	8.13±0.26[a]	8.30±0.20[a]
大通水文测流断面	9.04±0.17[b]	8.30±0.21[a]	8.21±0.37[a]

注：两组数据间不同字母代表存在显著性差异（$P<0.05$），否则无显著性差异。

4. 高锰酸盐指数

长江中下游干流各断面高锰酸盐指数年际变化如图 5.10 所示，各断面高锰酸盐指数质量浓度范围为 1.4～3.0 mg/L，总体符合 II 类水质标准。宜昌黄陵庙断面、宜昌水文测流断面、螺山断面、汉口 37 码头断面、黄石西塞山断面和九江市化工厂下游断面倾向率小于 0；安庆下渡口断面和大通水文测流断面倾向率大于 0。

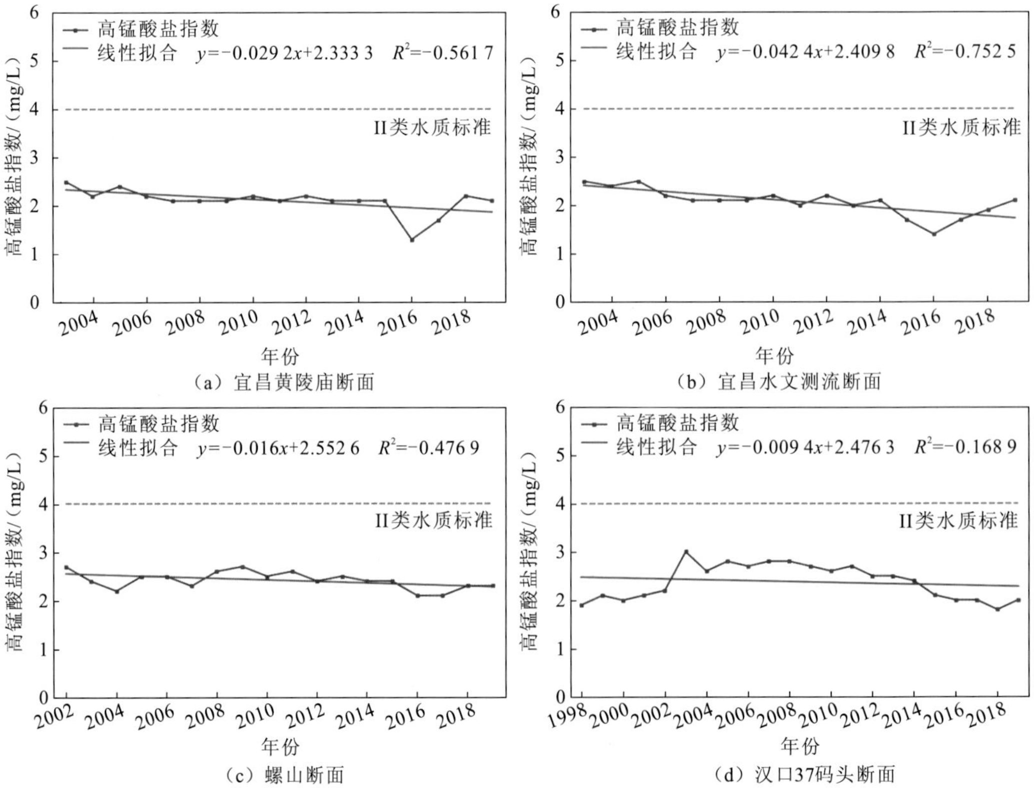

（a）宜昌黄陵庙断面　（b）宜昌水文测流断面
（c）螺山断面　（d）汉口37码头断面

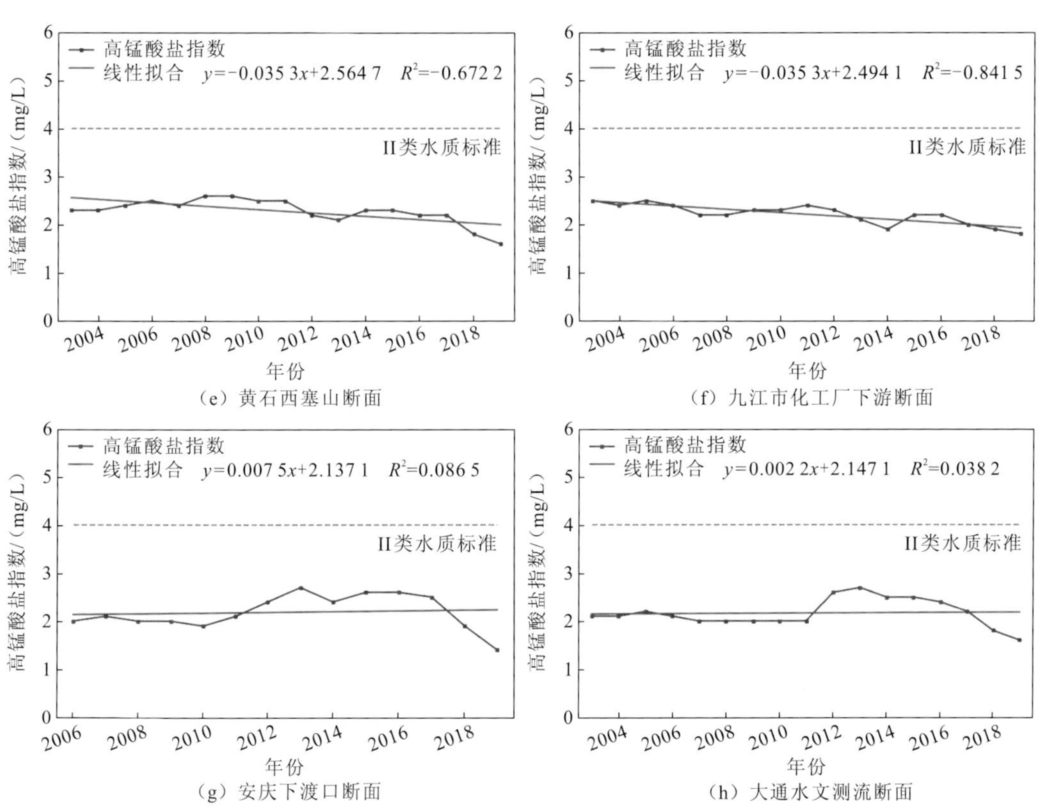

图 5.10　长江中下游干流各断面高锰酸盐指数年际变化

长江中下游干流三峡水库不同工程阶段各断面高锰酸盐指数如表 5.14 所示。宜昌黄陵庙断面在三峡水库建成前高锰酸盐指数为 1.88±0.13 mg/L，三峡水库建成运行后高锰酸盐指数为 2.25±0.15 mg/L，中小洪水调度后高锰酸盐指数为 2.02±0.26 mg/L，三峡水库建成运行后高锰酸盐指数显著高于三峡水库建成前和中小洪水调度后。宜昌水文测流断面、黄石西塞山断面和九江市化工厂下游断面，三峡水库建成运行后高锰酸盐指数显著高于三峡水库建成前和中小洪水调度后。螺山断面在三峡水库建成前高锰酸盐指数为 2.70±0.10 mg/L，三峡水库建成运行后高锰酸盐指数为 2.42±0.13 mg/L，中小洪水调度后为 2.39±0.18 mg/L，三峡水库建成前高锰酸盐指数显著高于其余两个工程阶段。汉口 37 码头断面在三峡水库建成前高锰酸盐指数为 2.06±0.10 mg/L，三峡水库建成运行后高锰酸盐指数为 2.78±0.12 mg/L，中小洪水调度后为 2.30±0.31 mg/L，三个阶段之间差异均显著，高锰酸盐指数经历先上升后下降的过程。安庆下渡口断面在三峡水库建成前高锰酸盐指数为 2.04±0.16 mg/L，三峡水库建成运行后高锰酸盐指数为 2.03±0.05 mg/L，中小洪水调度后高锰酸盐指数为 2.23±0.38 mg/L，三峡水库建成前和三峡水库建成运行后高锰酸盐指数显著低于中小洪水调度后。大通水文测流断面与安庆下渡口断面变化趋势相同，也是三峡水库建成前和三峡水库建成运行后高锰酸盐指数显著低于中小洪水调度后。

表 5.14 长江中下游干流三峡水库不同工程阶段各断面高锰酸盐指数

断面名称	三峡水库建成前/（mg/L）	三峡水库建成运行后/（mg/L）	中小洪水调度后/（mg/L）
宜昌黄陵庙断面	1.88 ± 0.13^{b}	2.25 ± 0.15^{a}	2.02 ± 0.26^{b}
宜昌水文测流断面	1.79 ± 0.11^{b}	2.30 ± 0.17^{a}	1.95 ± 0.24^{b}
螺山断面	2.70 ± 0.10^{a}	2.42 ± 0.13^{b}	2.39 ± 0.18^{b}
汉口 37 码头断面	2.06 ± 0.10^{a}	2.78 ± 0.12^{b}	2.30 ± 0.31^{c}
黄石西塞山断面	1.65 ± 0.10^{a}	2.42 ± 0.11^{b}	2.21 ± 0.28^{c}
九江市化工厂下游断面	1.87 ± 0.13^{a}	2.37 ± 0.12^{b}	2.13 ± 0.19^{c}
安庆下渡口断面	2.04 ± 0.16^{a}	2.03 ± 0.05^{a}	2.23 ± 0.38^{b}
大通水文测流断面	2.03 ± 0.08^{a}	2.08 ± 0.07^{a}	2.21 ± 0.34^{b}

注：两组数据间不同字母代表存在显著性差异（$P<0.05$），否则无显著性差异。

5.2.3 长江中下游干流水质变化趋势分析

采用 M-K 趋势检验法分析长江中下游干流宜昌黄陵庙断面、宜昌水文测流断面等 8 个断面主要水质超标因子的变化趋势情况。

1. 总磷

长江中下游干流各断面总磷 M-K 趋势检验法统计值如表 5.15 所示，从全时段各月变化情况来看：宜昌黄陵庙断面 2 月，汉口 37 码头断面 1 月、4～5 月、8 月、10 月、12 月，安庆下渡口断面 1 月、4～5 月、8 月、12 月总磷 M-K 趋势检验法统计值呈显著上升趋势，其中汉口 37 码头断面 12 月和安庆下渡口断面 1 月、5 月总磷 M-K 趋势检验法统计值呈极显著上升趋势；宜昌黄陵庙断面 8 月，螺山断面 7 月，黄石西塞山断面 8 月，大通水文测流断面 2 月、4～5 月、10 月、11 月总磷 M-K 趋势检验法统计值呈显著下降趋势，其中大通水文测流断面 11 月总磷 M-K 趋势检验法统计值呈极显著下降趋势。从全时段年均值变化来看，汉口 37 码头断面总磷 M-K 趋势检验法统计值呈显著上升趋势，安庆下渡口断面呈极显著上升趋势。

表 5.15 长江中下游干流各断面总磷 M-K 趋势检验法统计值

三峡水库不同工程阶段	月份	宜昌黄陵庙断面	宜昌水文测流断面	螺山断面	汉口37 码头断面	黄石西塞山断面	九江市化工厂下游断面	安庆下渡口断面	大通水文测流断面
全时段	1 月（消落期）	1.53	−0.38	−0.44	2.12	0.53	0.53	2.89	−0.43
	2 月（消落期）	2.44	1.82	0.48	1.55	1.00	0.00	1.97	−1.96
	3 月（消落期）	−0.05	−1.34	0.00	0.85	0.14	−1.72	1.17	−1.58
	4 月（消落期）	1.91	−0.91	−0.84	2.31	0.33	−1.72	2.17	−2.15
	5 月（消落期）	−0.35	−1.00	−0.96	2.00	1.05	−1.48	2.69	−1.96

续表

三峡水库不同工程阶段	月份	宜昌黄陵庙断面	宜昌水文测流断面	螺山断面	汉口37码头断面	黄石西塞山断面	九江市化工厂下游断面	安庆下渡口断面	大通水文测流断面
全时段	6 月（汛期）	-1.39	-0.91	-0.40	1.59	0.70	0.05	0.29	-0.48
	7 月（汛期）	-0.48	0.61	-2.24	1.30	0.04	-0.72	1.05	-0.38
	8 月（汛期）	-2.09	-1.22	-0.92	2.12	-2.10	-1.15	2.11	-1.86
	9 月（汛期）	1.18	-0.17	-1.20	1.77	0.44	-0.43	1.76	-1.19
	10 月（蓄水期）	1.26	1.44	-0.16	2.21	-0.13	-0.81	1.76	-2.15
	11 月（高水位运行期）	-0.44	0.52	0.76	1.77	1.83	-0.76	1.87	-2.77
	12 月（高水位运行期）	1.77	0.47	0.40	2.97	0.91	0.43	2.49	-1.00
	年均值	0.04	-0.52	-0.16	2.24	0.87	-0.26	2.99	-1.05
三峡水库建成前（2002 年之前）	1 月（消落期）	—	—	—	0.29	—	—	—	—
	2 月（消落期）	—	—	—	0.88	—	—	—	—
	3 月（消落期）	—	—	—	0.00	—	—	—	—
	4 月（消落期）	—	—	—	-0.88	—	—	—	—
	5 月（消落期）	—	—	—	-0.88	—	—	—	—
	6 月（汛期）	—	—	—	-2.34	—	—	—	—
	7 月（汛期）	—	—	—	-0.88	—	—	—	—
	8 月（汛期）	—	—	—	0.00	—	—	—	—
	9 月（汛期）	—	—	—	0.88	—	—	—	—
	10 月（蓄水期）	—	—	—	-0.29	—	—	—	—
	11 月（高水位运行期）	—	—	—	-0.88	—	—	—	—
	12 月（高水位运行期）	—	—	—	0.00	—	—	—	—
	年均值	—	—	—	-0.88	—	—	—	—
三峡水库建成运行后（2003～2008 年）	1 月（消落期）	0.59	-0.29	0.00	0.29	-0.29	-0.29	0.00	1.46
	2 月（消落期）	0.00	0.29	0.87	0.88	0.00	-0.29	0.00	0.00
	3 月（消落期）	0.00	0.00	-0.44	0.00	-0.88	0.59	-1.41	0.59
	4 月（消落期）	-0.88	-0.59	-1.31	1.46	-1.76	-0.29	0.00	-0.88
	5 月（消落期）	-2.18	-1.31	-0.44	1.96	-1.76	1.76	0.00	0.00
	6 月（汛期）	-1.75	-1.53	-2.18	0.00	-0.87	1.46	-1.41	0.88
	7 月（汛期）	0.00	0.22	-2.18	-0.87	-2.40	0.00	0.00	0.00
	8 月（汛期）	-1.75	-0.65	-1.75	1.31	-2.63	1.46	0.00	0.29
	9 月（汛期）	-1.09	-0.87	-1.31	-0.22	-1.75	0.00	-1.41	0.00
	10 月（蓄水期）	-0.87	-0.65	0.87	0.22	1.53	1.76	1.41	0.59

续表

三峡水库不同工程阶段	月份	宜昌黄陵庙断面	宜昌水文测流断面	螺山断面	汉口37码头断面	黄石西塞山断面	九江市化工厂下游断面	安庆下渡口断面	大通水文测流断面
三峡水库建成运行后（2003～2008年）	11月（高水位运行期）	−0.65	0.00	0.44	0.44	−0.44	0.00	0.00	0.00
	12月（高水位运行期）	0.00	0.59	1.09	0.88	1.17	2.05	0.00	0.29
	年均值	−2.18	−1.31	−1.96	1.96	−1.31	1.31	−0.71	0.87
中小洪水调度后（2009～2019年）	1月（消落期）	1.69	0.49	0.68	0.93	0.00	−1.02	1.44	−2.29
	2月（消落期）	0.34	−0.34	−2.20	−1.10	0.00	−1.44	1.95	−2.71
	3月（消落期）	0.59	−0.25	0.00	−2.20	−0.59	−2.29	1.44	−3.22
	4月（消落期）	−0.51	−1.69	−2.46	−1.44	−0.93	−2.54	0.68	−2.12
	5月（消落期）	0.42	−2.12	−3.22	−1.61	−0.17	−2.37	1.10	−3.22
	6月（汛期）	−0.68	−1.78	−3.22	−1.36	−0.34	−2.20	1.78	−1.52
	7月（汛期）	−1.86	−1.52	−0.68	−0.76	−1.27	−2.20	−0.25	−3.64
	8月（汛期）	−1.78	0.00	−1.27	−0.76	0.08	−2.54	0.00	−2.29
	9月（汛期）	−1.95	−0.85	0.34	−0.34	−1.19	−2.63	1.36	−3.81
	10月（蓄水期）	0.34	−1.19	−2.20	−0.68	−0.08	−2.37	1.19	−2.88
	11月（高水位运行期）	0.17	0.00	−2.03	−0.76	−1.61	−3.81	0.34	−2.54
	12月（高水位运行期）	0.00	−0.29	−1.04	−1.47	0.00	−1.75	1.17	−3.83
	年均值	−0.34	−1.44	−2.03	−0.93	−0.25	−3.22	2.03	−2.88

从三峡水库不同工程阶段总磷 M-K 趋势检验法统计值变化趋势来看，三峡水库建成前汉口 37 码头断面 6 月呈显著下降趋势。年均值变化方面，汉口 37 码头断面无显著变化趋势。

三峡水库建成运行后总磷 M-K 趋势检验法统计值各月变化情况方面：汉口 37 码头断面 5 月，九江市化工厂下游断面 12 月呈显著上升趋势；宜昌黄陵庙断面 5 月，螺山断面 6～7 月，黄石西塞山断面 7～8 月呈显著下降趋势，黄石西塞山断面 8 月呈极显著下降趋势。年均值变化方面，宜昌黄陵庙断面和螺山断面呈显著下降趋势。

中小洪水调度后总磷 M-K 趋势检验法统计值各月变化情况方面：螺山断面 2 月、4 月、5～6 月、10～11 月，汉口 37 码头断面 3 月，九江市化工厂下游断面 3～11 月和大通水文测流断面各月均呈显著下降趋势；螺山断面 5～6 月，九江市化工厂下游断面 8 月、9 月、11 月和大通水文测流断面 2～3 月、5 月，7 月、9～12 月呈极显著下降趋势。年均值变化方面，螺山断面、九江市化工厂下游断面和大通水文测流断面呈显著下降趋势。

2. 氨氮

长江中下游干流各断面氨氮 M-K 趋势检验法统计值如表 5.16 所示，从全时段各月变化情况来看：黄石西塞山断面 4 月呈显著上升趋势；宜昌黄陵庙断面 10～11 月，宜昌水文测流断面 2～3 月、10～12 月，汉口 37 码头断面 1～3 月、6 月、10 月，九江市化工厂下游断面 8 月，安庆下渡口断面 3～4 月、6～8 月、10～11 月和大通水文测流断面 1 月、4 月、12 月呈显著下降趋势。其中宜昌黄陵庙断面 11 月，宜昌水文测流断面 2 月、10～12 月，汉口 37 码头断面 3 月、10 月，安庆下渡口断面 7 月、10～11 月呈极显著下降趋势。从全时段年均值变化来看，汉口 37 码头断面、安庆下渡口断面呈显著下降趋势。

表 5.16　长江中下游干流各断面氨氮 M-K 趋势检验法统计值

三峡水库不同工程阶段	月份	宜昌黄陵庙断面	宜昌水文测流断面	螺山断面	汉口37码头断面	黄石西塞山断面	九江市化工厂下游断面	安庆下渡口断面	大通水文测流断面
全时段	1 月（消落期）	-1.53	-1.62	-0.24	-2.35	-1.10	-1.58	-1.38	-2.05
	2 月（消落期）	-0.86	-2.91	0.16	-2.18	0.48	-0.43	-1.64	-0.76
	3 月（消落期）	0.91	-2.34	0.96	-2.89	0.62	-1.53	-2.17	-1.67
	4 月（消落期）	1.53	-1.39	0.28	-0.31	2.48	-0.14	-2.81	-2.34
	5 月（消落期）	0.48	-1.05	0.28	-1.42	1.48	-1.79	-1.87	-1.52
	6 月（汛期）	1.39	0.52	0.12	-2.09	1.22	-1.44	-2.23	-1.52
	7 月（汛期）	1.31	-0.52	0.88	-0.79	0.83	-1.87	-2.93	-1.74
	8 月（汛期）	0.17	0.70	-0.20	-0.22	1.31	-2.05	-2.28	-1.22
	9 月（汛期）	-1.05	-0.83	-0.16	-1.74	0.13	-1.18	-1.87	-0.87
	10 月（蓄水期）	-2.05	-2.83	-1.60	-2.97	1.48	-1.35	-3.10	-1.22
	11 月（高水位运行期）	-2.74	-2.96	1.20	-0.95	1.31	-0.61	-2.58	-0.96
	12 月（高水位运行期）	-1.19	-3.01	0.00	-0.27	0.24	-1.15	-0.33	-2.34
	年均值	0.44	-0.61	0.36	-2.28	1.00	-1.31	-2.87	-1.00
三峡水库建成前（2002 年之前）	1 月（消落期）	—	—	—	-0.42	—	—	—	—
	2 月（消落期）	—	—	—	0.00	—	—	—	—
	3 月（消落期）	—	—	—	0.00	—	—	—	—
	4 月（消落期）	—	—	—	-0.42	—	—	—	—
	5 月（消落期）	—	—	—	-0.42	—	—	—	—
	6 月（汛期）	—	—	—	-0.42	—	—	—	—
	7 月（汛期）	—	—	—	-0.42	—	—	—	—
	8 月（汛期）	—	—	—	0.00	—	—	—	—
	9 月（汛期）	—	—	—	0.00	—	—	—	—
	10 月（蓄水期）	—	—	—	0.00	—	—	—	—
	11 月（高水位运行期）	—	—	—	-1.27	—	—	—	—
	12 月（高水位运行期）	—	—	—	0.42	—	—	—	—
	年均值	—	—	—	-0.42	—	—	—	—

续表

三峡水库不同工程阶段	月份	宜昌黄陵庙断面	宜昌水文测流断面	螺山断面	汉口37码头断面	黄石西塞山断面	九江市化工厂下游断面	安庆下渡口断面	大通水文测流断面
三峡水库建成运行后（2003～2008年）	1月（消落期）	0.00	−1.46	−0.87	−2.05	−0.29	0.29	0.00	0.88
	2月（消落期）	−0.29	−2.05	0.44	−0.88	−2.05	−0.88	0.00	0.29
	3月（消落期）	−0.29	−1.46	−0.44	0.00	−1.46	0.00	0.00	−0.29
	4月（消落期）	0.29	0.00	−0.87	0.00	−1.17	0.29	−1.41	0.29
	5月（消落期）	−1.96	−1.09	−0.44	−2.18	−0.22	−0.44	0.00	0.44
	6月（汛期）	0.00	0.00	−1.31	−1.75	−1.96	1.75	0.00	1.75
	7月（汛期）	−2.18	−1.75	−0.65	−2.62	−1.96	0.87	0.00	0.44
	8月（汛期）	−1.09	−1.75	−1.09	−0.87	−2.40	0.00	0.00	0.87
	9月（汛期）	−2.40	−1.31	−0.65	−1.96	−1.75	0.87	−1.41	1.75
	10月（蓄水期）	−2.62	−1.31	−0.87	−1.75	−1.75	0.00	0.00	0.87
	11月（高水位运行期）	−2.18	−2.18	0.44	−0.44	−0.87	−0.44	1.41	1.31
	12月（高水位运行期）	−0.88	−0.29	0.00	−0.29	0.00	0.00	0.00	0.00
	年均值	−2.18	−2.84	−1.75	−2.62	−2.18	1.09	0.00	2.62
中小洪水调度后（2009～2019年）	1月（消落期）	−0.76	−2.29	0.17	1.02	2.03	−1.86	−0.51	−2.71
	2月（消落期）	−0.85	0.17	0.00	0.51	−0.17	−1.52	−1.36	−2.37
	3月（消落期）	0.08	−0.85	−0.17	0.00	0.17	−2.20	−1.69	−1.86
	4月（消落期）	2.03	−1.27	1.02	−1.86	0.34	−3.05	−0.76	−2.20
	5月（消落期）	1.86	0.00	0.68	1.86	1.86	−2.20	−2.20	−3.05
	6月（汛期）	1.61	0.34	0.51	1.19	1.36	−3.39	−2.37	−2.71
	7月（汛期）	1.19	1.44	1.52	2.46	2.20	−3.39	−2.03	−3.39
	8月（汛期）	2.46	1.10	1.36	3.56	2.80	−2.20	−3.22	−1.95
	9月（汛期）	0.59	1.19	0.85	3.22	3.39	−2.71	−2.80	−2.12
	10月（蓄水期）	0.00	0.17	0.25	0.59	1.61	−3.39	−2.37	−2.46
	11月（高水位运行期）	0.08	−0.51	−0.51	0.68	1.19	−2.71	−2.97	−2.63
	12月（高水位运行期）	−2.05	−0.29	0.35	0.59	−0.29	−0.87	−0.29	−2.35
	年均值	2.20	2.37	0.00	1.52	1.02	−3.56	−2.88	−3.05

从三峡水库不同工程阶段氨氮 M-K 趋势检验法统计值变化趋势来看：三峡水库建成前汉口 37 码头断面各月无显著变化趋势；年均值变化方面，汉口 37 码头断面也无显著变化趋势。

三峡水库建成运行后氨氮 M-K 趋势检验法统计值各月变化趋势方面：宜昌黄陵庙断面 7 月、9 月、10～11 月，宜昌水文测流断面 2 月、11 月，汉口 37 码头断面 1 月、5 月、

7 月和黄石西塞山断面 2 月、8 月呈显著下降趋势，其中宜昌黄陵庙断面 10 月和汉口 37 码头断面 7 月呈极显著下降趋势。氨氮质量浓度年均值变化方面，宜昌黄陵庙断面、宜昌水文测流断面、汉口 37 码头断面和黄石西塞山断面为显著下降趋势，其中宜昌水文测流断面和汉口 37 码头断面呈极显著下降趋势，大通水文测流断面呈极显著上升趋势。

中小洪水调度后 M-K 趋势检验法统计值各月变化趋势方面：宜昌黄陵庙断面 4 月、8 月，汉口 37 码头断面 7～9 月和黄石西塞山断面 1 月、7～9 月呈显著上升趋势，其中汉口 37 码头断面 8～9 月和黄石西塞山断面 8～9 月呈极显著上升趋势;宜昌黄陵庙断面 12 月，宜昌水文测流断面 1 月，九江市化工厂下游断面 3～11 月，安庆下渡口断面 5～11 月，大通水文测流断面全年（3 月、8 月除外）均呈显著下降趋势，其中九江市化工厂下游断面 4 月、6～7 月、9～11 月，大通水文测流断面 1 月、5～7 月、11 月呈极显著下降趋势。氨氮质量浓度年均值变化方面，宜昌黄陵庙断面和宜昌水文测流断面呈显著上升趋势，九江市化工厂下游断面、安庆下渡口断面和大通水文测流断面呈极显著下降趋势。

3. 溶解氧

长江中下游干流各断面溶解氧 M-K 趋势检验法统计值如表 5.17 所示，从全时段各月溶解氧 M-K 趋势检验法统计值变化情况来看：宜昌黄陵庙断面 1～2 月、4 月、11～12 月，宜昌水文测流断面 1～4 月、11～12 月，螺山断面 1 月，九江市化工厂下游断面 4 月、6 月，安庆下渡口断面 4 月、10 月，大通水文测流断面 4 月呈显著上升趋势，其中，宜昌黄陵庙断面 1～2 月、4 月、12 月，宜昌水文测流断面 1～4 月，11～12 月，螺山断面 1 月，九江市化工厂下游断面 4 月，安庆下渡口断面 4 月和大通水文测流断面 4 月呈极显著上升趋势；宜昌黄陵庙断面 7～8 月，螺山断面 5～6 月、8～9 月，汉口 37 码头断面 2 月、6 月、8～12 月，黄石西塞山断面 1 月、8～12 月呈显著下降趋势，其中螺山断面 5 月，8～9 月，汉口 37 码头断面 6 月、9 月、11～12 月和黄石西塞山断面 1 月、9～12 月呈极显著下降趋势。从全时段溶解氧 M-K 趋势检验法统计值年均值变化来看，汉口 37 码头断面和黄石西塞山断面呈极显著下降趋势。

表 5.17　长江中下游干流各断面溶解氧 M-K 趋势检验法统计值

各运行调度时期	月份	宜昌黄陵庙断面	宜昌水文测流断面	螺山断面	汉口37 码头断面	黄石西塞山断面	九江市化工厂下游断面	安庆下渡口断面	大通水文测流断面
全时段	1 月（消落期）	3.44	3.25	3.12	−0.17	−2.63	−1.43	1.11	−0.57
	2 月（消落期）	3.20	3.06	1.12	−2.14	−1.62	0.14	0.79	0.19
	3 月（消落期）	1.91	2.68	0.16	−1.29	−1.53	0.96	0.35	0.19
	4 月（消落期）	2.68	3.15	−0.20	0.78	0.00	3.01	2.58	2.77
	5 月（消落期）	−0.35	−0.17	−2.68	−1.23	−0.57	0.00	0.47	0.04
	6 月（汛期）	−0.65	−0.78	−2.08	−2.62	−0.22	2.27	−0.06	0.39
	7 月（汛期）	−2.05	−1.31	−1.92	−1.33	−1.57	1.66	−0.06	0.17

续表

各运行调度时期	月份	宜昌黄陵庙断面	宜昌水文测流断面	螺山断面	汉口37码头断面	黄石西塞山断面	九江市化工厂下游断面	安庆下渡口断面	大通水文测流断面
全时段	8月（汛期）	-2.44	-1.74	-2.84	-2.15	-2.27	0.70	-0.18	-0.30
	9月（汛期）	0.91	0.96	-2.64	-3.45	-3.01	0.78	0.64	1.09
	10月（蓄水期）	1.09	1.18	-1.24	-2.40	-2.74	1.09	1.99	1.18
	11月（高水位运行期）	2.31	2.66	0.72	-4.52	-4.75	1.09	1.11	-1.22
	12月（高水位运行期）	2.87	4.11	-1.44	-3.37	-3.68	-1.15	-0.46	-1.00
	年均值	1.52	1.79	-1.24	-3.32	-3.01	1.18	0.41	0.57
三峡水库建成前（2002年之前）	1月（消落期）	—	—	—	-1.27	—	—	—	—
	2月（消落期）	—	—	—	1.27	—	—	—	—
	3月（消落期）	—	—	—	0.00	—	—	—	—
	4月（消落期）	—	—	—	0.42	—	—	—	—
	5月（消落期）	—	—	—	0.00	—	—	—	—
	6月（汛期）	—	—	—	0.85	—	—	—	—
	7月（汛期）	—	—	—	0.00	—	—	—	—
	8月（汛期）	—	—	—	-1.27	—	—	—	—
	9月（汛期）	—	—	—	0.42	—	—	—	—
	10月（蓄水期）	—	—	—	-1.27	—	—	—	—
	11月（高水位运行期）	—	—	—	0.00	—	—	—	—
	12月（高水位运行期）	—	—	—	0.00	—	—	—	—
	年均值	—	—	—	-0.85	—	—	—	—
三峡水库建成运行后（2003～2008年）	1月（消落期）	0.00	0.00	1.31	-0.88	0.00	-2.34	0.00	0.29
	2月（消落期）	-0.29	-0.29	-0.44	-0.29	0.88	-2.05	0.00	0.29
	3月（消落期）	0.00	1.46	0.87	2.05	0.00	0.88	-1.41	-0.29
	4月（消落期）	0.00	0.00	0.00	0.00	1.46	0.59	0.00	1.76
	5月（消落期）	-1.75	-0.87	-1.09	-0.44	0.44	-1.09	0.00	0.00
	6月（汛期）	-2.18	-2.18	-0.44	-1.96	-0.22	-0.44	-1.41	0.87
	7月（汛期）	-2.18	-1.09	1.75	0.65	-0.87	-0.44	-1.41	0.65
	8月（汛期）	-0.44	0.22	0.00	0.87	0.65	-1.96	0.00	-0.87
	9月（汛期）	-1.31	-1.09	-1.31	-2.18	-1.53	-1.31	-0.71	-0.44
	10月（蓄水期）	-0.87	-1.31	-0.87	0.87	0.44	-2.40	0.71	0.00
	11月（高水位运行期）	-0.87	0.00	0.00	-0.65	-0.87	-2.18	0.00	-0.87
	12月（高水位运行期）	-0.88	0.29	0.00	-0.88	1.46	-1.46	0.00	0.00
	年均值	-1.53	-0.87	0.00	0.87	0.87	-0.87	-1.41	1.09

续表

各运行调度时期	月份	宜昌黄陵庙断面	宜昌水文测流断面	螺山断面	汉口37码头断面	黄石西塞山断面	九江市化工厂下游断面	安庆下渡口断面	大通水文测流断面
中小洪水调度后（2009～2019年）	1月（消落期）	2.80	2.88	−0.93	−1.95	−2.88	−1.86	0.00	−1.02
	2月（消落期）	3.22	2.88	2.29	1.95	−1.78	0.00	1.19	0.68
	3月（消落期）	3.39	2.63	0.00	0.68	−1.86	0.17	1.10	0.76
	4月（消落期）	0.59	1.44	−0.68	−1.19	−0.85	0.42	0.68	−1.52
	5月（消落期）	1.19	2.03	−0.51	−1.69	−1.61	0.68	3.05	2.20
	6月（汛期）	1.02	0.85	−2.20	−2.37	−2.03	−0.59	0.00	1.02
	7月（汛期）	2.97	2.71	−0.85	−2.12	0.93	1.69	0.51	2.20
	8月（汛期）	−1.10	−1.10	−1.86	−1.86	−1.61	1.86	−0.25	1.44
	9月（汛期）	−0.76	0.00	−2.71	−1.86	−1.61	0.93	−0.93	1.52
	10月（蓄水期）	2.03	2.03	−0.85	−1.19	−1.18	1.10	0.17	2.54
	11月（高水位运行期）	2.63	2.71	−1.10	0.00	−2.20	2.12	0.42	1.78
	12月（高水位运行期）	0.88	0.00	−1.04	−3.14	−2.63	1.31	0.88	2.26
	年均值	3.05	3.13	−1.19	−1.78	−2.37	0.51	0.00	1.36

从三峡水库不同工程阶段溶解氧 M-K 趋势检验法统计值变化趋势来看，三峡水库建成前汉口 37 码头断面各月无显著变化趋势。年均值变化方面，汉口 37 码头断面也无显著变化趋势。

三峡水库建成运行后各月溶解氧 M-K 趋势检验法统计值变化趋势方面：汉口 37 码头断面 3 月呈显著上升趋势；宜昌黄陵庙断面 6～7 月，宜昌水文测流断面 6 月，汉口 37 码头断面 9 月和九江市化工厂下游断面 1～2 月、10～11 月呈显著下降趋势。年均值变化方面，各断面在此期间无显著变化趋势。

中小洪水调度后各月溶解氧 M-K 趋势检验法统计值变化趋势方面，宜昌黄陵庙断面 1～3 月、7 月、10～11 月，宜昌水文测流断面 1～3 月、5 月、7 月、10～11 月，螺山断面 2 月，九江市化工厂下游断面 11 月，安庆下渡口断面 5 月和大通水文测流断面 5 月、7 月、10 月、12 月呈显著上升趋势，其中宜昌黄陵庙断面、宜昌水文测流断面 1～3 月、7 月、11 月，安庆下渡口断面 5 月，大通水文测流断面 10 月呈极显著上升趋势。螺山断面 6 月、9 月，汉口 37 码头断面 6～7 月、12 月，黄石西塞山断面 1 月、6 月、11～12 月呈显著下降趋势，其中螺山断面 9 月，汉口 37 码头断面 12 月和黄石西塞山断面 12 月呈极显著下降趋势。年均值变化方面，宜昌黄陵庙断面和宜昌水文测流断面呈极显著上升趋势，黄石西塞山断面呈显著下降趋势。

4. 高锰酸盐指数

长江中下游干流各断面高锰酸盐指数 M-K 趋势检验法统计值如表 5.18 所示，从全时段各月高锰酸盐指数 M-K 趋势检验法统计值变化情况来看，宜昌黄陵庙断面 5 月、8 月，宜昌水文测流断面 1～6 月、8 月、12 月，螺山断面 1 月、4 月，江口 37 码头断面 5 月，黄石西塞山断面 5 月、8 月、10 月、12 月和九江市化工厂下游断面 1～2 月、4～12 月呈显著下降趋势，其中宜昌水文测流断面 1～6 月、8 月、12 月，汉口 37 码头断面 5 月和九江市化工厂下游断面 1～2 月、4～5 月、7～8 月、10～12 月均呈极显著下降趋势。从全时段高锰酸盐指数 M-K 趋势检验法统计值年均值变化来看，宜昌水文测流断面，黄石西塞山断面和九江市化工厂下游断面呈极显著下降趋势。

表 5.18 长江中下游干流各断面高锰酸盐指数 M-K 趋势检验法统计值

各运行调度时期	月份	宜昌黄陵庙断面	宜昌水文测流断面	螺山断面	汉口37码头断面	黄石西塞山断面	九江市化工厂下游断面	安庆下渡口断面	大通水文测流断面
全时段	1月（消落期）	−1.77	−3.58	−2.00	−0.70	−1.77	−2.87	0.79	−1.91
	2月（消落期）	−1.67	−2.87	−0.52	−1.07	−1.48	−3.11	0.07	−1.29
	3月（消落期）	−1.77	−3.15	0.12	−1.77	−1.53	−1.58	0.76	0.53
	4月（消落期）	−0.67	−3.82	−2.00	−0.66	−1.29	−2.63	1.29	−0.14
	5月（消落期）	−2.88	−3.18	−1.04	−2.59	−2.35	−2.83	0.18	0.30
	6月（汛期）	−1.09	−2.66	−1.48	−0.03	−1.96	−2.48	1.11	0.96
	7月（汛期）	−0.83	−1.66	−1.20	0.38	−1.09	−3.31	0.47	0.74
	8月（汛期）	−2.61	−2.53	−0.72	0.65	−2.35	−2.74	0.00	−0.44
	9月（汛期）	0.26	0.35	0.32	−0.71	−0.87	−2.00	0.00	0.87
	10月（蓄水期）	0.22	−0.39	−0.32	0.77	−2.05	−3.31	0.88	0.44
	11月（高水位运行期）	−0.96	−1.18	0.36	0.29	−1.61	−3.22	1.29	0.57
	12月（高水位运行期）	−1.67	−3.15	−0.84	−0.66	−2.01	−2.87	0.00	0.67
	年均值	−2.48	−3.44	−2.08	−1.38	−2.57	−3.88	0.64	−0.35
三峡水库建成前（2002年之前）	1月（消落期）	—	—	—	1.46	—	—	—	—
	2月（消落期）	—	—	—	1.76	—	—	—	—
	3月（消落期）	—	—	—	1.17	—	—	—	—
	4月（消落期）	—	—	—	0.00	—	—	—	—
	5月（消落期）	—	—	—	1.17	—	—	—	—
	6月（汛期）	—	—	—	0.00	—	—	—	—
	7月（汛期）	—	—	—	0.00	—	—	—	—
	8月（汛期）	—	—	—	1.46	—	—	—	—
	9月（汛期）	—	—	—	0.29	—	—	—	—
	10月（蓄水期）	—	—	—	0.00	—	—	—	—
	11月（高水位运行期）	—	—	—	0.88	—	—	—	—
	12月（高水位运行期）	—	—	—	2.05	—	—	—	—
	年均值	—	—	—	1.76	—	—	—	—

续表

各运行调度时期	月份	宜昌黄陵庙断面	宜昌水文测流断面	螺山断面	汉口37码头断面	黄石西塞山断面	九江市化工厂下游断面	安庆下渡口断面	大通水文测流断面
三峡水库建成运行后（2003～2008年）	1月（消落期）	0.29	−1.17	−0.65	0.00	0.00	−1.76	0.00	−0.88
	2月（消落期）	0.00	−1.76	1.53	0.00	0.29	−2.05	0.00	−0.88
	3月（消落期）	−0.59	−1.17	1.96	1.46	1.76	−1.17	−1.41	0.00
	4月（消落期）	−0.29	−0.88	0.00	−1.17	0.00	−2.05	−1.41	0.29
	5月（消落期）	−0.65	−1.53	−0.65	−1.96	0.22	−1.53	0.00	−2.18
	6月（汛期）	−1.53	−1.09	0.00	−1.96	0.44	−1.31	−1.41	0.22
	7月（汛期）	0.65	0.00	1.09	0.00	1.96	−0.87	0.00	−0.65
	8月（汛期）	−2.18	−1.96	1.75	0.00	0.44	0.00	0.00	−0.44
	9月（汛期）	0.22	−0.87	0.00	−0.22	0.00	−0.22	1.41	−1.31
	10月（蓄水期）	1.09	0.87	0.65	0.00	0.22	−1.31	0.00	−0.22
	11月（高水位运行期）	0.44	−0.44	0.22	1.31	0.65	−0.65	0.00	0.00
	12月（高水位运行期）	−1.17	−0.59	0.44	−1.17	0.00	−1.76	0.00	−0.29
	年均值	−1.53	−0.87	0.00	0.87	0.87	−0.87	−1.41	1.09
中小洪水调度后（2009～2019年）	1月（消落期）	−1.52	−2.20	−1.19	−2.80	−2.46	−2.20	0.76	0.59
	2月（消落期）	−1.86	−3.22	−1.86	−1.86	−1.95	−1.52	0.25	0.68
	3月（消落期）	−1.78	−1.19	0.17	−2.37	−1.69	−2.37	0.68	−0.08
	4月（消落期）	−0.76	−1.52	−0.76	−3.22	−0.59	−1.27	0.00	−0.93
	5月（消落期）	0.00	−2.12	−2.54	−2.63	−1.27	−1.19	0.85	−0.85
	6月（汛期）	−0.93	−1.36	−0.51	−3.73	−1.69	−2.29	−0.25	0.00
	7月（汛期）	0.00	−1.61	−2.20	−1.44	−2.37	−1.44	0.08	−0.25
	8月（汛期）	−1.95	−1.95	−2.63	−2.03	−2.46	−0.85	−0.34	−1.44
	9月（汛期）	−1.19	−1.10	−1.52	−2.03	−2.29	−2.03	0.00	−1.52
	10月（蓄水期）	−0.42	0.42	−0.68	−2.54	−2.37	−2.80	−0.85	−0.17
	11月（高水位运行期）	0.00	−0.42	−1.02	−1.52	−1.78	−3.13	−0.25	0.00
	12月（高水位运行期）	−1.46	−0.88	−1.62	−1.96	−1.76	−1.96	−0.29	0.10
	年均值	−0.85	−1.52	−3.05	−3.81	−3.13	−2.97	0.08	−1.02

从三峡水库建成前各月高锰酸盐指数 M-K 趋势检验法统计值变化趋势方面，汉口37码头断面12月呈显著上升趋势。从高锰酸盐指数年均值变化方面，汉口37码头断面在此期间无显著变化趋势。

三峡水库建成运行后各月高锰酸盐指数 M-K 趋势检验法统计值变化趋势方面，宜昌黄陵庙断面 8 月，九江市化工厂下游断面 2 月、4 月和大通水文测流断面 5 月呈显著下降趋势。高锰酸盐指数年均值变化方面，各断面在此期间无显著变化趋势。

中小洪水调度后各月高锰酸盐指数 M-K 趋势检验法统计值变化趋势方面，宜昌水文测流断面 1～2 月、5 月，螺山断面 5 月、7～8 月，汉口 37 码头断面 1 月、3～6 月、8～10 月，黄石西塞山断面 1 月、7～10 月，九江市化工厂下游断面 1 月、3 月、6 月、9～11 月呈显著下降趋势，其中宜昌水文测流断面 2 月，螺山断面 5 月、8 月，汉口 37 码头断面 1 月、4～6 月、10 月和九江市化工厂下游断面 10～11 月均呈极显著下降趋势。高锰酸盐指数年均值变化方面，螺山断面至九江市化工厂下游断面 4 个断面呈现极显著下降趋势。

5.2.4　长江中下游干流水质突变分析

采用 M-K 突变分析法对长江中下游干流宜昌黄陵庙断面、宜昌水文测流断面等 8 个断面主要水质超标因子的质量浓度年均值进行突变检验分析，具体结果见表 5.19。

表 5.19　长江中下游干流各断面主要水质超标因子 M-K 突变分析法检验结果（单位：mg/L）

水质超标因子	断面名称	突变年份	突变前均值	突变后均值	差值
总磷	宜昌黄陵庙断面	2012	0.094	0.127	0.033
		2016	0.127	0.089	-0.038
	宜昌水文测流断面	2011	0.094	0.118	0.024
		2015	0.118	0.080	-0.038
	螺山断面	2010	0.104	0.118	0.014
		2017	0.118	0.088	-0.030
	汉口 37 码头断面	2003	0.051	0.122	0.071
	黄石西塞山断面	2011	0.100	0.123	0.023
		2016	0.123	0.095	-0.028
	九江市化工厂下游断面	2007	0.105	0.141	0.036
		2017	0.141	0.099	-0.042
	安庆下渡口断面	2015	0.082	0.091	0.009
	大通水文测流断面	2004	0.090	0.110	0.020
		2007	0.110	0.129	0.019
		2016	0.129	0.086	-0.043

续表

水质超标因子	断面名称	突变年份	突变前均值	突变后均值	差值
氨氮	黄石西塞山断面	2019	0.142	0.235	0.093
	九江市化工厂下游断面	2016	0.392	0.196	−0.196
	安庆下渡口断面	2014	0.302	0.132	−0.170
	大通水文测流断面	2016	0.406	0.101	−0.305
溶解氧	汉口 37 码头断面	1999	9.10	8.77	−0.33
	黄石西塞山断面	2010	9.03	8.47	−0.56
高锰酸盐指数	螺山断面	2008	2.43	2.60	0.17
		2012	2.60	2.31	−0.29
	汉口 37 码头断面	2014	2.40	2.05	−0.35
	黄石西塞山断面	2012	2.46	2.09	−0.37
	九江市化工厂下游断面	2004	2.50	2.19	−0.31
	安庆下渡口断面	2012	2.02	2.53	0.51
		2018	2.53	1.65	−0.88
	大通水文测流断面	2012	2.05	2.29	0.24

总磷方面：各断面主要在 2007～2012 年发生上升突变，2015～2017 年发生下降突变；宜昌黄陵庙断面 2012 年发生上升突变，总磷质量浓度上升了 0.033 mg/L，2016 年发生了下降突变，总磷质量浓度下降了 0.038 mg/L。

氨氮方面：九江市化工厂下游断面 2016 年、安庆下渡口断面 2014 年、大通水文测流断面 2016 年发生下降突变，黄石西塞山断面在 2019 年发生上升突变。

溶解氧方面：汉口 37 码头断面在 1999 年发生下降突变，溶解氧质量浓度下降了 0.33 mg/L；黄石西塞山断面 2010 年发生下降突变，溶解氧质量浓度下降了 0.56 mg/L。

高锰酸盐指数方面：螺山断面在 2008 年发生上升突变，高锰酸盐指数上升了 0.17 mg/L，2012 年发生下降突变，高锰酸盐指数下降了 0.29 mg/L；汉口 37 码头断面在 2014 年发生下降突变，突变前高锰酸盐指数均值为 2.40 mg/L，突变后高锰酸盐指数均值为 2.05 mg/L；黄石西塞山断面在 2012 年发生下降突变，高锰酸盐指数下降了 0.37 mg/L；九江市化工厂下游断面在 2004 年发生下降突变，高锰酸盐指数下降了 0.31 mg/L；安庆下渡口断面在 2012 年发生上升突变，高锰酸盐指数上升了 0.51 mg/L，2018 年发生下降突变，高锰酸盐指数下降了 0.88 mg/L；大通水文测流断面在 2012 年发生上升突变，高锰酸盐指数上升了 0.24 mg/L。

部分典型 M-K 趋势检验法统计值突变检验图如图 5.11 所示。

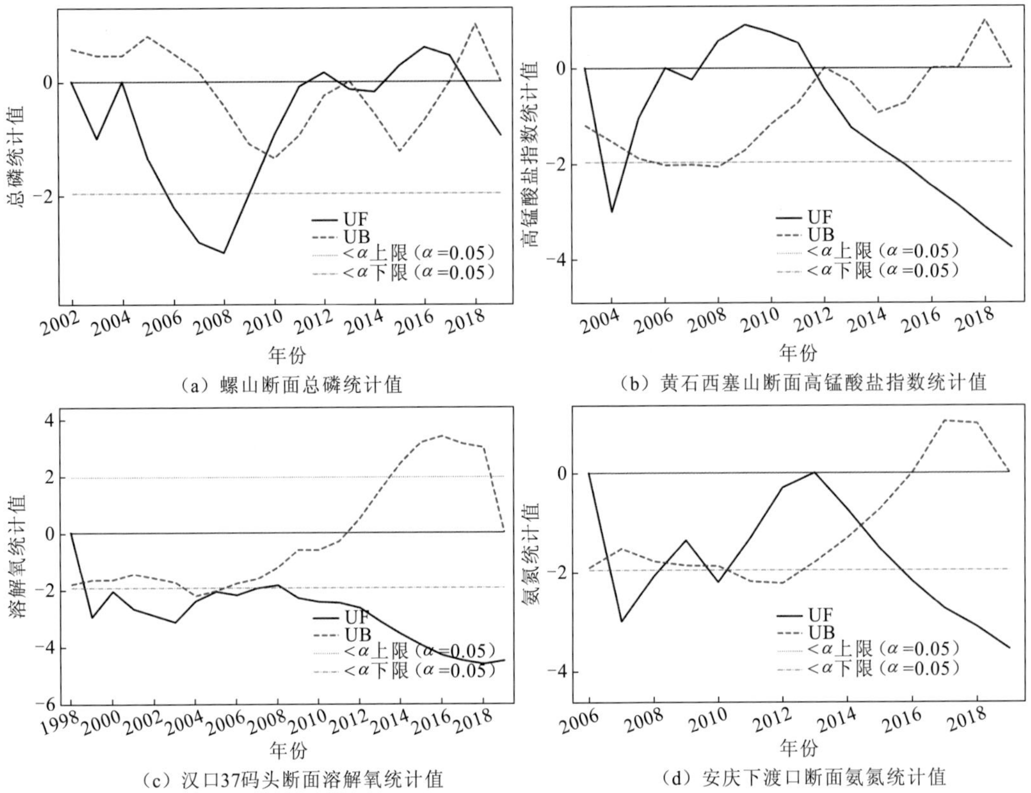

（a）螺山断面总磷统计值　（b）黄石西塞山断面高锰酸盐指数统计值

（c）汉口37码头断面溶解氧统计值　（d）安庆下渡口断面氨氮统计值

图 5.11　部分典型 M-K 趋势检验法统计值突变检验图

5.3　长江中下游干流水文水质演变与水库调度影响分析

5.3.1　长江中下游干流水文演变与水库调度影响分析

长江中下游干流水文演变与水库调度的影响关系见表 5.20。长江中下游干流直接受三峡水库调蓄影响，其水位、流量、含沙量水文要素均发生了显著变化。从水位来看，初期蓄水期，三峡水库清水下泄引起河道冲刷下切，宜昌至大通的干流水位呈显著下降趋势，中小洪水调度期年均水位与三峡水库建成后相比尚无明显变化趋势。

表 5.20　长江中下游干流水文演变与水库调度的影响关系

主要指标	三峡水库建成运行与建库前相比			中小洪水调度后与建库后相比		
	变化趋势	变化情况	影响情况	变化趋势	变化情况	影响情况
水位	下降趋势	无突变	三峡水库建成后，受清水下泄冲刷影响，长江中下游水位呈现一定程度的降低	无显著变化趋势	无突变	响应关系不明显
流量	无显著变化趋势	无突变	在三峡水库调峰补枯影响下，年水量无明显变化趋势	无显著变化趋势	无突变	在三峡水库调峰补枯影响下，年水量无明显变化趋势
含沙量	下降趋势	有突变	与三峡水库蓄水时期一致，三峡水库建成后拦截了大量的上游泥沙	下降趋势	无突变	来沙量略有减少

因三峡水库夏汛调峰、冬季补枯，长江中下游各站点年内流量呈现一定变化，年均水量尚无显著变化趋势。长江中下游河道泥沙因三峡水库拦蓄影响，含沙量和输沙率大幅减少，尤其是三峡水库初期蓄水期，含沙量和输沙率相较建库前发生明显突变，中小洪水调度后与其相比，来沙量略有减少。

5.3.2　长江中下游干流水质演变与水库调度影响分析

长江中下游干流水质演变与水库调度的影响关系见表 5.21。水质年际变化趋势表明，氨氮质量浓度在三峡水库建成运行后呈显著下降趋势，总磷质量浓度和高锰酸盐指数在中小洪水调度后呈显著下降趋势，溶解氧在三峡水库两个工程阶段均无显著变化趋势，但各时期水质突变情况均与三峡水库各工程阶段无明显相关规律，水质突变节点与工程时间节点不相吻合。

表 5.21　长江中下游干流水质演变与水库调度的影响关系

主要指标	三峡水库建成运行与建库前相比			中小洪水调度后与三峡水库建成后相比		
	变化趋势	变化情况	影响情况	变化趋势	变化情况	影响情况
总磷	无显著变化趋势	有突变	总磷变化趋势及突变情况与三峡水库建成运行阶段的时间节点不相吻合，三峡水库建成运行未明显对长江中下游总磷造成影响	下降趋势	有突变	总磷变化趋势及突变情况与三峡水库中小洪水调度的时间节点不相吻合，水库调度未明显对长江中下游总磷造成影响

续表

主要指标	三峡水库建成运行与建库前相比			中小洪水调度后与三峡水库建成后相比		
	变化趋势	变化情况	影响情况	变化趋势	变化情况	影响情况
氨氮	下降趋势	无突变	氨氮变化趋势及突变情况与三峡水库建成运行阶段的时间节点不相吻合，三峡水库建成运行不会对长江中下游氨氮造成显著影响	无显著变化趋势	有突变	氨氮变化趋势及突变情况与三峡水库中小洪水调度的时间节点不相吻合，水库调度未明显对长江中下游氨氮造成影响
溶解氧	无显著变化趋势	无突变	溶解氧变化趋势未明显受三峡水库建成运行影响	无显著变化趋势	无突变	溶解氧变化未明显受三峡水库中小洪水调度影响
高锰酸盐指数	无显著变化趋势	无突变	高锰酸盐指数变化趋势未明显受三峡水库建成运行影响	下降趋势	有突变	高锰酸盐指数变化趋势及突变情况与三峡水库中小洪水调度的时间节点不相吻合，水库调度未明显对长江中下游高锰酸盐指数造成影响

水质年内变化表明：各断面氨氮表现为消落期较高，其余调度时期较低；总磷在消落期和汛期较高，蓄水期和高水位运行期较低；溶解氧主要表现为消落期较高，汛期较低。水质年内变化可能受除三峡水库建成运行及调度外的多种因素影响。长江中下游干流水质变化未明显受三峡水库建成运行及中小洪水的影响。长江中下游水质变化可能与泥沙及流域污染排放有关。

第6章

长江中下游“四大家鱼”资源与水库调度

本章主要分析三峡水库建设前后长江中下游干流监利段和瑞昌段“四大家鱼”产卵鱼苗数量和种类组成及变化情况，评价三峡水库建设与运行对“四大家鱼”鱼苗数量的影响，辨识长江中下游干流“四大家鱼”产卵的主要影响因子为涨水历时、水位、流量、水温、透明度、溶解氧和pH等。本章介绍三峡水库生态调度期间生态水文因子基本状况，分析长江宜都、沙市和监利段“四大家鱼”产卵鱼苗径流量特征，揭示“四大家鱼”产卵与生态调度生态水文要素响应关系。

6.1 长江中下游“四大家鱼”资源变化

我国特有的产漂流性卵鱼类如青鱼、草鱼、鲢、鳙（以下简称“四大家鱼”），是长江水系鱼类资源的重要组成部分，具有重要的经济价值。长江中下游是“四大家鱼”最主要的繁殖栖息地（刘建康和曹文宣，1992；易伯鲁 等，1988；刘乐和 等，1986）。三峡水库在防洪、发电、航运等方面产生巨大的经济效益和社会效益，但河流的自然水文情势变化会造成湿地萎缩、部分生物栖息地丧失、鱼类资源减少等（毛战坡 等，2005）。特别是三峡水库建成蓄水以来，长江中下游的鱼类栖息地处于动态变化环境中，鱼类产卵和繁殖受到影响（李翀 等，2006a）。水库调度若以经济效益最大化为目标，下游河道的水生态环境需求将受到影响，鱼类组成和结构将发生变化（Wang et al.，2016；Yi et al.，2010）。因此，如何制定合理的大坝调度规程，开展更优的水库生态调度，是当前大型河流水生生物资源恢复的重要课题（Richter and Thomas，2007；Richter et al.，2003）。

本书以“四大家鱼”为对象，全面分析 2000～2019 年监利、瑞昌等长江中下游江段鱼类资源变化趋势，总结建库前后影响“四大家鱼”产卵的特征参数（产卵数量和组成）与水文环境影响因子的响应关系，结合三峡水库建成以来 12 次生态调度的水文条件，探究适宜三峡水库生态调度的方案。

6.1.1 监利江段“四大家鱼”资源变化

监利江段 2000～2016 年“四大家鱼”鱼苗数量见图 6.1。2000～2002 年监利江段“四大家鱼”总体处于稳定趋势，稳定在 19.00 亿～28.00 亿尾。2003 年三峡大坝二期工程完工，三峡水库开始蓄水，三峡水库蓄水给“四大家鱼”产卵繁殖产生了一定影响，使得鱼苗数量急剧下降，仅 4.06 亿尾，占 2002 年鱼苗数量的 21.3%。2004～2009 年，“四大家鱼”鱼苗数量整体呈逐年下降趋势，2009 年达到最低值，仅 0.42 亿尾，比上一年减少 76.9%，是蓄水前（1997～2002 年）的 1.7%，鱼苗首次产卵期平均推迟了 25 天且苗汛过程不明显。2010 年三峡水库实施了汛限水位变幅加大和汛末提前蓄水的优化调度，监利江段鱼苗数量开始增加，继续开展水库动态优化生态调度，该措施对“四大家鱼”繁殖有促进作用，鱼苗数量呈波动型上升，逐渐恢复到 1999～2002 年的水平（Wu et al.，2016）。

“四大家鱼”的鱼苗种类组成在 1997～2002 年主要以草鱼、青鱼为主，有少量的鲢和鳙，草鱼和鲢呈逐年上升的趋势，青鱼鱼苗数量逐年下降；2003～2006 年“四大家鱼”鱼苗组成演变为以草鱼和鲢为主，平均占比分别为 43.04%和 46.17%，只有少量的青鱼和鳙，并且草鱼鱼苗的数量逐年下降，鲢鱼苗数量逐年上升。到 2009 年“四大家鱼”种类组成仍以鲢为主，占 80.50%；其次为草鱼，占 17.30%；鳙和青鱼分别占 2.10%和 0.10%。2010 年后，监利江段“四大家鱼”的种类组成仍以鲢为主，比例稳定在 60.00%～70.00%，草鱼比例稳定在 13.00%～25.00%，青鱼和鳙相对较少。

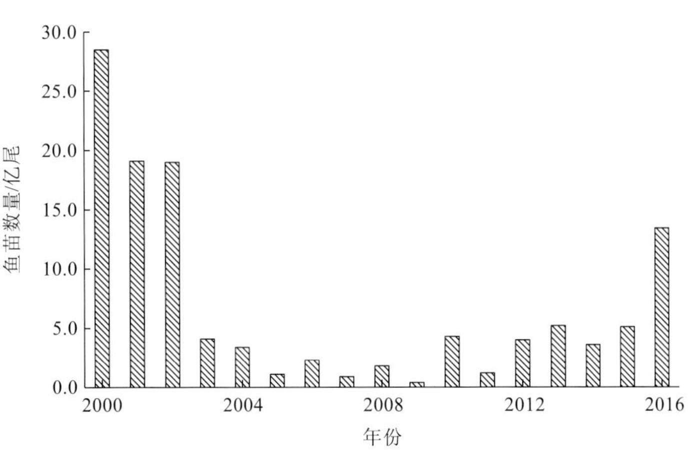

图 6.1 监利江段 2000～2016 年“四大家鱼”鱼苗数量

监利江段 1999～2016 年“四大家鱼”鱼苗数量总体上呈先下降再上升，逐步恢复到起初水平的趋势，其种类组成和宜昌江段的变化趋势基本一致，即在 2003 年以前，“四大家鱼”鱼苗组成以青鱼和草鱼为主，2003～2009 年以鲢和草鱼为主，2009 年之后，鲢成为“四大家鱼”的主要鱼类。

6.1.2 瑞昌江段“四大家鱼”资源变化

1998～1999 年瑞昌江段“四大家鱼”平均鱼苗数量达到 38 900 万尾，2008 年调查资料显示，通过该江段的各种鱼类鱼苗 27 种，总数量为 1 370 亿尾，其中“四大家鱼”鱼苗总数量约为 3 800 万尾，仅占所有鱼苗总数量的 0.03%，可见瑞昌江段“四大家鱼”资源量持续下降（黎明政 等，2010）。2001～2014 年瑞昌江段“四大家鱼”鱼苗捕捞情况见表 6.1。

表 6.1 2001～2014 年瑞昌江段“四大家鱼”鱼苗捕捞统计表（贺刚 等，2015）

年份	捕捞鱼苗数量/万尾	“四大家鱼”		青鱼		草鱼		鲢		鳙	
		数量/万尾	占总量比例/%	数量/万尾	占总量比例/%	数量/万尾	占总量比例/%	数量/万尾	占总量比例/%	数量/万尾	占总量比例/%
2001	1 960	235	11.99	47	20.00	108	45.96	33	14.04	47	20.00
2002	1 125	135	12.00	31	22.96	62	45.93	13	9.63	29	21.48
2003	1 243	149	11.99	30	20.13	67	44.97	22	14.77	30	20.13
2004	1 965	236	12.01	12	5.09	95	40.25	59	25.00	70	29.66
2005	2 575	386	14.99	57	14.77	193	50.00	116	30.05	20	5.18
2006	2 320	348	15.00	10	2.87	156	44.83	174	50.00	8	2.30
2007	2 055	411	20.00	41	9.97	160	38.93	205	49.88	5	1.22

续表

年份	捕捞鱼苗数量/万尾	“四大家鱼”		青鱼		草鱼		鲢		鳙	
		数量/万尾	占总量比例/%	数量/万尾	占总量比例/%	数量/万尾	占总量比例/%	数量/万尾	占总量比例/%	数量/万尾	占总量比例/%
2008	2 360	192	8.14	20	10.41	69	35.94	94	48.96	9	4.69
2009	2 505	256	10.22	22	8.59	79	30.86	143	55.86	12	4.69
2010	2 600	245	9.42	24	9.79	88	35.92	126	51.43	7	2.86
2011	2 360	227	9.62	22	9.69	66	29.07	129	56.83	10	4.41
2012	2 230	218	9.78	18	8.26	73	33.49	116	53.21	11	5.04
2013	2 140	206	9.63	16	7.77	52	25.24	132	64.08	6	2.91
2014	1 850	115	6.22	10	8.70	20	17.39	80	69.56	5	4.35

图 6.2 为瑞昌江段 2001～2014 年“四大家鱼”鱼苗捕捞占比变化趋势，由图 6.2 可知：2006 年以前，草鱼所占比例最大，其他鱼类占比呈波动变化趋势；2009 年之后，鲢占比最大，其次为草鱼，但其鱼苗占比不断下降；青鱼和鳙所占比例较为稳定（贺刚 等，2015；万正义 等，2012；万正义 等，2010）。

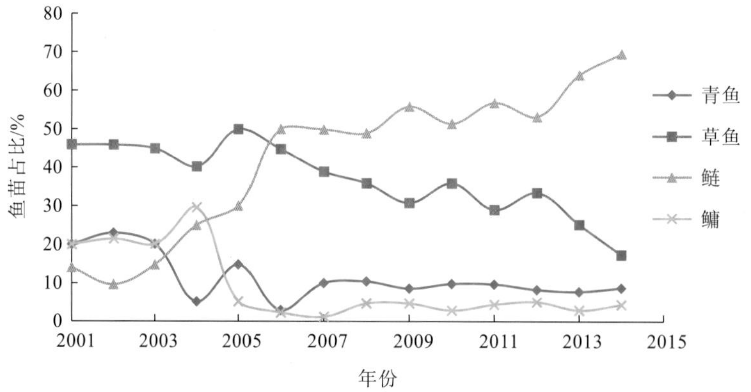

图 6.2　瑞昌江段 2001～2014 年“四大家鱼”鱼苗捕捞占比变化图

鱼苗占比为各鱼种数量占“四大家鱼”数量的比例

瑞昌江段“四大家鱼”鱼苗产量分析表明，2003 年之后瑞昌江段鱼苗产量急剧下降，之后几年产量逐渐上升，其中 2004 年下降到 172 万尾，三峡水库的成功蓄水，改变了长江中下游江段的水文情况，影响了“四大家鱼”的产卵繁殖。

瑞昌断面 2001～2014 年监测数据表明，每年的 6 月 6 日是捕捞鱼苗最多的日期，涨水时水位上升，鱼苗的捕捞量大。三峡水库建成后“四大家鱼”产卵状况表明，5～6 月汛期洪水峰值较三峡水库建成前降低，水位涨幅变小。此外三峡水库下泄水温也较建库前偏低，达到 18℃水温的时间滞后，“四大家鱼”的繁殖受到较大影响。总体而言，每年 5～6 月的总涨水日数是决定鱼苗数量的重要生态环境因子。

6.2　长江中下游“四大家鱼”产卵与水库生态调度的响应

6.2.1　“四大家鱼”产卵影响因子

根据“四大家鱼”自然繁殖产卵的水文和水力学变量，影响“四大家鱼”自然繁殖的主要环境因子包括水位涨幅、水温、含沙量、水深、流量和流速等。2003 年三峡水库开始蓄水，长江中下游的水文情势发生改变，洪峰数量、洪峰历时、洪峰前后的水位及洪峰流量都发生巨大的变化，探究影响“四大家鱼”自然繁殖的环境影响因子，分析各影响因子在不同的洪峰情况下最适宜的取值范围，对促进“四大家鱼”产卵具有重要意义。

1. 水文状况

1）涨水历时

根据段辛斌等（2008）2003～2006 年对长江中下游监利江段“四大家鱼”产卵数量与有关于洪峰过程的 7 个生态水文指标的研究分析，江水的涨水历时是影响“四大家鱼”产卵的重要因素，他认为江水持续上涨时间一般为 4～7 天，如果涨水历时过长，会影响“四大家鱼”的产卵规模。

李翀等（2006b）根据宜昌江段“四大家鱼”产卵与每年 5～6 月总涨水历时数据分析得出，总涨水历时和每次涨水历时是决定“四大家鱼”产卵的重要因素，他认为长江中游每年 5～6 月的总涨水历时应该维持在 22.1±7.2 天，每次涨水历时应维持在 5 天以上。有研究者发现三峡水库蓄水后，“四大家鱼”及中华鲟等鱼类的产卵汛期，延迟 10～20 天左右（郭文献 等，2011）。

王琲（2016）经调查研究赣江流域鱼类资源，认为产卵期的涨水历时和涨水水位是影响“四大家鱼”产卵繁殖的重要因素，并指出在 5～6 月应形成一次大于 10 天的持续涨水过程，涨水水位在 2～3 m，以满足“四大家鱼”天然径流过程中适宜的流量脉冲。

上述研究成果表明洪峰的持续上涨时间越长，“四大家鱼”的产卵量越多，洪峰涨水历时与产卵量吻合程度较好。

2）水位

根据段辛斌等（2008）研究成果，长江的水位变化也是影响“四大家鱼”产卵的重要因素之一，水位的日涨率在 0.3 m/d 左右较为适宜，如 2004 年 6 月 13 日水位日涨率为 0.35 m/d，总产卵量为 28 600 万粒，日均产卵量为 3 178 万粒。相较于 2003 年第 2 次洪峰的水位日涨率 1.05 m/d 对应的总产卵量 3 840 万粒，日均产卵量 960 万粒及 2005 年第 2 次洪峰的水位日涨率 0.09 m/d 对应的总产卵量 6 103 万粒，日均产卵量 763 万粒，过低或过高的水位日涨率都会影响“四大家鱼”的产卵繁殖活动。

Li 等（2013）采用分类与回归树（classification and regression tree，CART）分析法得出在 12 个变量因子（水温变量和气象变量）中，水温和水位日涨率是影响“四大家鱼”

产卵的两个最显著的因素。

Zhang 等（2000）采用系统重构分析方法对影响“四大家鱼”产卵的生态水文指标进行了分析，根据长江中游段松滋口、城陵矶、新堤 3 处产卵场 5 年 17 次洪水调查和“四大家鱼”鱼苗资源监测数据，分析认为适宜的初始水位、初始流量、较大流量日增长率、较高的日增长水位及较长涨水时间同“四大家鱼”的产卵行为密切相关；同时分析总结了 3 个产卵场适宜“四大家鱼”繁殖的水文条件，以城陵矶为例，其起始水位为 26.7～27.8 m，日增长水位为 0.31～0.38 m/d，起涨流量为 21 560～27 540 m^3/s，持续涨水时间为 10 天，可以满足“四大家鱼”的产卵繁殖要求。

3）流量

Duan 等（2009）通过调查监利三洲江段“四大家鱼”1997～2005 年的变化趋势与年际间 4～7 月流量日变化率分析得出，流量日变化率是影响“四大家鱼”产卵繁殖的重要因素，流量急剧增加会刺激“四大家鱼”产卵。为保证“四大家鱼”的正常产卵繁殖，三峡水库必须保证产卵期的下泄流量保持在 3 000 m^3/s 以上，流量日增长率必须大于 500 m^3/s，不同的初始下泄流量对应着最适宜家鱼产卵繁殖的日流量增幅，例如：当初始下泄流量为 4 000 m^3/s 时，最优日流量率约为 500 m^3/s；当下泄流量为 9 000 m^3/s 时，最优日流量率约为 800 m^3/s；当下泄流量为 15 000 m^3/s 时，最优日流量率为 1 000 m^3/s（Yi et al.，2010）。

2. 水温、透明度

1）水温

自 2003 年 6 月三峡水库蓄水以来，随着蓄水水位的逐渐升高，三峡水库的“滞温”效应逐渐增强，致使 3～5 月坝下水温逐渐下降 2～4 ℃，冬季 11 月～次年 1 月水温上升 2.0～3.5 ℃，“四大家鱼”产卵繁殖水温阈值（如 15 ℃、18 ℃）出现时间逐渐推迟，到 2009 年“四大家鱼”的产卵期已经从 5～6 月推迟到 7 月中旬，水温是影响“四大家鱼”产卵延迟到 7 月的重要因素（Wang et al.，2014；彭期冬 等，2012）。

2）透明度

水体的透明度主要取决于水中的泥沙量，一般水位上涨，水体中泥沙量增加，透明度变小。

张晓敏等（2009）研究发现“四大家鱼”自然繁殖对不同洪水来源有不同的响应，“四大家鱼”的自然繁殖与洪水过程水体透明度存在相关性，通过汉江 2004 年和 2007 年 10 次洪水过程监测资料表明，“四大家鱼”繁殖过程适合的水体透明度范围在 5.1～14.5 cm，当水体的透明度高于 21.4 cm，监测不到“四大家鱼”鱼苗，反映出水体透明度是影响汉江中下游“四大家鱼”繁殖的重要指标。

Xu 等（2015）监测调查 2012～2013 年 5～7 月长江中游鱼类资源，分析结果得出河流水体的透明度是影响“四大家鱼”鱼苗数量的关键影响因素之一，两者之间呈显著正相关。

但也有研究表明“四大家鱼”的产卵与水体的透明度无显著相关性（长江四大家鱼产卵场调查队，1982），水体的透明度取决于泥沙含量，与洪水的流量及水位上涨率都有一定的关系，因此水体的透明度也会被认为是影响“四大家鱼”产卵繁殖的重要因素之一。

3. 其他环境因子

影响“四大家鱼”产卵繁殖的环境因子，除了上述的多种环境因子之外，还有溶解氧和 pH 等，有研究者发现 在“四大家鱼”产卵场附近发生降雨量大于 100 mm 的暴雨会对“四大家鱼”的产卵活动产生极大的促进作用，但是在坝下江段溶解氧过大（Weitkamp and Katz，1980）、流量过大、日流量增长率过大很可能对“四大家鱼”的产卵、鱼苗和仔鱼的存活产生不利影响（Wang et al.，2014），这与其他学者的研究结论基本一致（Yi et al.，2010）。

三峡水库建成后，改变了长江中下游江段的来水来沙条件，“四大家鱼”产卵场的水力特性也随之发生变化，各种环境因素都会对“四大家鱼”产卵期、产卵场的水流条件带来一定的影响（黄悦和范北林，2008）。相较于自然条件，三峡水库的泄流过程伴随着强烈的水气交换，会引起下游水体溶解气体含量增加，对鱼苗和仔鱼的存活产生不利的影响（彭期冬 等，2012）。

6.2.2　“四大家鱼”产卵对水库生态调度的响应

1. 三峡水库生态调度状况

自三峡水库建成以来，2011～2018 年三峡水库进行了 12 次生态调度，相关数据如表 6.2 所示，2012 年、2015 年、2017 年、2018 年均为 2 次，2011 年、2013 年、2014 年和 2016 年均为 1 次。其中，2017 年 5 月首次开展了溪洛渡、向家坝、三峡三库联合生态调度实验，以满足生态调度实验需求。

表 6.2　2011～2018 年三峡水库生态调度时间及调度期间宜昌江段水温情况

年份	调度时间	起涨流量/（m^3/s）	流量日均涨幅/（m^3/s）	水位日均涨幅/m	涨水持续时间/d	宜昌江段平均水温/℃
2011	6 月 16 日～6 月 19 日	12 000	1 650	—	4	23.6
2012	5 月 25 日～5 月 31 日	18 300	590	1.02	4	20.5
	6 月 20 日～6 月 27 日	12 600	750	0.64	4	22.3
2013	5 月 7 日～5 月 14 日	6 230	1 130	0.51	9	17.5
2014	6 月 4 日～6 月 6 日	14 600	1 370	0.46	3	20.3

续表

年份	调度时间	起涨流量/（m^3/s）	流量日均涨幅/（m^3/s）	水位日均涨幅/m	涨水持续时间/d	宜昌江段平均水温/℃
2015	6月7日～6月10日	6 530	3 140	1.30	4	21.6
	6月25日～7月2日	14 800	1 930	1.83	3	22.5
2016	6月9日～6月11日	14 600	2 070	0.55	3	21.8
2017	5月21日～5月25日	11 200	1 320	0.43	5	20.9
	6月4日～6月9日	11 200	1 400	0.51	6	23.2
2018	5月19日～5月25日	14 000	1 825	0.58	5	21.0
	6月17日～6月20日	11 000	1 400	0.56	3	23.5

根据多年监测数据，三峡水库生态调度的时间集中在5月下旬～7月上旬，出库起始流量在6 230～18 300 m^3/s，日均流量涨幅在590～3 140 m^3/s，调度期间宜昌江段的水位日均涨幅在0.43～1.83 m，宜昌江段持续涨水时间在3～9天，平均水温在17.5～23.6℃，除了2013年5月的生态调度宜昌江段的水温未达到18℃外，其余年份宜昌江段的水温均适合“四大家鱼”自然繁殖。

多年监测结果表明：宜昌到沙市江段是受三峡水库生态调度影响最直接的江段，一般在调度的1～3天后宜昌江段会形成较大规模的鱼类产卵现象，如2012年5月和6月的两次生态调度后，沙市江段的鱼类及“四大家鱼”出现大规模繁殖现象（徐薇 等，2014）；监利断面及以下江段距离三峡水库较远，长江中下游江段洪峰形成的时间要晚于调度后3～7天，鱼类及“四大家鱼”鱼卵高峰期也随之推迟，如监利江段鱼苗产卵高峰期出现在调度后3～4天（周雪 等，2019）。

2.“四大家鱼”产卵与生态调度期间生态水文要素的响应关系

从“四大家鱼”繁殖响应时间来看，在三峡水库开展生态调度后的1～3天，宜昌至沙市江段开始出现大规模的产卵现象，只有在2013年，宜都断面和沙市断面在生态调度后的3～6天出现鱼卵汛期，原因可能为两个断面的水温都低于18℃，再加上“四大家鱼”的繁殖响应时间较长，江段的流量涨幅和水温不足以刺激“四大家鱼”大规模繁殖产卵。

三峡水库在2011～2017年均实施了生态调度，宜都断面、沙市断面及监利断面“四大家鱼”鱼卵数量如表6.3所示。从各断面四大家鱼的产卵数量来看，四大家鱼产卵繁殖效果良好，大部分生态调度对“四大家鱼”的产卵具有较好的促进作用（李朝达 等，2021），整体上呈波动式上升趋势。据陈敏（2018）的研究成果：宜都断面在2011～2017年生态调度期间产卵总量为17.40亿粒，占7年间总产卵量的38.2%；沙市断面生态调度期间总产卵量为7.63亿粒，占7年间总产卵量的44.3%。由此可见生态调度对“四大家鱼”的繁殖产卵具有较好的促进作用。2013年宜都断面和沙市断面的“四大家鱼”鱼卵数量偏少，分别为 0.96 亿粒和 1.16 亿粒，主要原因是水温的限制；监利断面的“四大家鱼”鱼卵数量相对较大，为 5.20 亿粒，是由于该断面距三峡水库较远且受到洞庭湖和鄱阳湖的影响。综合分析表 6.2 生态调度情况与表 6.3 各断面“四大家鱼”鱼卵数量可知，在 2017 年的两次生态调度过程中，调度的持续涨水时间较长，水温维持在 20～24 ℃，处于适宜“四大家鱼”繁殖的水文条件，宜都断面“四大家鱼”鱼卵数量达到最大值 29.90 亿粒，“四大家鱼”繁殖与三峡水库生态调度的响应情况较好（陈敏，2018；徐薇 等，2014）。

表 6.3　各断面“四大家鱼”鱼卵数量　（单位：亿粒）

年份	宜都断面		沙市断面		监利断面	
	全年	调度期间	全年	调度期间	全年	调度期间
2011	0.58	0.25	0.05	0.01	1.21	—
2012	1.00	0.17	6.10	4.06	3.97	—
2013	0.96	0.00	1.16	0.58	5.20	4.30
2014	1.80	0.47	1.61	0.54	3.55	2.82
2015	6.20	5.70	3.26	1.04	5.13	2.99
2016	8.00	1.10	5.02	1.40	13.40	12.17
2017	29.90	10.80	1.14	0.72	—	—

根据各断面“四大家鱼”鱼卵数量与调度后水位变化的响应关系得出，在每年 5～7 月，出现明显的涨水过程就会监测到“四大家鱼”的产卵活动，尤其是 2017 年的两次生态调度过程，其调度的持续涨水时间比较长，水温维持在 20～24 ℃，处于适宜“四大家鱼”产卵的水温及水文条件，出现集中产卵的现象，为“四大家鱼”产卵与三峡水库生态调度响应情况较好的年份（陈敏，2018；徐薇 等，2014）。

第7章

洞庭湖水文水质演变与水库调度

本章主要分析三峡水库建成前、建成运行后和中小洪水调度后洞庭湖的水位、流量、含沙量的变化情况和年水位变化过程，辨识三峡水库不同工程阶段消落期、汛期、蓄水期及高水位运行期洞庭湖水位、流量和含沙量的变化特征。采用 M-K 趋势检验法、M-K 突变分析法分析洞庭湖水位、流量和含沙量变化趋势及突变情况。评价洞庭湖 2003～2019 年的水质演变情况，分析高锰酸盐指数、总氮、总磷的年际变化及三峡水库不同工程阶段之间变化情况。采用 M-K 趋势检验法、M-K 突变分析法分析洞庭湖各水质指标变化趋势及突变情况。针对洞庭湖水文泥沙演变和水质演变，分析三峡水库调度运行对其产生的影响。

7.1　洞庭湖水文特征变化

7.1.1　洞庭湖水位特征变化

洞庭湖有水位数据的站点共 13 个，分别为南咀站、小河咀站、鹿角站、城陵矶（七里山）站、湘潭站、桃江站、桃源站、石门站、新江口站、沙道观站、弥陀寺站、藕池（康）站、藕池（管）站，其中湘潭站、桃江站、桃源站、石门站 4 个站点缺失部分年份数据，藕池（康）站枯水期存在断流情况，研究者仅对有数据的年份进行分析。以三峡水库建成蓄水（2003 年）和开始中小洪水调度（2009 年）为时间节点，统计三峡水库建成前（1990～2002 年）、建成运行后（2003～2008 年）和中小洪水调度后（2009～2019 年）3 个阶段水位特征值，结果如表 7.1 所示。

表 7.1　三峡水库不同工程阶段洞庭湖各站点水位特征值统计表

特征值	阶段	南咀站	小河咀站	鹿角站	城陵矶（七里山）站	湘潭站	桃江站	桃源站	石门站	新江口站	沙道观站	弥陀寺站	藕池（康）站	藕池（管）站
年均值/m	1990～2019 年	29.97	29.90	25.87	25.18	30.92	34.85	33.32	51.15	37.48	36.41	35.02	26.82	31.90
	1990～2002 年	30.22	30.17	26.23	25.44	31.19	35.67	33.57	50.95	37.60	36.67	35.54	20.03	32.29
	2003～2008 年	29.82	29.73	25.56	24.92	—	34.60	33.23	—	37.39	36.35	34.93	30.29	31.74
	2009～2019 年	29.76	29.68	25.61	25.02	30.44	33.44	32.90	51.43	37.38	36.14	34.47	32.94	31.53
年最大值/m	1990～2019 年	33.83	33.54	32.3	32.04	35.59	37.61	38.48	53.37	42.58	41.86	41.03	36.78	36.78
	1990～2002 年	34.41	34.20	32.98	32.69	36.10	38.23	39.15	53.50	42.95	42.22	41.61	37.45	37.34
	2003～2008 年	33.34	33.01	31.55	31.32	—	37.80	38.16	—	42.37	41.59	40.78	36.32	36.34
	2009～2019 年	33.39	33.07	31.91	31.66	34.65	36.40	37.35	53.18	42.25	41.59	40.47	36.26	36.36
年最小值/m	1990～2019 年	28.10	28.21	21.10	20.28	28.37	33.59	31.23	50.10	35.06	34.65	32.16	20.66	29.99
	1990～2002 年	28.10	28.25	21.09	20.04	28.24	34.41	31.39	49.75	34.92	34.77	32.55	10.27	30.31
	2003～2008 年	28.15	28.26	21.10	20.39	—	33.26	31.27	—	34.94	34.71	31.97	21.97	29.87
	2009～2019 年	28.08	28.15	21.12	20.50	28.61	32.20	30.93	50.58	35.28	34.47	31.80	32.22	29.67
年内差值/m	1990～2019 年	5.72	5.33	11.20	11.76	7.22	4.02	7.25	3.27	7.52	7.22	8.87	16.13	6.79
	1990～2002 年	6.32	5.94	11.90	12.66	7.87	3.83	7.76	3.75	8.03	7.45	9.06	27.17	7.03
	2003～2008 年	5.19	4.75	10.45	10.93	—	4.54	6.88	—	7.43	6.88	8.81	14.35	6.47
	2009～2019 年	5.31	4.92	10.79	11.16	6.04	4.20	6.42	2.60	6.97	7.12	8.67	4.04	6.69

水位年均值方面：南咀站和小河咀站随时间增长水位略有降低，鹿角站和城陵矶（七里山）站 2003～2008 年水位最低；湖区四水①中湘潭站、桃江站、桃源站水位 2009～2019 年

① 湖区四水各站点指湘潭站、桃江站、桃源站、石门站。

较 1990～2002 年低得多，水位平均下降约 1.22 m，说明近些年来来水量减少，石门站水位则上升 0.48 m；荆江三口来水[①]中新江口站、沙道观站、弥陀寺站、藕池（管）站水位逐年下降，2003～2008 年较 1990～2002 年水位平均下降约 0.42 m，2009～2019 年较 2003～2008 年下降约 0.22 m，藕池（康）站由于存在枯水期断流情况，水位变动较大。

年最大值方面：南咀站和小河咀站 2003～2008 年较 1990～2002 年有较大降幅，水位下降约为 1.13 m，2009～2019 年和 2003～2008 年水位相近；鹿角站和城陵矶（七里山）站 2003～2008 年较 1990～2002 年水位下降幅度为 1.40 m，2009～2019 年较 2003～2008 年升高 0.35 m；湘潭站、桃江站、桃源站、石门站四水水位 2009～2019 年较 1990～2002 年水位降低 1.35 m；荆江三口来水水位同样呈下降趋势，相较 1990～2002 年，2009～2019 年水位降低约 0.93 m。

年最小值方面：南咀站、小河咀站、鹿角站和城陵矶（七里山）站四个站点各阶段水位相近；桃源站和桃江站 2009～2019 年水位较 1990～2002 年有所降低，湘潭站和石门站则相反；荆江三口分流来水水位除新江口站、藕池（康）站之外，2003～2008 年较 1990～2002 年下降约 0.36 m，2009～2019 年较 2003～2008 年略有下降。

水位年内变幅方面：南咀站、小河咀站、鹿角站和城陵矶（七里山）站四个站点 1990～2002 年水位变幅最大，南咀站和小河咀站年内变幅在 6 m 左右，鹿角站和城陵矶（七里山）站在 12 m 左右，2003～2008 年年内变幅最小，2009～2019 年水位变动幅度有小幅度上升；湘潭站、桃源站和石门站 2009～2019 年较 1990～2002 年变幅减小，湘潭站降幅最大，为 1.83 m，石门站降幅最小，为 1.15 m，桃江站水位年内变幅则相应上升了 0.37 m；荆江三口分流来水站点中，1990～2002 年水位年内变幅最大，新江口站、弥陀寺站和藕池（康）站 2009～2019 年最小，沙道观站和藕池（管）站则在 2003～2008 年最小。

为进一步分析洞庭湖站点水位的阶段性特征，绘制 1990～2002 年、2003～2008 年和 2009～2019 年旬均水位过程线图进行对比，结果如图 7.1 所示。南咀站和小河咀站 2003 年之后水位较之前偏低；鹿角站和城陵矶（七里山）站 2003 年之后 1～5 月水位较之前变化不大，6 月之后水位较之前偏低；湖区四水各阶段水位变幅较大；荆江三口来水中除藕池（康）站存在断流使得水位变动较大外，2003 年之后 6～12 月水位较之前偏低。

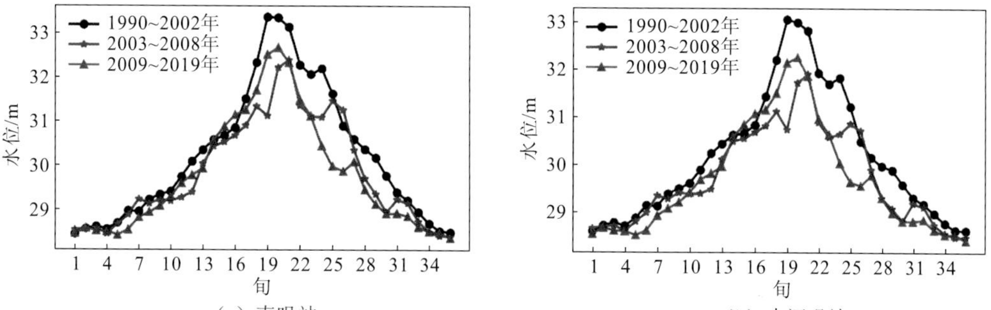

（a）南咀站　（b）小河咀站

① 荆江三口来水站点包括新江口站、沙道观站、弥陀寺站、藕池（康）站、藕池（管）站。

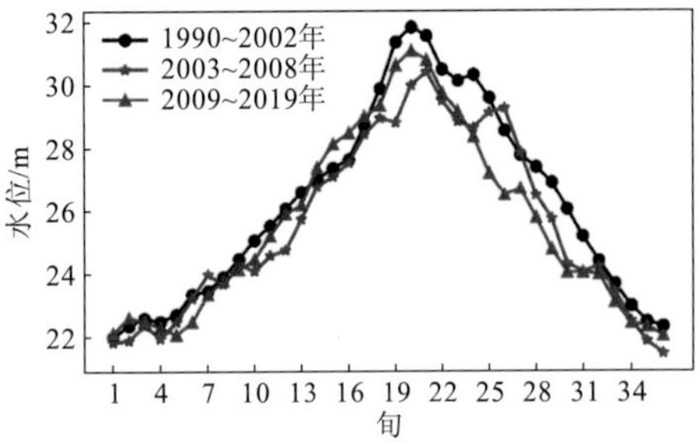

（c）鹿角站

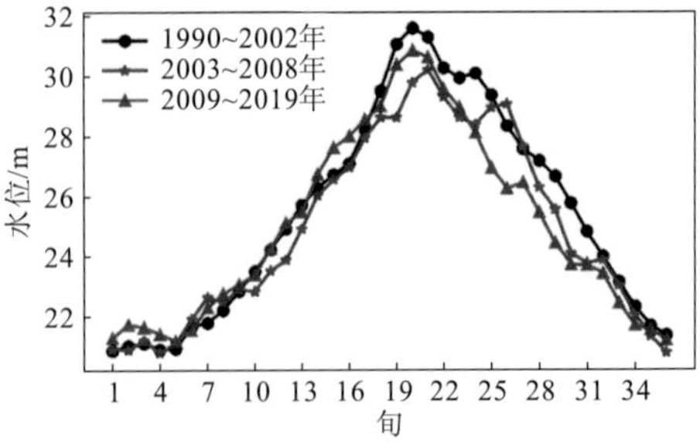

（d）城陵矶（七里山）站

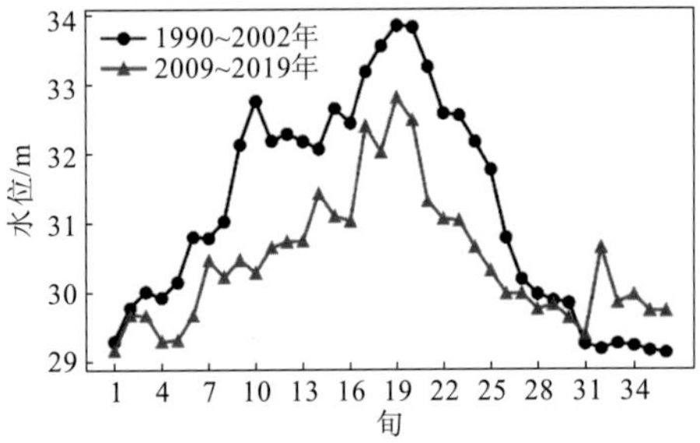

（e）湘潭站

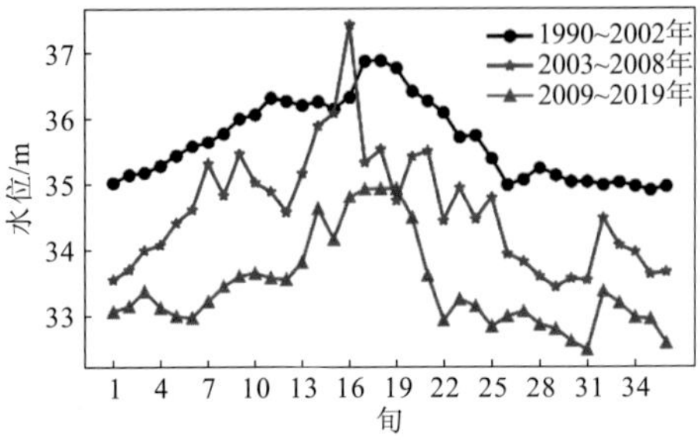

（f）桃江站

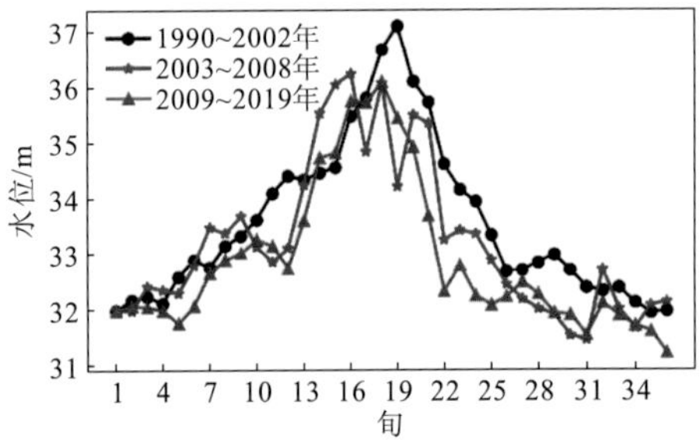

（g）桃源站

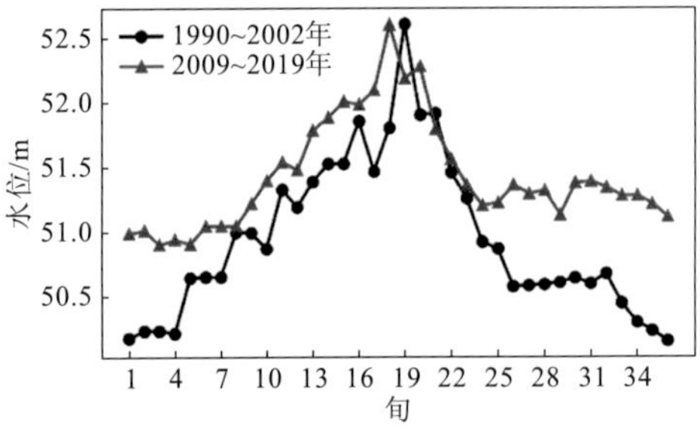

（h）石门站

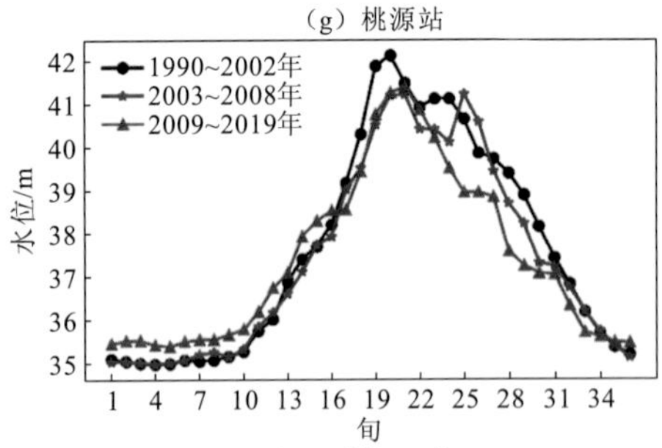

（i）新江口站

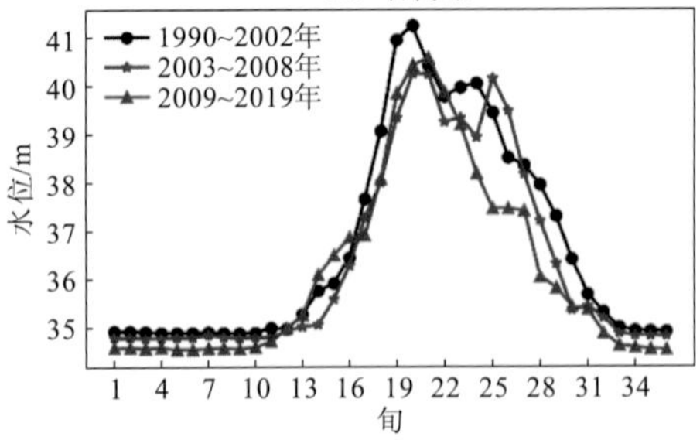

（j）沙道观站

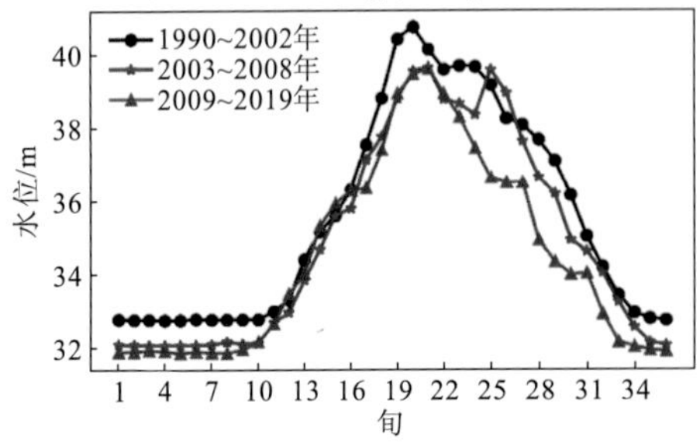

（k）弥陀寺站

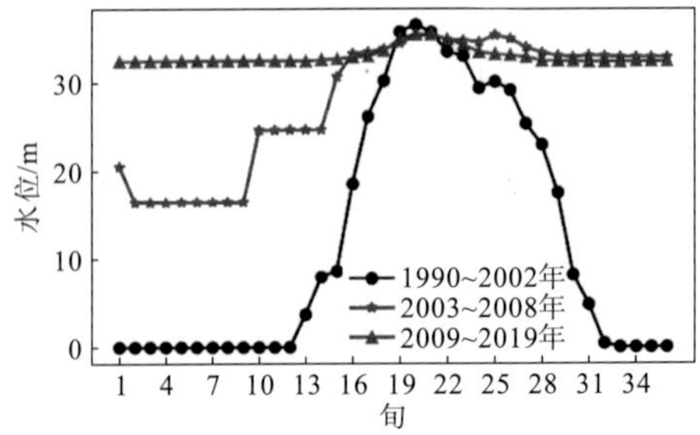

（l）藕池（康）站

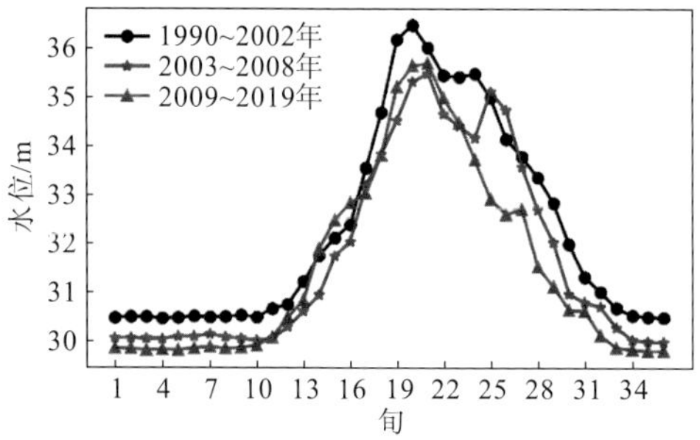

（m）藕池（管）站

图 7.1　三峡水库不同工程阶段洞庭湖各站点年旬均水位过程线图

针对三峡水库年内四个运行时期，即消落期（1～5 月）、汛期（6～9 月）、蓄水期（10 月）及高水位运行期（11～12 月），绘制洞庭湖 13 个站点各时期水位柱状图（图 7.2）。比较水位在不同阶段不同运行时期的变化特征可以看出，整体上 1990～2002 年水位最高，表明来水量最大，2003 年之后水位降低，降幅较大，其中汛期 6～9 月降幅最大，1～5 月和 11～12 月两个时期降幅最小，2008 年后水位进一步降低，降幅相对较小。

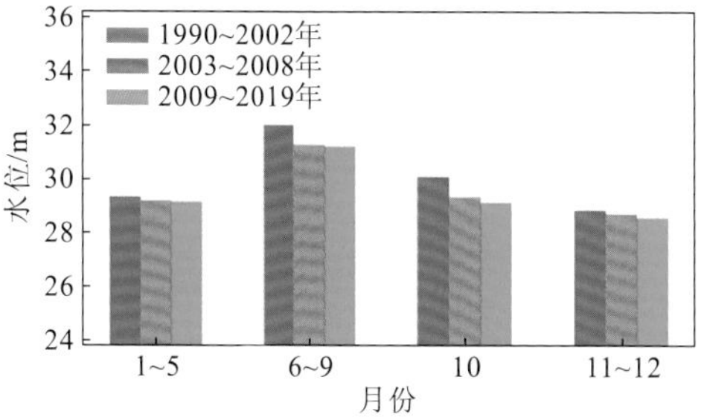

（a）南咀站

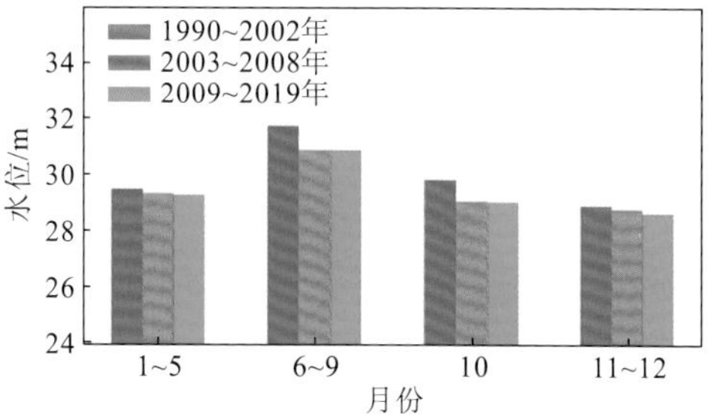

（b）小河咀站

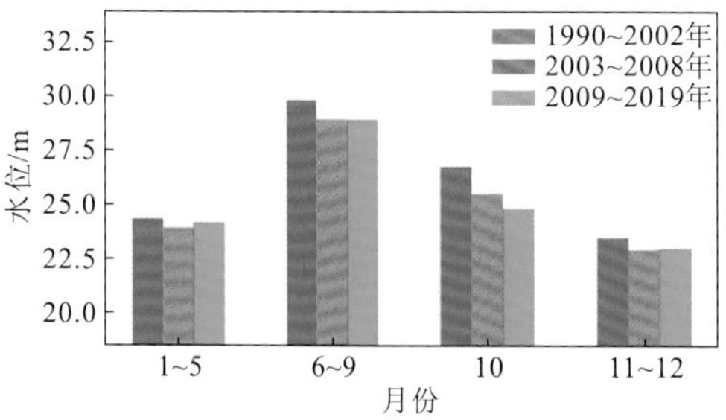

（c）鹿角站

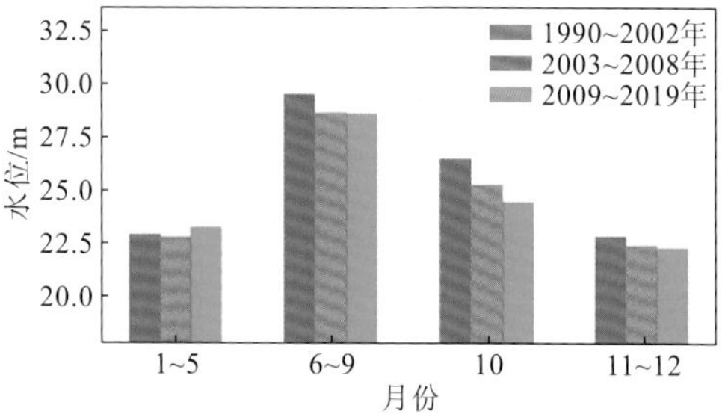

（d）城陵矶（七里山）站

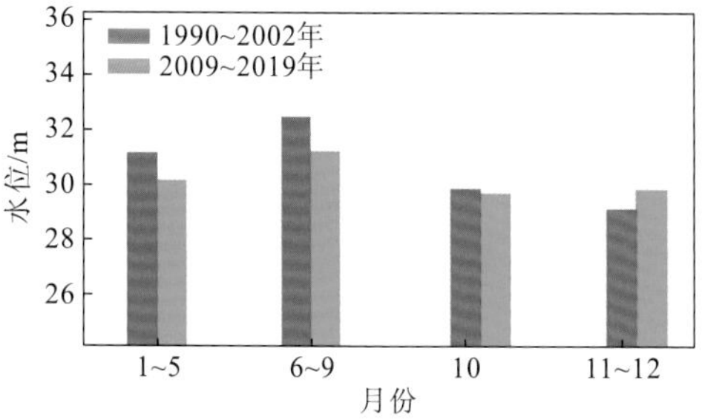

（e）湘潭站

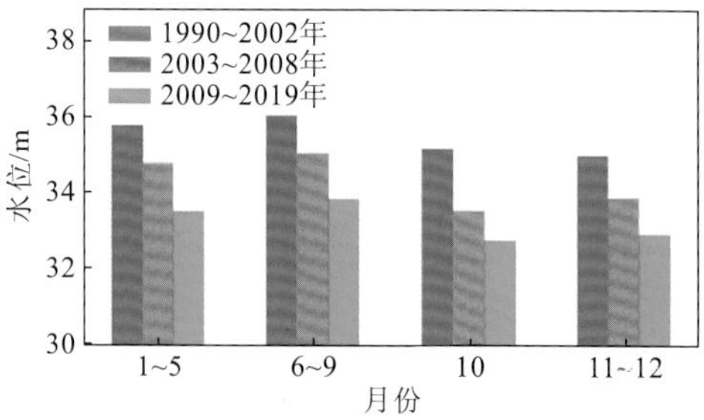

（f）桃江站

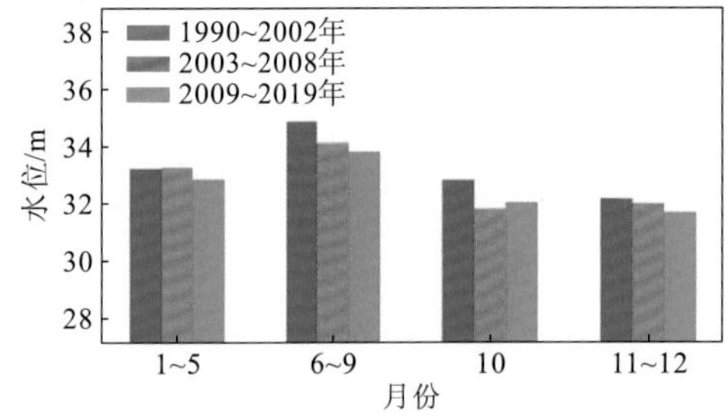

（g）桃源站

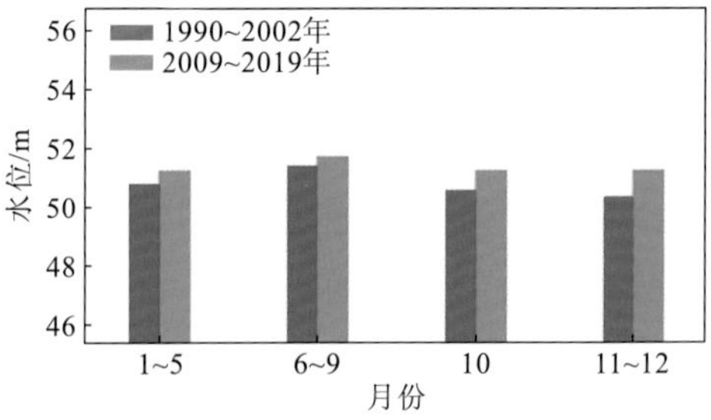

（h）石门站

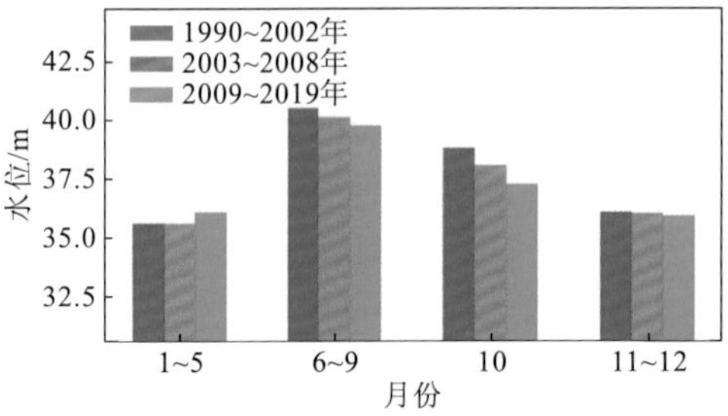

（i）新江口站

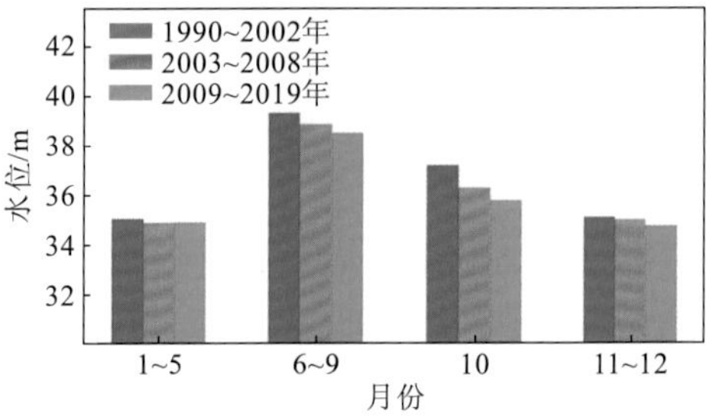

（j）沙道观站

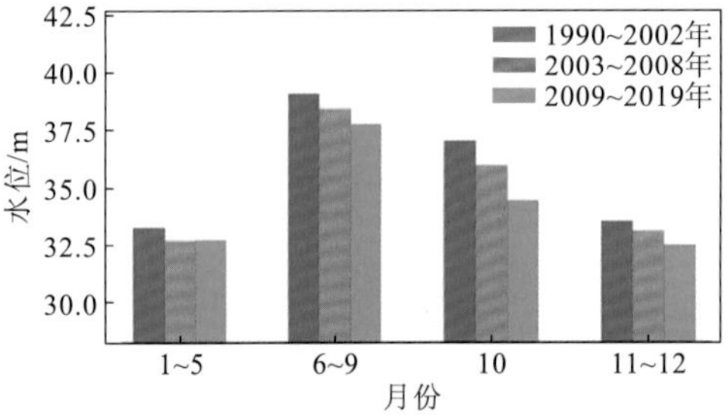

（k）弥陀寺站

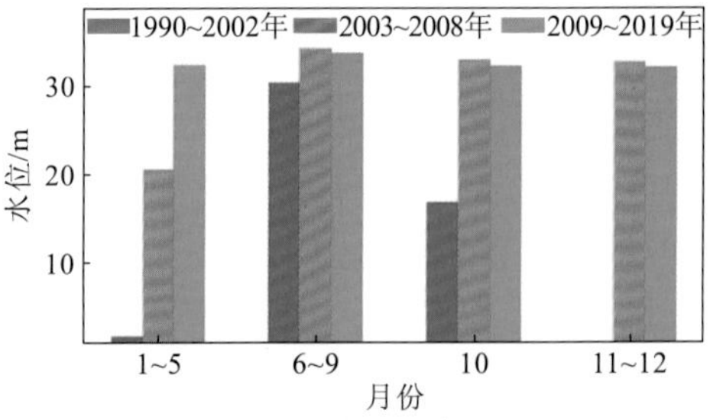

（l）藕池（康）站

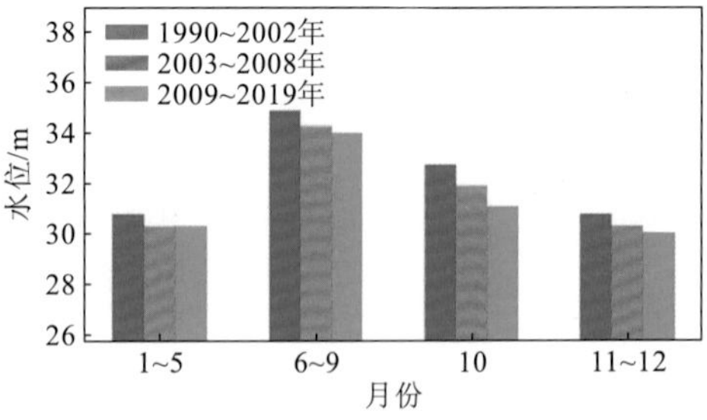

（m）藕池（管）站

图 7.2　洞庭湖各站点三峡水库不同工程阶段各调度运行时期水位柱状图

采用 M-K 趋势检验法对洞庭湖各站点水位特征值和各旬水位进行趋势检验，M-K 趋势检验法统计值如表 7.2 所示。从表 7.2 可以看出：年均值方面，除藕池（康）站外各站点均呈下降趋势，南咀站、小河咀站、鹿角站、沙道观站、弥陀寺站和藕池（管）站下降趋势显著；年最大值方面，各站点均呈下降趋势，但下降趋势不显著；年最小值方面，除城陵矶（七里山）站、新江口站和藕池（康）站外，其余各站点均呈下降趋势，其中沙道观站、弥陀寺站和藕池（管）站下降趋势呈极显著，新江口站上升趋势呈极显著；年内变幅方面，各站点均呈下降趋势，藕池（康）站下降趋势呈极显著，表明水位变化过程呈现坦化特征。

表 7.2 洞庭湖各站点水位 M-K 趋势检验法统计值

项目		南咀站	小河咀站	鹿角站	城陵矶（七里山）站	新江口站	沙道观站	弥陀寺站	藕池（康）站	藕池（管）站
年均值		−2.60	−2.93	−2.03	−1.32	−0.86	−3.43	−4.35	1.03	−3.85
年最大值		−1.46	−1.43	−1.11	−0.96	−1.14	−0.82	−1.78	−1.59	−1.39
年最小值		−0.11	−1.57	−0.21	1.32	4.34	−4.76	−5.67	1.08	−5.03
年内变幅		−1.28	−1.14	−1.00	−1.21	−1.82	−0.21	−0.54	−3.68	−0.07
1 月（消落期）	上旬	0.57	0.14	0.21	1.00	3.19	−5.17	−5.19	—	−4.39
	中旬	0.50	0.32	0.54	1.96	3.84	−5.35	−5.10	—	−4.46
	下旬	0.07	−0.21	0.00	1.46	4.41	−5.51	−4.92	—	−4.71
2 月（消落期）	上旬	0.32	0.09	0.00	1.78	4.07	−4.82	−4.92	—	−4.75
	中旬	−1.00	−1.75	−1.36	0.46	3.80	−5.16	−5.28	—	−5.07
	下旬	−1.82	−2.11	−2.11	−1.00	3.46	−5.25	−5.17	—	−4.85
3 月（消落期）	上旬	−0.57	−0.68	−1.07	0.07	3.62	−4.87	−5.42	—	−4.21
	中旬	−1.25	−1.18	−0.36	0.82	3.46	−5.00	−5.25	—	−4.39
	下旬	−0.66	−0.80	−1.00	0.07	2.75	−5.10	−4.80	—	−4.96
4 月（消落期）	上旬	−0.96	−1.36	−1.68	−0.89	2.36	−4.39	−3.43	—	−4.30
	中旬	−1.16	−1.18	−1.18	−0.29	1.73	−3.14	−1.41	—	−3.75
	下旬	−0.96	−1.50	−0.75	0.00	2.11	−1.32	−0.14	—	−1.45
5 月（消落期）	上旬	−1.14	−1.57	−0.46	−0.21	0.71	0.00	−0.54	—	−1.70
	中旬	0.82	0.57	0.82	0.93	1.53	0.57	0.21	—	0.68
	下旬	0.09	−0.18	0.89	1.00	1.07	0.64	−0.11	—	0.61
6 月（汛期）	上旬	0.29	0.29	1.18	1.32	0.18	0.46	−0.32	—	0.61
	中旬	−0.93	−1.07	0.50	0.54	−1.00	−0.87	−2.23	—	−1.03
	下旬	−1.03	−1.07	−0.57	−0.54	−1.52	−1.11	−2.57	−1.32	−1.50
7 月（汛期）	上旬	−1.25	−1.57	−0.89	−0.93	−1.68	−1.39	−2.43	−0.89	−1.25
	中旬	−1.00	−1.18	−0.64	−0.54	−1.36	−1.25	−1.78	−1.46	−1.21
	下旬	−0.82	−0.93	−0.39	−0.32	−0.36	−0.04	−0.86	−0.54	−0.25
8 月（汛期）	上旬	−0.93	−1.18	−0.57	−0.57	0.00	0.18	−0.79	−0.71	−0.43
	中旬	−1.00	−1.07	−0.75	−0.64	−0.96	−0.61	−1.64	−1.50	−1.18
	下旬	−1.96	−2.18	−1.50	−1.39	−1.89	−1.82	−2.28	−1.61	−1.86
9 月（汛期）	上旬	−2.25	−2.25	−1.78	−1.78	−2.14	−1.89	−2.53	−2.19	−1.96
	中旬	−1.64	−1.53	−1.61	−1.61	−1.32	−1.14	−1.86	−1.55	−1.89
	下旬	−1.05	−0.82	−1.00	−1.14	−1.89	−1.57	−2.43	—	−1.75

续表

项目		南咀站	小河咀站	鹿角站	城陵矶（七里山）站	新江口站	沙道观站	弥陀寺站	藕池（康）站	藕池（管）站
10月（蓄水期）	上旬	-2.53	-2.21	-1.75	-1.82	-2.60	-2.57	-3.00	—	-2.32
	中旬	-3.21	-2.87	-2.68	-2.68	-2.93	-2.93	-3.50	—	-3.07
	下旬	-3.07	-3.03	-2.96	-3.00	-2.30	-2.00	-3.50	—	-3.43
11月（高水位运行期）	上旬	-1.46	-2.09	-1.03	-1.11	-0.25	-0.46	-1.43	—	-1.98
	中旬	-0.75	-0.79	-0.50	-0.96	-1.03	-2.44	-2.32	—	-3.41
	下旬	-1.21	-1.46	-0.64	-0.71	-1.28	-4.71	-3.71	—	-4.89
12月（高水位运行期）	上旬	-1.45	-1.68	-1.07	-1.14	-0.11	-4.76	-4.35	—	-5.03
	中旬	-0.96	-1.28	-0.82	-0.86	1.53	-5.28	-5.17	—	-4.64
	下旬	-0.43	-0.98	-0.07	-0.09	2.46	-5.18	-5.14	—	-4.78

从各旬水位变化趋势来看：整体上湖区四水中南咀站、小河咀站、鹿角站和城陵矶（七里山）站水位1月呈上升趋势（小河咀站除外），其余各月基本呈下降趋势，10月下降趋势较显著；荆江三口来水中新江口站水位1～5月呈上升趋势，其中1～4月上升趋势显著，6月之后水位整体呈下降趋势；沙道观站、弥陀寺站和藕池（管）站全年水位基本呈下降趋势，其中1～4月、9～12月下降趋势显著。

采用M-K突变分析法对各站点水位特征值进行突变检验，突变前后水位特征值变化见表7.3。除新江口站年旬最小值突变后水位升高外，其他各站点特征值系列突变后水位均降低。

表7.3　洞庭湖各站点特征值突变年份及变化情况　（单位：m）

特征值	水文站	突变年份	突变前均值	突变后均值	差值
年均值	南咀站	2003	30.22	29.75	-0.47
	小河咀站	2003	30.17	29.67	-0.50
	鹿角站	1999	26.24	25.68	-0.56
	沙道观站	2002	36.67	36.21	-0.46
	弥陀寺站	2003	35.50	34.60	-0.90
	藕池（管）站	2004	32.26	31.54	-0.72
年旬最大值	南咀站	2000	34.54	33.41	-1.13
	小河咀站	2005	34.20	32.89	-1.31
	藕池（管）站	2003	37.36	36.27	-1.09
年旬最小值	新江口站	2016	34.99	35.63	0.64
	沙道观站	1995	34.99	34.56	-0.43
	弥陀寺站	1997	32.63	31.99	-0.64
	藕池（管）站	2006	30.22	29.68	-0.54

7.1.2　洞庭湖流量特征变化

洞庭湖有流量数据的站点共 12 个，分别为南咀站、小河咀站、城陵矶（七里山）站、湘潭站、桃江站、桃源站、石门站、新江口站、沙道观站、弥陀寺站、藕池（康）站、藕池（管）站，三峡水库不同工程阶段洞庭湖各站点流量特征值如表 7.4 所示。从表 7.4 可以看出：年均值方面，1990～2019 年洞庭湖各站点流量中，城陵矶（七里山）站流量较高，为 8 230 m^3/s，小河咀站次之，为 2 296 m^3/s，藕池（管）站流量最小，仅为 19 m^3/s，各站点 1990～2002 年流量年均值最高，三峡水库蓄水初期和后期（2003 年后）流量均值有所减小，降幅约为 12%，说明 2003 年以来受降雨和人类活动影响流量有所下降；年最大值方面，其数据特征和年均值基本一致，2003 年后较 1990～2002 年最大值减小（湘潭站除外）；年最小值 2003 年后较 1990～2002 年部分站点有所增加，沙道观站、弥陀寺站、藕池（管）站和藕池（康）站四个荆江三口分流站点存在枯水期断流情况；从集中期来看，湘潭站、桃江站、桃源站、石门站洪水期较早，集中在 5 月下旬和 6 月，南咀站和荆江三口来水洪水期较晚，集中在 7 月下旬和 8 月上旬，小河咀站集中在 6 月下旬，洞庭湖出口城陵矶（七里山）站洪水集中在 6 月下旬和 7 月上旬，除湘潭站、桃江站、桃源站、石门站外，2009～2019 年洪水集中期较 1990～2008 年提前了一旬。

表 7.4　三峡水库不同工程阶段洞庭湖各站点流量特征值

特征值	阶段	南咀站	小河咀站	城陵矶（七里山）站	湘潭站	桃江站	桃源站	石门站	新江口站	沙道观站	弥陀寺站	藕池（康）站	藕池（管）站
年均值/（m^3/s）	1990～2019 年	1 888	2 296	8 230	2 204	740	2 074	450	800	190	312	386	19
	1990～2002 年	1 969	2 526	8 952	2 396	823	2 177	460	853	221	389	474	29
	2003～2008 年	1 788	1 998	7 260	1 954	641	1 843	441	753	174	297	332	15
	2009～2019 年	1 848	2 187	7 906	2 115	695	2 079	444	762	163	228	311	9
年最大值/（m^3/s）	1990～2019 年	6 539	8 260	22 408	7 958	2 686	8 333	2 166	3 251	1 116	1 398	2 247	152
	1990～2002 年	7 076	9 507	24 847	7 802	3 039	9 689	2 565	3 458	1 246	1 665	2 861	227
	2003～2008 年	6 546	7 783	19 484	8 020	2 188	7 430	2 183	3 014	992	1 238	1 839	113
	2009～2019 年	5 901	7 048	21 121	8 107	2 542	7 225	1 685	3 137	1 030	1 168	1 746	85
年最小值/（m^3/s）	1990～2019 年	244	511	1 881	502	181	429	81	19	0	0	0	0
	1990～2002 年	176	479	1 714	501	194	410	58	2	0	0	0	0
	2003～2008 年	254	436	1 761	484	146	378	86	4	0	0	0	0
	2009～2019 年	319	590	2 145	512	184	479	105	48	0	0	0	0

续表

特征值	阶段	南咀站	小河咀站	城陵矶（七里山）站	湘潭站	桃江站	桃源站	石门站	新江口站	沙道观站	弥陀寺站	藕池（康）站	藕池（管）站
不均匀系数 C_i	1990～2019年	0.91	0.79	0.64	0.78	0.74	0.87	0.92	1.17	1.67	1.35	1.59	2.28
	1990～2002年	0.95	0.84	0.67	0.75	0.75	0.95	1.06	1.20	1.63	1.31	1.62	2.13
	2003～2008年	0.92	0.80	0.62	0.83	0.69	0.85	0.94	1.18	1.76	1.30	1.59	2.18
	2009～2019年	0.84	0.72	0.62	0.79	0.75	0.78	0.75	1.12	1.68	1.42	1.54	2.51
集中度 C_d	1990～2019年	0.54	0.42	0.37	0.36	0.34	0.42	0.39	0.70	0.84	0.78	0.83	0.92
	1990～2002年	0.56	0.45	0.39	0.37	0.36	0.45	0.43	0.72	0.83	0.77	0.84	0.90
	2003～2008年	0.55	0.42	0.36	0.39	0.32	0.41	0.42	0.71	0.86	0.76	0.84	0.90
	2009～2019年	0.51	0.39	0.35	0.34	0.32	0.39	0.34	0.66	0.84	0.78	0.83	0.94
集中期/旬	1990～2019年	20.9	17.9	18.9	15.2	15.6	16.9	17.6	21.9	21.8	21.8	21.6	21.5
	1990～2002年	21.2	18.2	19.2	15.2	15.9	17.1	17.3	22.2	22.0	22.1	21.7	21.5
	2003～2008年	21.1	18.1	19.0	14.6	15.0	17.1	17.2	22.2	22.1	22.2	22.0	22.3
	2009～2019年	20.4	17.5	18.5	15.7	15.6	16.4	18.2	21.3	21.4	21.2	21.1	20.9

为进一步分析洞庭湖各站点流量的阶段性特征，绘制1990～2002年、2003～2008年和2009～2019年旬均流量过程线图进行对比，如图7.3所示。洞庭湖受三峡水库调节影响较小，分段来看，南咀站、小河咀站和城陵矶（七里山）站三个站点2003年之前流量较大，湘潭站、桃江站、桃源站、石门站四水过程各阶段基本一致，荆江三口来水受三峡水库调节影响，2003年后洪水过程明显偏小，坦化特征明显。

针对三峡水库年内四个运行时期绘制洞庭湖12个站点流量柱状图（图7.4）。比较流量在不同阶段不同运行时期的变化特征可以看出，整体上看1～5月、6～9月和10月三个时期1990～2002年流量较大，2003年之后受人类活动影响流量减小。

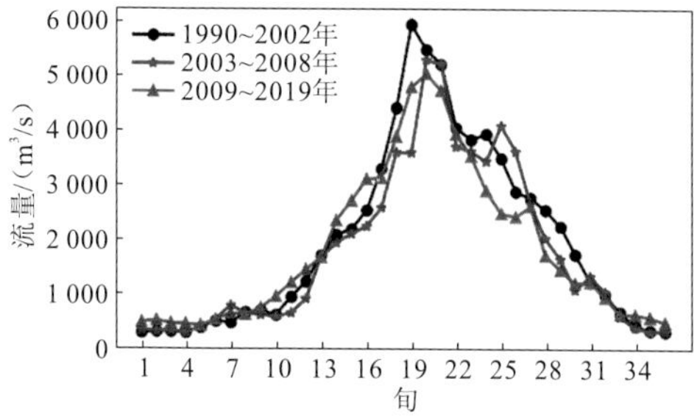

(a) 南咀站

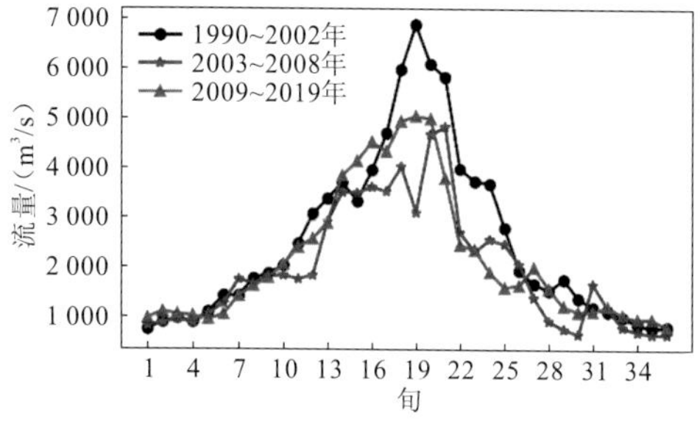

(b) 小河咀站

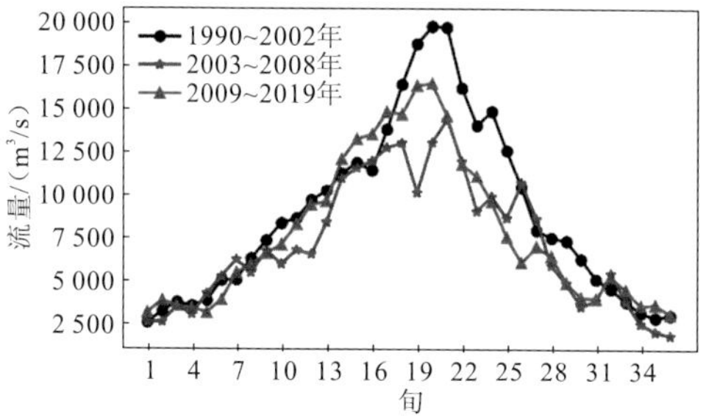

(c) 城陵矶（七里山）站

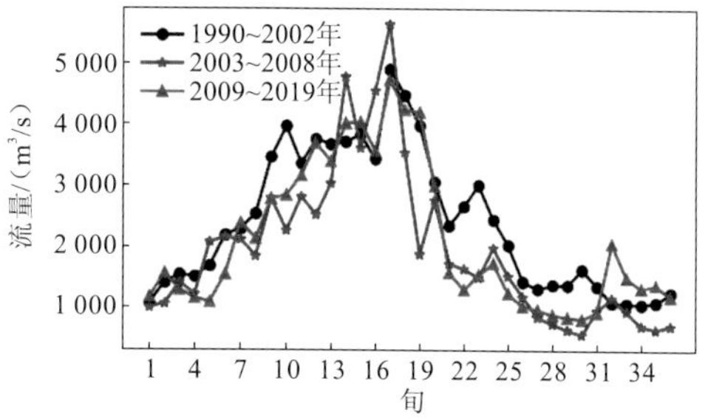

(d) 湘潭站

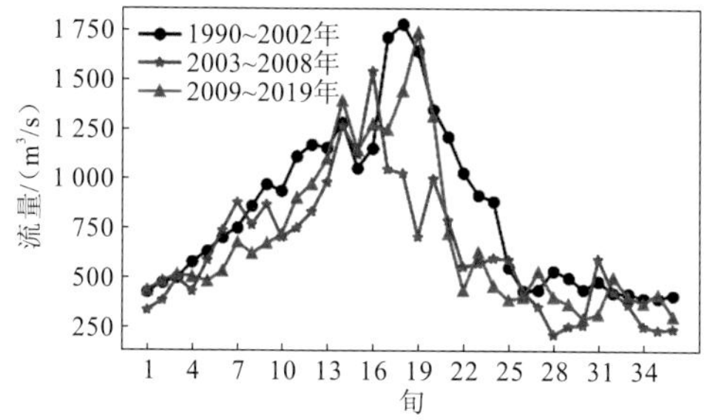

(e) 桃江站

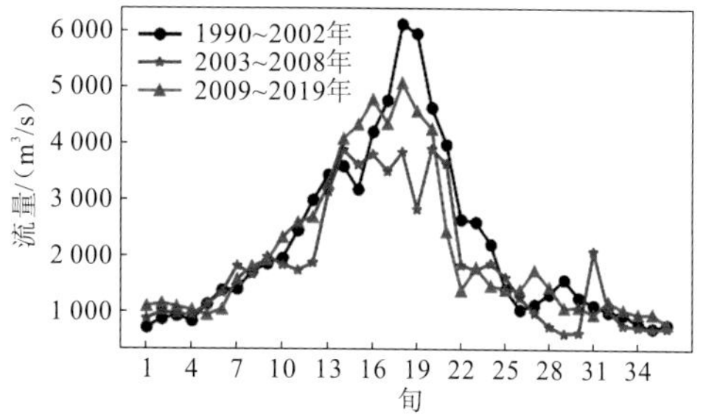

(f) 桃源站

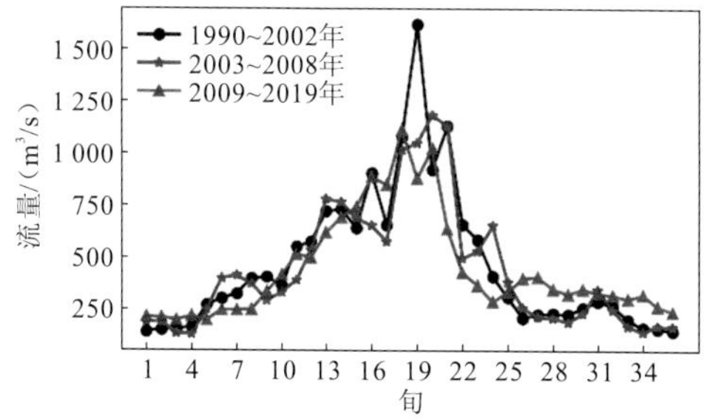

(g) 石门站

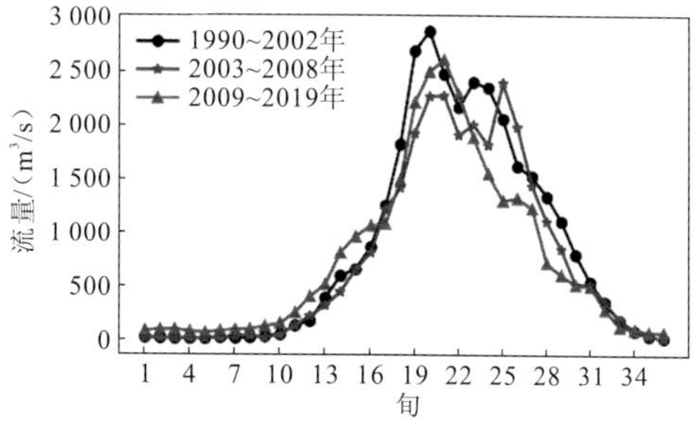

(h) 新江口站

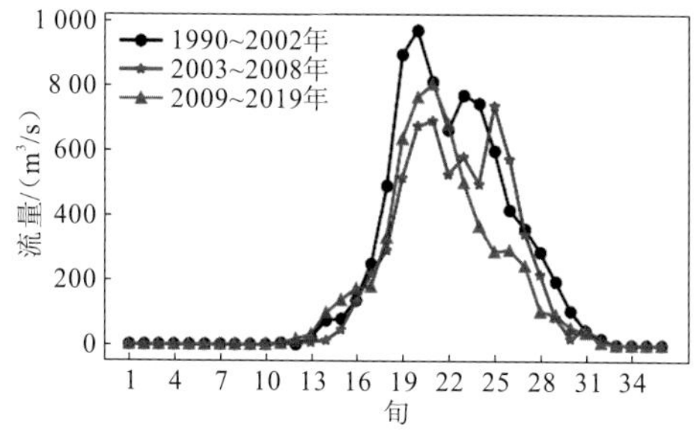

(i) 沙道观站

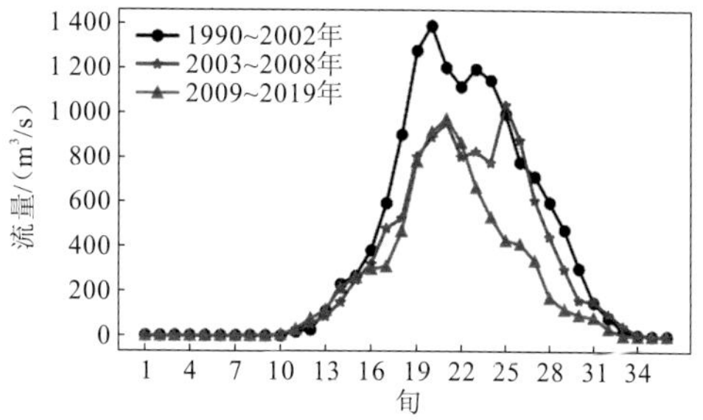

(j) 弥陀寺站

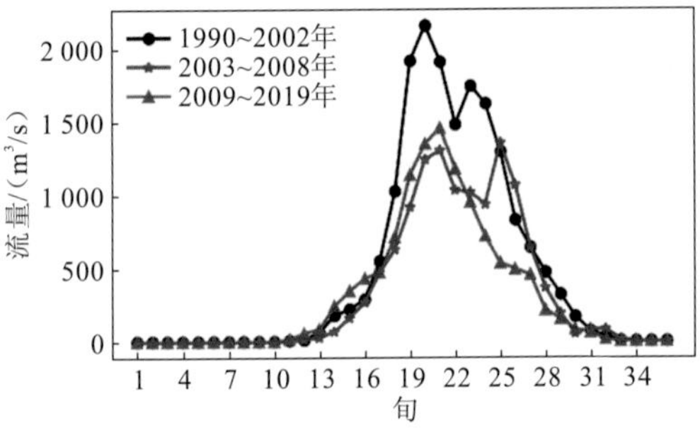

（k）藕池（管）站

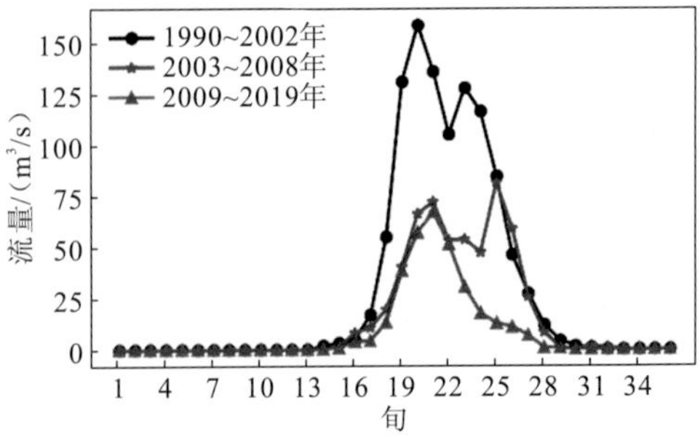

（l）藕池（康）站

图 7.3　三峡水库不同工程阶段洞庭湖各站点年旬均流量过程线图

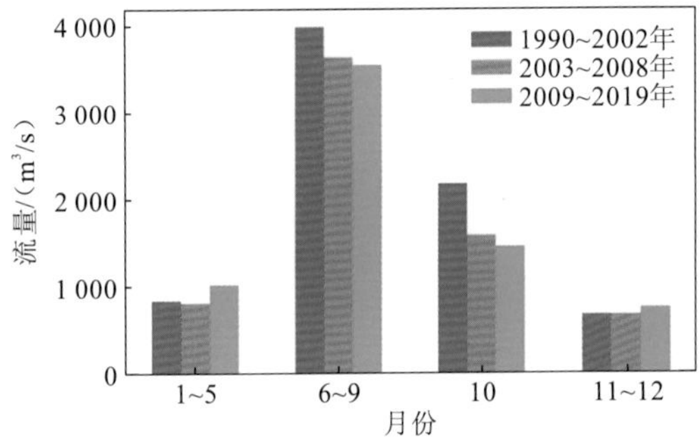

（a）南咀站

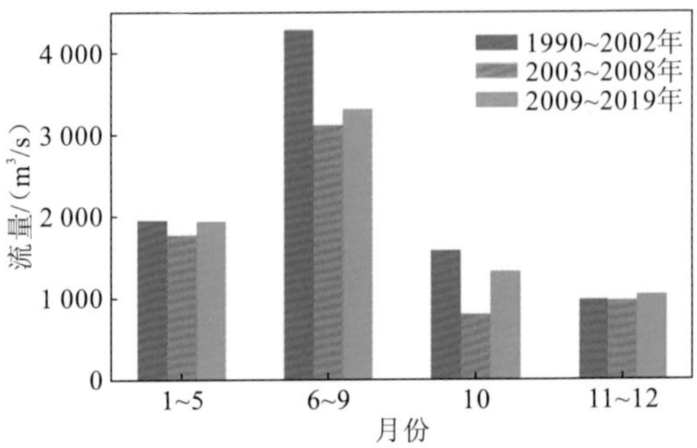

（b）小河咀站

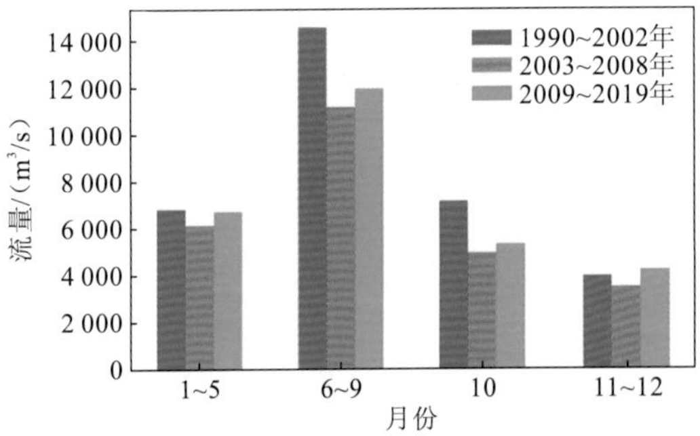

（c）城陵矶（七里山）站

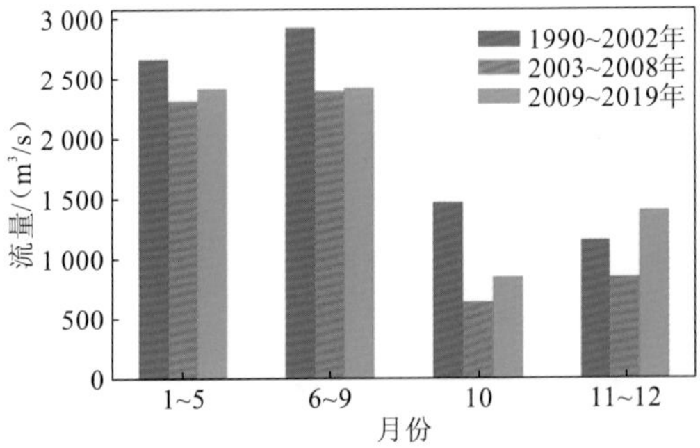

（d）湘潭站

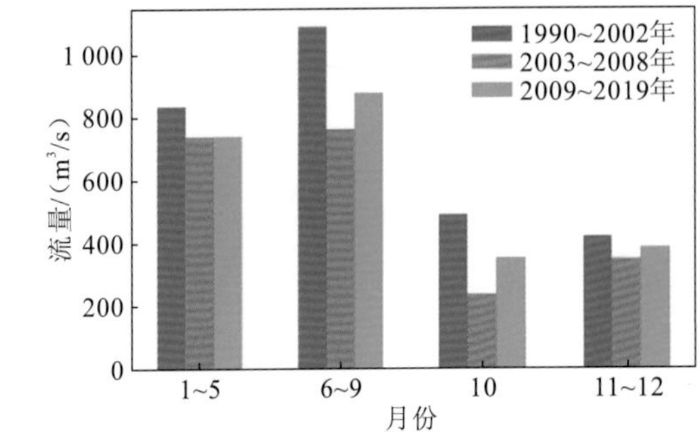

（e）桃江站

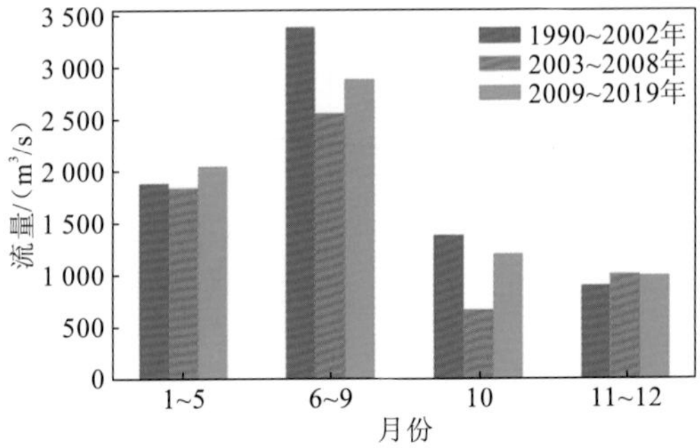

（f）桃源站

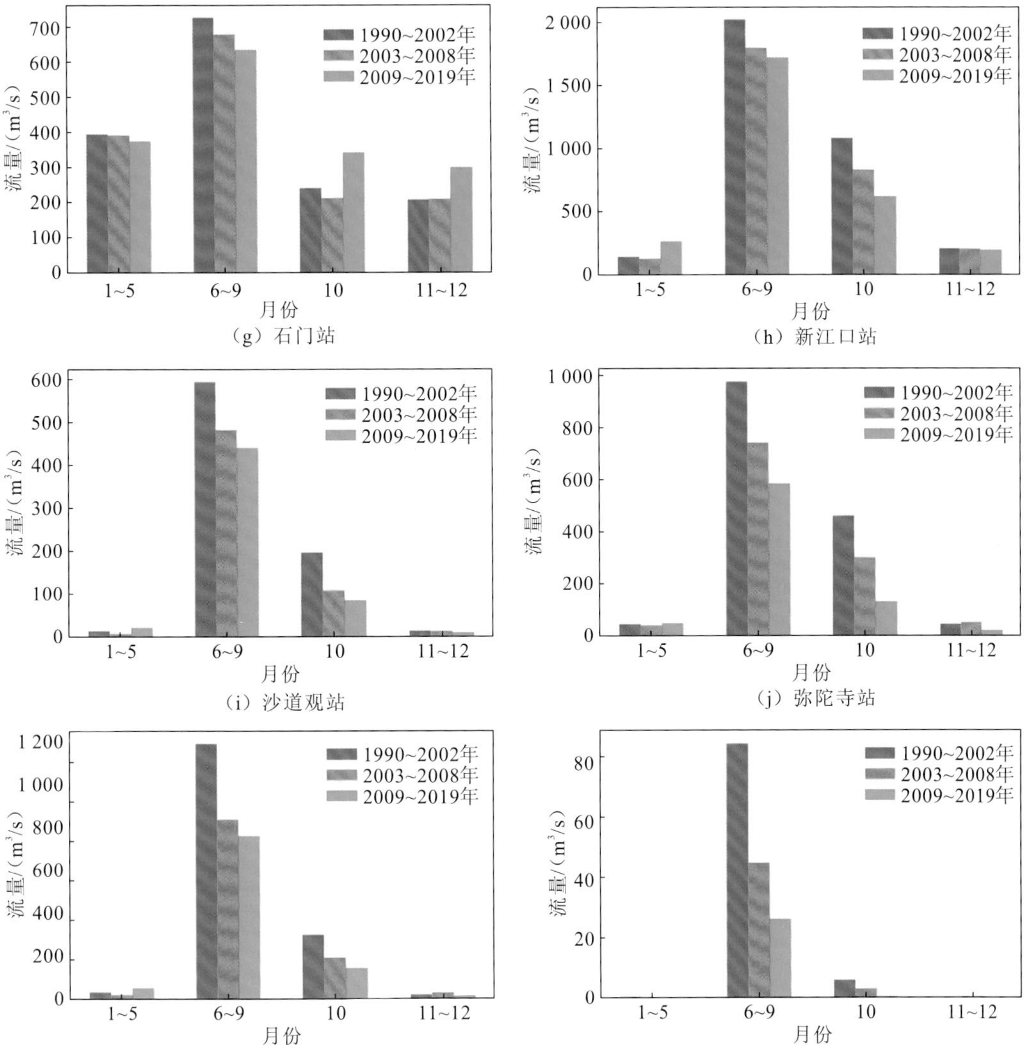

(g) 石门站　(h) 新江口站
(i) 沙道观站　(j) 弥陀寺站
(k) 藕池（管）站　(l) 藕池（康）站

图 7.4　洞庭湖各站点三峡水库不同工程阶段各调度运行时期流量柱状图

采用 M-K 趋势检验法对洞庭湖各站点流量特征值和各旬流量进行趋势性检验，M-K 趋势检验法统计值如表 7.5 所示。从表 7.5 可以看出：年均值和年最大值（湘潭站除外）均有减小趋势，但除了弥陀寺站、藕池（康）站、藕池（管）站外，其他站点下降趋势不显著；年最小值方面，南咀站、小河咀站、城陵矶（七里山）站、石门站、新江口站均有显著上升趋势。从各旬流量变化趋势来看，南咀站 1 月和 12 月、新江口站 1～4 月流量呈显著上升趋势，弥陀寺站 7～10 月流量有明显的下降趋势。

表 7.5　洞庭湖各站点流量 M-K 趋势检验法统计值

项目		南咀站	小河咀站	城陵矶（七里山）站	湘潭站	桃江站	桃源站	石门站	新江口站	沙道观站	弥陀寺站	藕池（康）站	藕池（管）站
年均值		−1.00	−1.39	−0.93	−0.79	−1.53	−0.25	−0.07	−1.03	−2.00	−3.89	−2.60	−3.64
年最大值		−1.00	−1.75	−1.61	0.82	−1.03	−1.71	−1.00	−0.79	−1.28	−3.21	−2.71	−3.68
年最小值		4.53	2.32	2.91	−0.29	0.29	1.78	3.00	4.78	0.00	0.00	0.00	0.08
1 月（消落期）	上旬	3.39	2.09	1.55	0.79	0.32	2.75	2.53	3.85	—	—	—	—
	中旬	3.46	2.11	1.18	0.18	0.50	2.21	2.25	4.42	—	0.69	—	—
	下旬	2.93	1.46	0.57	−0.61	0.57	1.93	1.43	5.07	1.50	2.03	—	—
2 月（消落期）	上旬	2.71	1.70	0.96	−1.00	−0.54	1.89	1.48	4.60	1.50	2.24	—	—
	中旬	1.28	−0.18	−0.54	−1.86	−1.43	−0.86	−1.03	4.25	—	1.41	—	—
	下旬	0.71	−1.14	−1.36	−1.32	−1.32	−1.00	−0.21	3.43	—	0.46	—	—
3 月（消落期）	上旬	1.46	0.05	−0.04	−1.00	−1.03	1.00	−0.68	3.89	—	0.46	—	—
	中旬	0.04	−0.12	0.14	−0.39	−1.66	0.57	−2.00	3.78	—	0.91	—	—
	下旬	0.96	0.18	−0.43	−1.11	−1.96	0.61	−1.39	3.03	—	2.10	—	—
4 月（消落期）	上旬	1.75	0.04	−1.03	−1.96	−2.39	0.79	0.00	2.43	0.79	2.05	—	—
	中旬	1.18	−0.64	−1.11	−1.00	−2.50	0.00	−0.57	1.89	0.50	1.83	0.82	—
	下旬	1.07	−1.00	−0.82	−1.28	−1.11	−0.50	−0.07	2.53	1.84	2.25	0.91	—
5 月（消落期）	上旬	0.32	−0.75	−0.43	−0.57	−0.46	0.00	−0.21	1.48	1.27	0.14	0.00	—
	中旬	1.39	0.82	1.00	0.18	0.96	1.18	0.00	1.75	1.07	0.61	1.34	−0.55
	下旬	1.00	1.18	0.50	0.29	0.54	1.71	0.89	1.64	0.98	−0.46	1.30	1.71
6 月（汛期）	上旬	0.79	0.61	1.46	−0.11	0.79	0.89	0.14	0.93	0.75	−1.28	0.86	0.34
	中旬	−0.55	−0.89	0.41	0.55	−1.28	−0.46	0.89	−0.46	−0.54	−2.91	−0.39	−1.45
	下旬	−0.54	−0.79	−0.82	−1.07	−0.82	−0.50	0.79	−1.00	−1.18	−3.28	−1.18	−2.62
7 月（汛期）	上旬	−1.11	−1.21	−0.82	−0.11	−0.82	−0.89	−0.43	−0.82	−1.32	−3.14	−1.71	−3.25
	中旬	−0.71	−0.96	−1.25	−0.39	−0.14	−0.04	−0.46	−0.89	−1.21	−2.78	−1.75	−3.03
	下旬	−0.36	−1.61	−1.34	−0.64	−1.53	−1.00	−0.36	0.14	−0.07	−1.43	−0.79	−1.68
8 月（汛期）	上旬	0.27	−1.43	−1.32	−1.61	−2.68	−1.84	−0.29	0.50	0.18	−1.21	−0.61	−1.37
	中旬	−0.07	−0.71	−0.79	−0.64	0.00	−0.86	0.89	−0.71	−0.50	−2.66	−0.89	−1.82
	下旬	−1.18	−1.32	−1.21	0.00	−1.21	−0.68	0.29	−1.50	−1.57	−2.50	−1.64	−2.47
9 月（汛期）	上旬	−1.46	−1.03	−1.43	−0.07	−0.86	0.36	0.39	−2.05	−2.11	−3.00	−2.18	−2.35
	中旬	−0.71	−0.29	−2.25	−0.89	0.39	1.11	2.50	−0.96	−1.14	−2.21	−1.57	−2.07
	下旬	−0.57	0.18	−0.32	−0.61	1.03	0.71	2.68	−1.36	−1.43	−2.85	−1.25	−1.98

续表

项目		南咀站	小河咀站	城陵矶（七里山）站	湘潭站	桃江站	桃源站	石门站	新江口站	沙道观站	弥陀寺站	藕池（康）站	藕池（管）站
10 月（蓄水期）	上旬	-2.14	-0.54	-0.79	-1.07	-0.54	-0.14	2.03	-2.11	-2.07	-3.18	-1.98	-2.06
	中旬	-2.39	-0.82	-1.82	-0.68	0.32	-0.54	1.75	-2.39	-2.43	-3.78	-2.37	-2.34
	下旬	-1.61	-0.64	-2.32	-0.86	-0.71	-0.32	2.36	-1.57	-1.79	-3.32	-2.14	-1.38
11 月（高水位运行期）	上旬	0.79	-0.02	-0.29	0.07	-1.21	0.21	1.39	0.54	0.27	-0.64	0.30	-0.59
	中旬	0.39	0.57	0.96	1.21	0.71	0.82	1.25	-0.11	-0.52	-0.89	-0.30	-0.33
	下旬	0.54	0.32	0.46	0.86	-0.54	0.29	1.78	-0.54	-0.65	-0.46	-1.06	0.00
12 月（高水位运行期）	上旬	2.07	0.14	0.23	0.14	-0.96	-0.14	2.32	0.71	-1.33	0.02	-0.58	—
	中旬	3.44	0.68	0.86	0.36	0.14	1.18	2.53	2.07	—	1.07	—	—
	下旬	3.07	1.11	1.53	0.86	-0.86	0.89	2.75	3.21	—	—	—	—

采用 M-K 突变分析法对流量特征值进行突变检验，突变前后均值变化见表 7.6。从表 7.6 可以看出：荆江三口各站点年均值和年旬最大值突变前后变化率较大，藕池（康）站流量较小使得变化率达到 63%；2009 年之后南咀站、城陵矶（七里山）站和石门站年旬最小流量增加较多，石门站较突变前增加了 86%，南咀站增加了 58%，城陵矶（七里山）站增加了 25%。

表 7.6　洞庭湖各站点流量特征值突变年份及变化情况

特征值	水文站	突变年份	突变前均值/（m^3/s）	突变后均值/（m^3/s）	均值变化率/%
年均值	桃江站	1997	818	711	-13
	沙道观站	2000	232	166	-28
	弥陀寺站	2004	381	242	-36
	藕池（管）站	2001	479	324	-32
	藕池（康）站	2004	27	10	-63
年旬最大值	桃源站	2000	9 892	7 431	-25
	弥陀寺站	2003	1 645	1 181	-28
	藕池（管）站	1998	2 925	1 957	-33
	藕池（康）站	2003	222	91	-59
年旬最小值	南咀站	2009	205	323	58
	城陵矶（七里山）站	2013	1 792	2 238	25
	石门站	2015	72	134	86

7.1.3 洞庭湖含沙量特征变化

洞庭湖有含沙量数据的站点共 12 个，分别为南咀站、小河咀站、城陵矶（七里山）站、湘潭站、桃江站、桃源站、石门站、新江口站、沙道观站、弥陀寺站、藕池（康）站、藕池（管）站，其含沙量统计特征值如表 7.7 所示。含沙量年均值方面，洞庭湖藕池（管）站含沙量最高，各站点 1990～2002 年均值最高，三峡水库蓄水初期和后期（2003 年后）含沙量均值减小，南咀站、小河咀站和城陵矶（七里山）站含沙量降幅约为 62%，湖区四水含沙量降幅约为 65%，荆江三口来水含沙量降幅约为 89%；含沙量年最大值数据特征和年均值一致，2003 年后较 1990～2002 年年最大值减小，南咀站、小河咀站和城陵矶（七里山）站含沙量减小幅度约为 61%，湖区四水含沙量降幅约为 56%，荆江三口来水含沙量降幅约为 84%；含沙量年最小值方面南咀站 2009 年后年最小值相对较高，其他站点含沙量年最小值均较小。

表 7.7　三峡水库不同工程阶段洞庭湖各站点含沙量特征值

特征值	阶段	南咀站	小河咀站	城陵矶（七里山）站	湘潭站	桃江站	桃源站	石门站	新江口站	沙道观站	弥陀寺站	藕池（康）站	藕池（管）站
年均值/（kg/m³）	1990～2019 年	0.273 3	0.035 2	0.081 3	0.083 9	0.053 2	0.048 9	0.136 2	0.487 8	0.558 1	0.501 1	0.684 7	0.724 8
	1990～2002 年	0.453 1	0.048 9	0.089 3	0.099 7	0.090 5	0.089 0	0.194 7	0.947 8	1.057 6	0.996 8	1.283 4	1.380 2
	2003～2008 年	0.167 4	0.023 6	0.066 8	0.083 7	0.021 3	0.021 2	0.160 3	0.209 4	0.268 7	0.184 0	0.368 8	0.383 0
	2009～2019 年	0.118 6	0.025 4	0.079 8	0.066 7	0.026 6	0.016 5	0.053 8	0.096 1	0.125 7	0.088 3	0.149 4	0.136 8
年最大值/（kg/m³）	1990～2019 年	0.625 2	0.098	0.247 5	0.268 7	0.267 1	0.186 0	0.561 6	0.896 3	0.851	0.830 6	1.142 8	1.018 1
	1990～2002 年	1.026 7	0.135 5	0.276 6	0.288 6	0.419 3	0.298 1	0.741 6	1.578 3	1.485 9	1.509 9	1.983 7	1.839 6
	2003～2008 年	0.436 5	0.065 2	0.210 4	0.304 0	0.160 0	0.122 4	0.626 6	0.552 0	0.549 9	0.458 9	0.789 5	0.674 7
	2009～2019 年	0.253 7	0.071 4	0.233 4	0.227 8	0.145 8	0.088 1	0.313 5	0.278 1	0.264 9	0.230 7	0.341 6	0.234 5
年最小值/（kg/m³）	1990～2019 年	0.011 7	0.005 2	0.029 2	0.005 7	0.002 5	0.000 0	0.000 1	0.000 0	0.003 7	0.018 6	0.001 7	0.083 0
	1990～2002 年	0.011 1	0.005 8	0.034 4	0.007 3	0.005 8	0.000 0	0.000 3	0.000 0	0.008 4	0.041 5	0.003 9	0.166 8
	2003～2008 年	0.003 6	0.003 9	0.030 8	0.007 9	0.000 0	0.000 0	0.000 0	0.000 0	0.000 0	0.003 0	0.000 0	0.047 4
	2009～2019 年	0.016 8	0.005 1	0.022 0	0.002 7	0.000 0	0.000 0	0.000 0	0.000 0	0.000 2	0.000 0	0.000 0	0.003 3

为进一步分析洞庭湖各站点含沙量的阶段性特征，绘制 1990～2002 年、2003～2008 年和 2009～2019 年旬均含沙量过程线图进行对比，如图 7.5 所示，南咀站和荆江三口来水各站点含沙量过程线 1990～2002 年远高于 2003 年之后，小河咀站、桃江站和桃源站 2003 年后两个时间段过程线差距不大，城陵矶（七里山）站和湘潭站三个时间段含沙量差距较小，城陵矶（七里山）站在消落期含沙量最高，汛期最低。

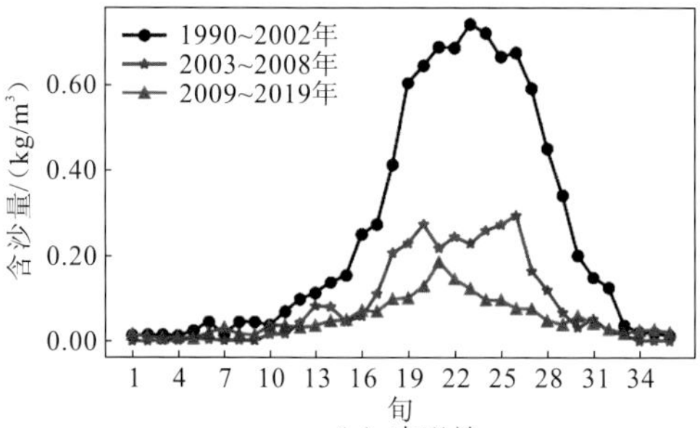

（a）南咀站

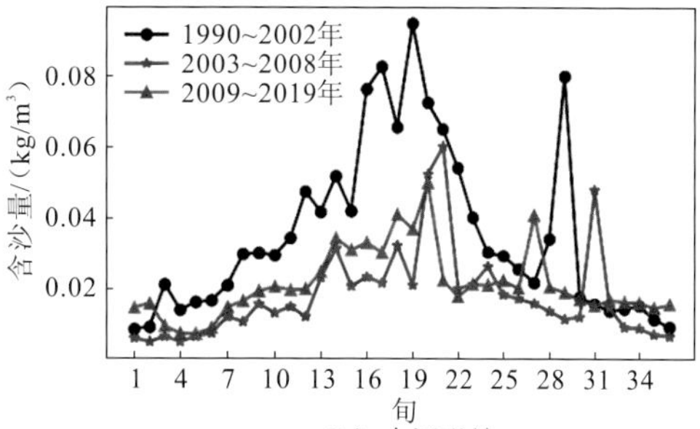

（b）小河咀站

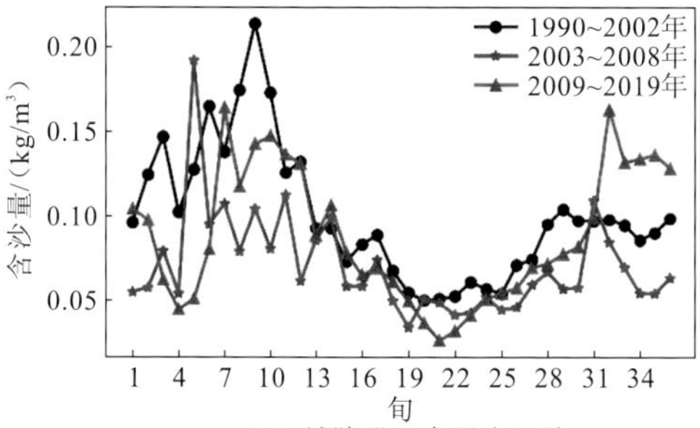

（c）城陵矶（七里山）站

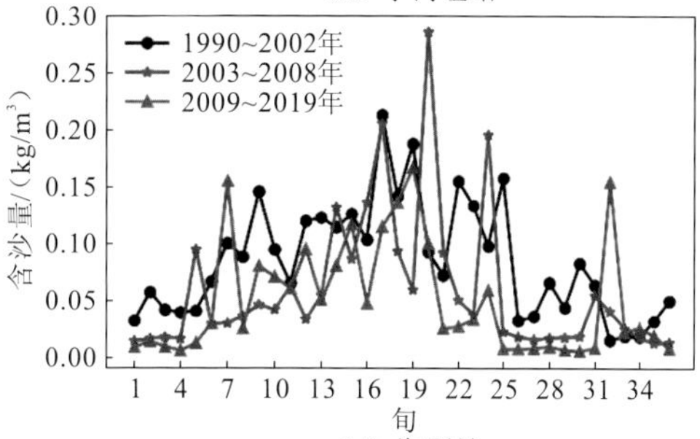

（d）湘潭站

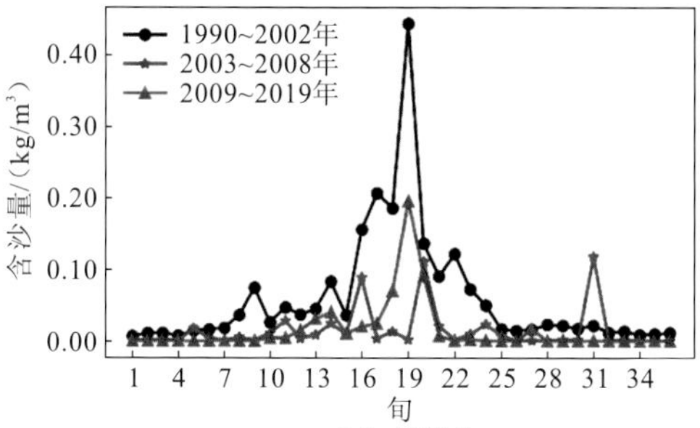

（e）桃江站

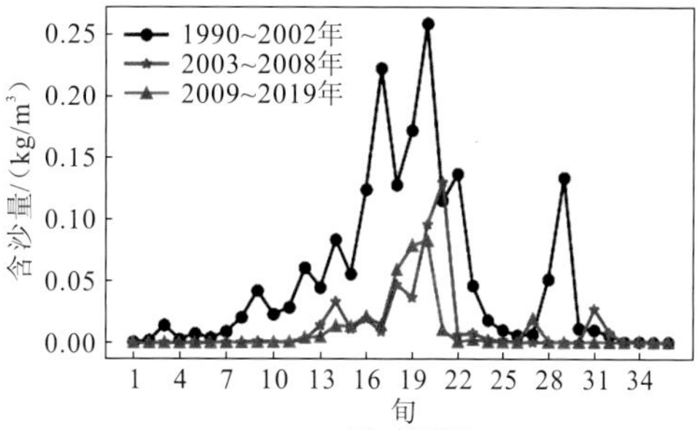

（f）桃源站

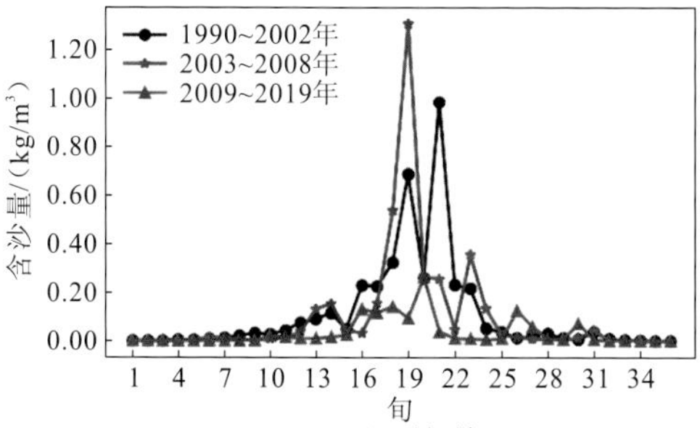

（g）石门站

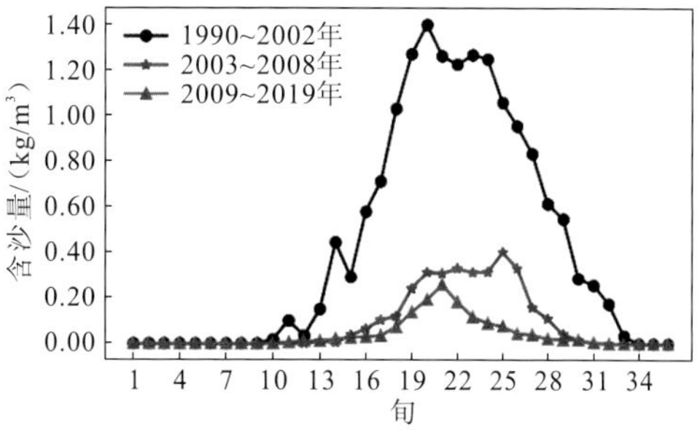

（h）新江口站

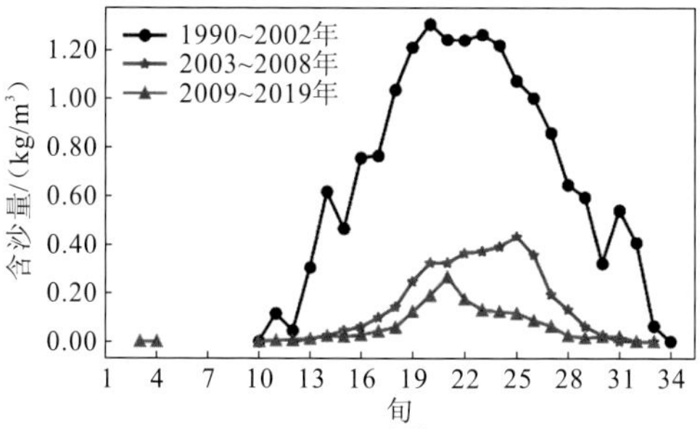

（i）沙道观站

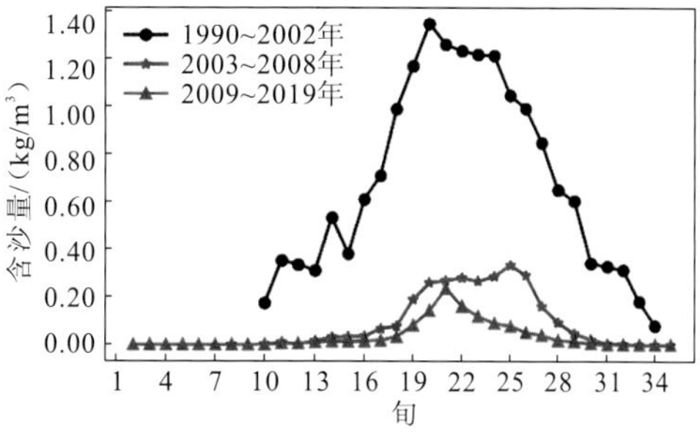

（j）弥陀寺站

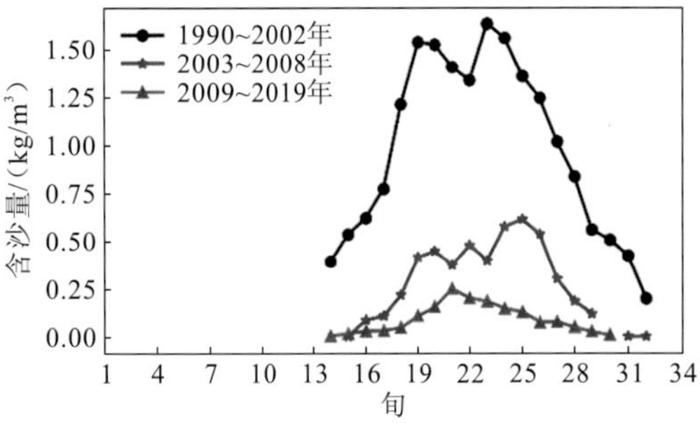

（k）藕池（康）站

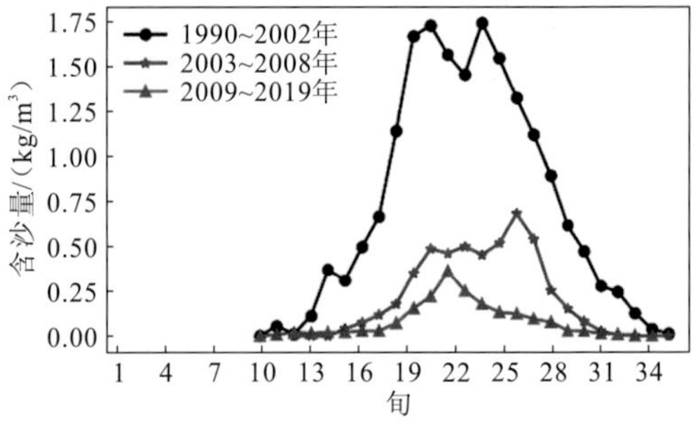

（l）藕池（管）站

图 7.5　三峡水库不同工程阶段洞庭湖各站点年旬均含沙量过程线图

三峡水库年内四个运行时期绘制 12 个站点含沙量柱状图如图 7.6 所示。比较含沙量在不同阶段不同运行时期的变化特征，可以看出，整体上 1990～2002 年含沙量均值远高于其他两个时段值（个别站点除外），汛期 6～9 月尤为明显，分析结果与前文保持一致。

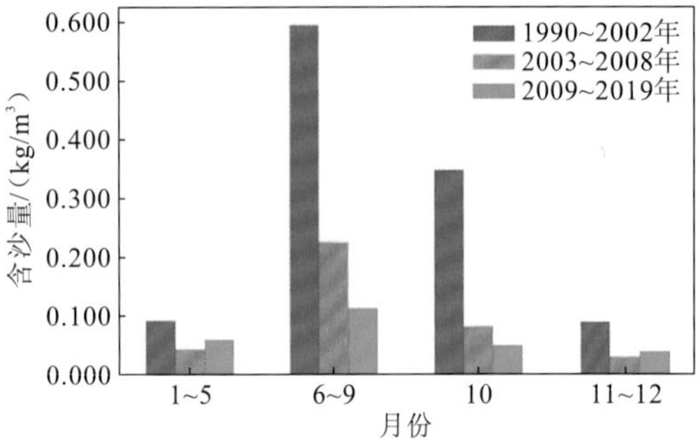

（a）南咀站

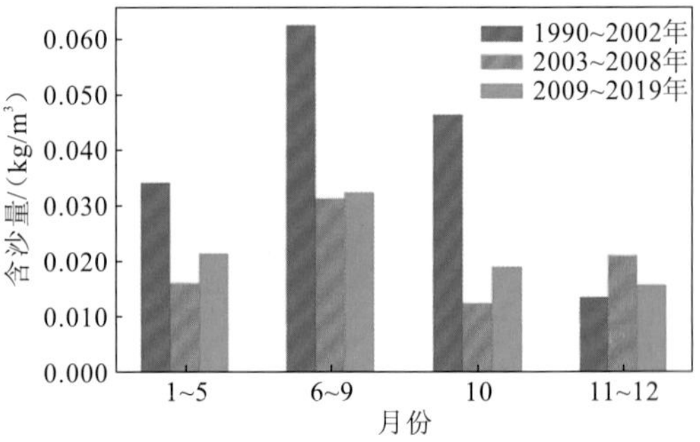

（b）小河咀站

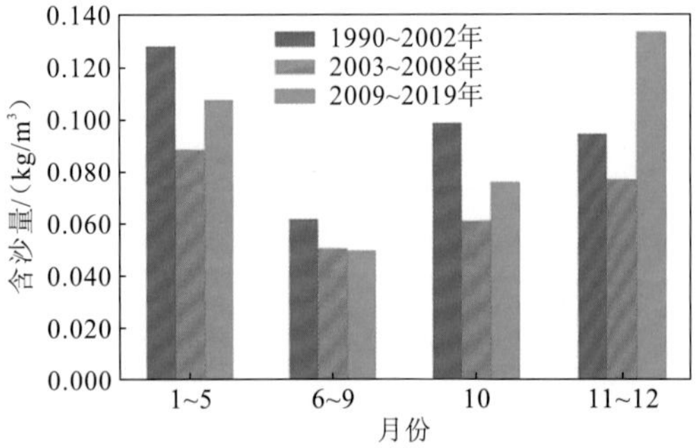

（c）城陵矶（七里山）站

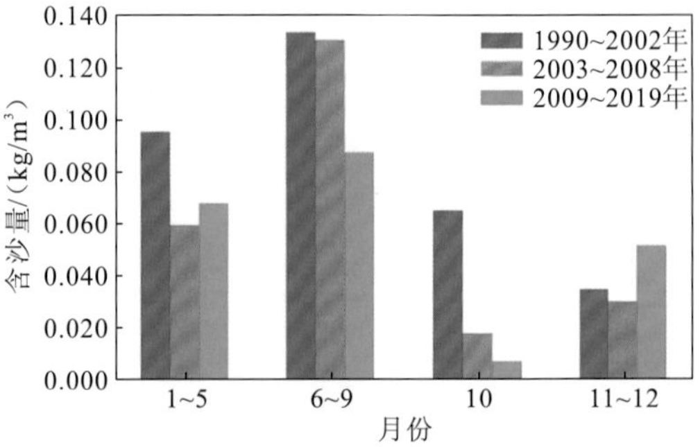

（d）湘潭站

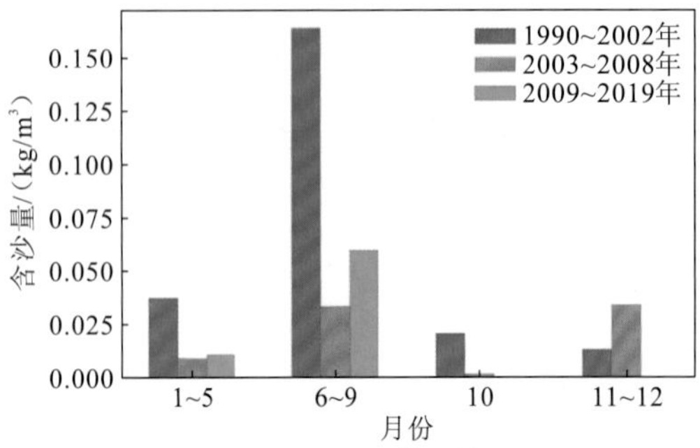

（e）桃江站

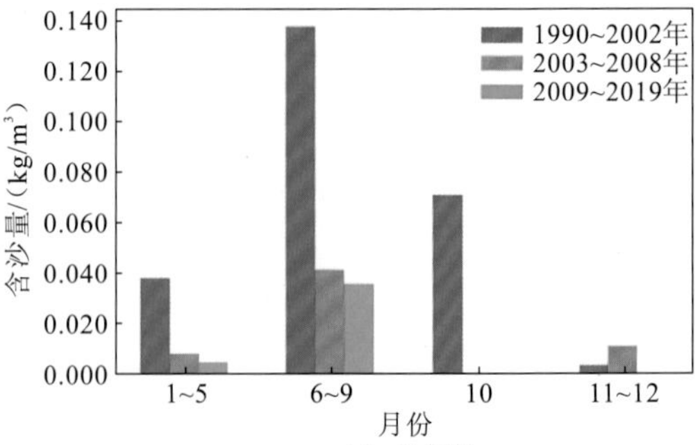

（f）桃源站

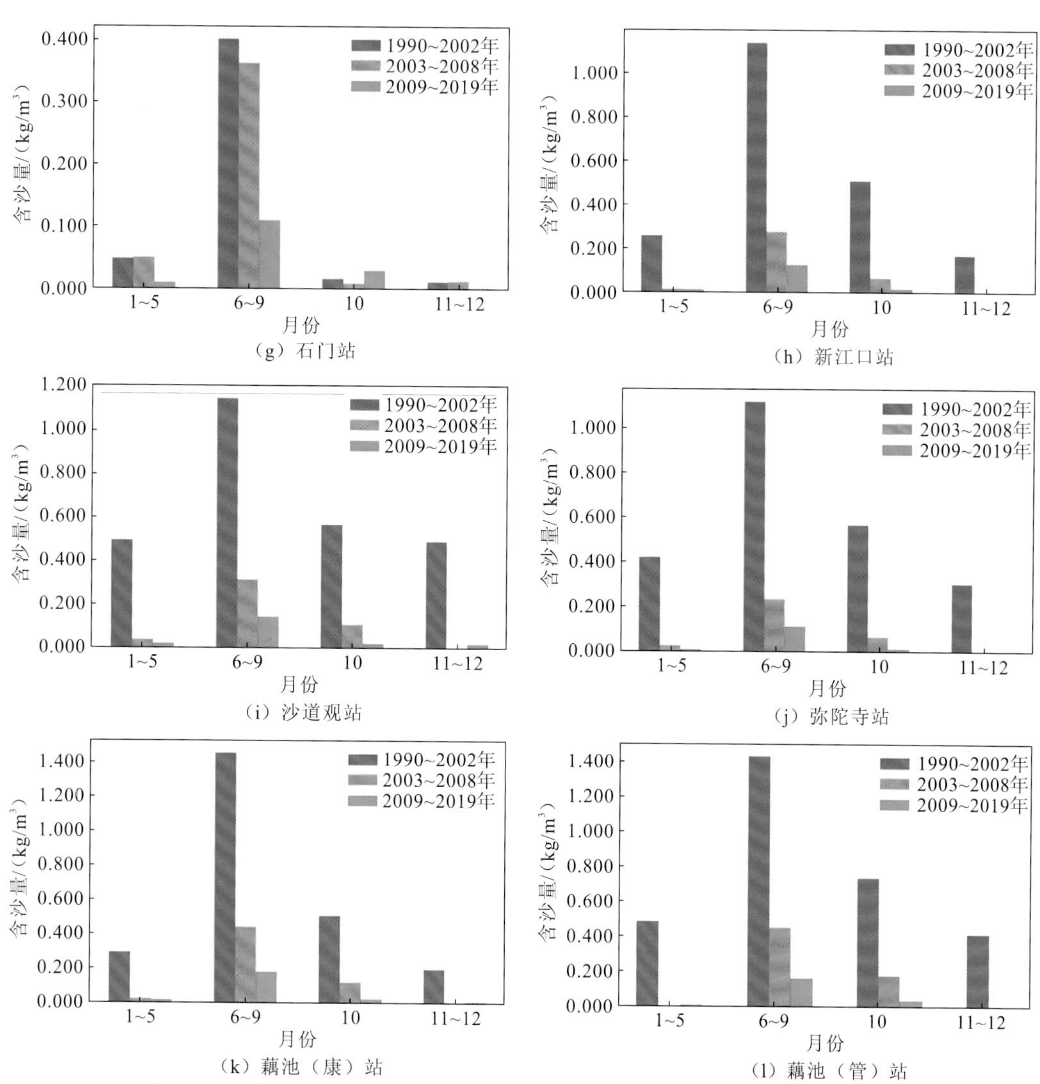

（g）石门站　（h）新江口站　（i）沙道观站　（j）弥陀寺站　（k）藕池（康）站　（l）藕池（管）站

图 7.6　洞庭湖各站点三峡水库不同工程阶段各调度运行时期含沙量柱状图

采用 M-K 趋势检验法对洞庭湖各站点含沙量特征值和各旬含沙量进行趋势性检验，M-K 趋势检验法统计值如表 7.8 所示。从表 7.8 可以看出，特征值系列多呈显著下降趋势。从各旬含沙量系列变化趋势来看，南咀站、小河咀站和城陵矶（七里山）站 6~8 月和其他站点各旬多呈显著下降趋势。

表 7.8　洞庭湖各站点含沙量 M-K 趋势检验法统计值

项目	南咀站	小河咀站	城陵矶（七里山）站	湘潭站	桃江站	桃源站	石门站	新江口站	沙道观站	弥陀寺站	藕池（康）站	藕池（管）站
年均值	−5.46	−2.85	−1.93	−2.19	−2.85	−3.89	−2.85	−5.71	−5.85	−5.78	−5.67	−5.71
年旬最大值	−5.67	−2.60	−2.11	−1.14	−2.07	−3.35	−2.57	−5.50	−5.92	−5.50	−5.35	−5.64
年旬最小值	1.57	−1.52	−3.35	−3.36	−4.09	−1.74	−2.17	—	−0.38	−4.23	−2.36	−2.52

续表

项目		南咀站	小河咀站	城陵矶（七里山）站	湘潭站	桃江站	桃源站	石门站	新江口站	沙道观站	弥陀寺站	藕池（康）站	藕池（管）站
1月（消落期）	上旬	—	0.93	-0.07	-2.72	-4.39	-0.26	-2.52	—	—	—	—	—
	中旬	—	-0.18	-1.36	-2.09	-4.51	-3.07	-3.24	—	—	—	—	—
	下旬	—	-0.93	-3.00	-3.88	-4.84	-3.13	-3.13	—	—	—	—	—
2月（消落期）	上旬	—	-1.00	-3.82	-4.52	-4.96	-1.66	-2.52	—	—	—	—	—
	中旬	—	-2.02	-3.82	-3.63	-4.96	-3.43	-3.37	—	—	—	—	—
	下旬	—	-1.36	-2.68	-3.10	-4.79	-3.48	-3.49	—	—	—	—	—
3月（消落期）	上旬	—	-0.18	-0.50	-2.23	-4.65	-2.33	-2.84	—	—	—	—	—
	中旬	—	-0.32	-1.39	-2.49	-4.97	-4.08	-3.73	—	—	—	—	—
	下旬	—	0.07	-1.18	-2.12	-4.87	-4.46	-2.92	—	—	—	—	—
4月（消落期）	上旬	0.89	-1.36	-1.53	-2.34	-4.07	-4.06	-0.71	-0.08	—	—	—	—
	中旬	-0.89	-1.68	-0.71	-2.95	-4.08	-4.59	-1.52	0.15	—	—	—	—
	下旬	-0.57	-2.43	-2.07	-2.61	-3.18	-4.06	-1.71	0.02	—	—	—	—
5月（消落期）	上旬	-1.43	-1.68	-1.86	-3.70	-2.89	-4.34	-1.86	-2.24	—	—	—	—
	中旬	-1.14	-0.82	0.11	-1.41	-1.70	-2.43	-2.07	-2.10	—	-3.64	—	—
	下旬	-2.64	-0.93	-1.18	-1.26	-3.65	-2.22	-1.03	-3.25	—	-4.58	—	—
6月（汛期）	上旬	-2.03	-2.21	-1.82	-2.08	-3.27	-3.43	-1.43	-3.61	—	-4.69	-3.06	—
	中旬	-3.53	-2.96	-1.89	-0.47	-3.64	-4.14	-0.57	-4.32	-4.82	-4.85	-4.71	—
	下旬	-4.10	-2.14	-2.39	-2.01	-2.49	-2.80	-0.71	-4.25	-4.60	-5.10	-4.64	—
7月（汛期）	上旬	-4.64	-2.71	-2.28	-0.28	-2.43	-2.68	-1.61	-4.46	-4.57	-4.78	-4.64	-5.00
	中旬	-5.25	-2.18	-2.60	-1.89	-2.29	-1.81	-1.28	-5.25	-5.71	-5.60	-5.25	-5.42
	下旬	-4.60	-2.43	-3.39	-1.97	-3.65	-2.74	-1.68	-4.64	-4.89	-5.21	-4.64	—
8月（汛期）	上旬	-4.89	-3.28	-3.35	-3.51	-4.87	-4.91	-2.53	-4.92	-5.00	-5.46	-4.85	—
	中旬	-4.67	-2.53	-2.57	-2.46	-3.79	-4.21	-2.07	-4.89	—	-5.10	-4.57	—
	下旬	-4.39	-2.25	-1.96	-2.19	-3.58	-4.29	-1.64	-4.57	—	-4.89	-4.42	—
9月（汛期）	上旬	-5.35	-1.39	-1.78	-3.02	-4.14	-3.44	-1.25	-5.46	-5.57	-5.74	-4.46	—
	中旬	-4.89	-1.75	-2.39	-3.41	-4.36	-3.67	-0.48	-5.21	-5.03	-5.14	-4.32	—
	下旬	-4.78	-0.36	-1.71	-2.98	-3.72	-3.05	0.23	-4.87	—	-5.04	—	—
10月（蓄水期）	上旬	-4.50	-1.50	-2.85	-3.13	-3.47	-2.59	-0.88	-4.69	—	-5.04	—	—
	中旬	-4.82	-0.39	-2.71	-3.82	-4.35	-3.65	-1.85	-4.32	—	-4.40	—	—
	下旬	-3.46	-0.14	-1.14	-3.51	-4.27	-3.36	-1.81	-4.06	—	—	—	—

续表

项目		南咀站	小河咀站	城陵矶（七里山）站	湘潭站	桃江站	桃源站	石门站	新江口站	沙道观站	弥陀寺站	藕池（康）站	藕池（管）站
11 月（高水位运行期）	上旬	−2.68	−0.68	0.11	−1.71	−3.14	−0.95	−2.63	−2.35	—	—	—	—
	中旬	−3.03	0.93	0.86	0.08	−4.56	−2.70	−2.64	−3.59	—	—	—	—
	下旬	−2.21	0.71	0.54	−1.63	−4.37	−2.73	−2.39	−2.82	—	—	—	—
12 月（高水位运行期）	上旬	—	0.50	0.71	−1.67	−4.36	−0.81	−2.39	−1.27	—	—	—	—
	中旬	—	1.39	0.82	−1.75	−3.48	−2.95	−3.46	—	—	—	—	—
	下旬	—	1.78	1.07	−2.27	−4.08	−2.48	−3.67	—	—	—	—	—

同样，采用 M-K 突变分析法对含沙量特征值进行突变检验。仅城陵矶（七里山）站不存在缺测值，突变分析数据见表 7.9。从表 7.9 可以看出，城陵矶（七里山）站含沙量各特征值突变后均值降低。

表 7.9 洞庭湖城陵矶（七里山）站含沙量特征值突变年份及变化情况

特征值	突变年份	突变前均值/（kg/m^3）	突变后均值/（kg/m^3）	均值变化率/%
年均值	1995	0.107 7	0.076 0	−29
年最大值	1993	0.376 7	0.233 2	−38
年最小值	1994	0.041 2	0.027 3	−34

7.2 洞庭湖水质特征变化

7.2.1 洞庭湖水质评价

采用 2003～2019 年城陵矶（七里山）断面、小河咀断面、南咀断面 3 个断面逐月的 24 项水质数据，分三峡水库消落期（1～5 月）、汛期（6～9 月）、蓄水期（10 月）和高水位运行期（11～12 月）对洞庭湖水质进行评价，具体结果见表 7.10。

表 7.10 洞庭湖各断面水质评价

断面名称	年份	三峡水库消落期（1～5 月）		三峡水库汛期（6～9 月）		三峡水库蓄水期（10 月）		三峡水库高水位运行期（11～12 月）	
		水质类别	超标因子	水质类别	超标因子	水质类别	超标因子	水质类别	超标因子
城陵矶（七里山）断面	2003	V	总磷（1.32）	V	总磷（1.22）	V	总磷（1.70）	IV	总磷（1.00）
	2007	IV	总磷（0.94）	IV	总磷（0.32）	IV	总磷（0.64）	V	总磷（1.42）
	2011	IV	总磷（0.64）	IV	总磷（0.54）	IV	总磷（0.60）	V	总磷（1.30）
	2015	V	总磷（1.32）	IV	总磷（0.36）	IV	总磷（0.80）	V	总磷（1.20）
	2019	IV	总磷（0.12）	IV	总磷（0.36）	V	总磷（2.60）	V	总磷（1.40）

续表

断面名称	年份	三峡水库消落期（1～5月）		三峡水库汛期（6～9月）		三峡水库蓄水期（10月）		三峡水库高水位运行期（11～12月）	
		水质类别	超标因子	水质类别	超标因子	水质类别	超标因子	水质类别	超标因子
小河咀断面	2003	—	—	IV	总磷（1.00）	—	—	IV	总磷（0.14）
	2007	V	总磷（1.60）	V	总磷（1.10）	—	—	IV	总磷（0.60）
	2011	V	总磷（2.00）	IV	总磷（0.90）	—	—	IV	总磷（0.40）
	2015	IV	总磷（0.66）	V	总磷（1.10）	—	—	IV	总磷（0.20）
	2017	IV	总磷（0.60）	V	总磷（1.60）	—	—	IV	总磷（0.40）
南咀断面	2003	—	—	IV	总磷（0.58）	—	—	V	总磷（2.94）
	2007	III	—	IV	总磷（0.82）	IV	总磷（0.50）	IV	总磷（0.36）
	2011	IV	总磷（0.24）	IV	总磷（1.00）	IV	总磷（0.40）	V	总磷（1.10）
	2015	IV	总磷（0.32）	V	总磷（1.36）	劣V	总磷（3.20）	IV	总磷（0.90）
	2019	IV	总磷（0.36）	III	—	III	—	IV	总磷（0.20）

从表 7.10 可以看出：洞庭湖各断面水质总体较差，不能满足湖泊 III 类水质要求，主要超标因子为总磷；城陵矶（七里山）断面总磷最大超标倍数为 2.60，出现在 2019 年 10 月；小河咀断面总磷最大超标倍数为 2.00，出现在 2011 年 1～5 月；南咀断面总磷最大超标倍数为 3.20，出现在 2015 年 10 月。此外，洞庭湖总氮质量浓度较高，大部分时间超过 III 类水质标准，符合 IV～V 类水质要求。

7.2.2　洞庭湖水质年际变化

选择洞庭湖水质超标因子总磷及与湖泊富营养化有关的总氮和高锰酸盐指数，分析洞庭湖城陵矶（七里山）断面、南咀断面、小河咀断面水质的年际变化及其在三峡水库建成前、建成运行后和中小洪水调度后 3 个阶段的变化情况。

1. 高锰酸盐指数

洞庭湖各断面高锰酸盐指数年际变化如图 7.7 所示。城陵矶（七里山）断面 2002～2019 年高锰酸盐指数变化范围为 2.6～3.6 mg/L，符合 II 类水质标准，倾向率略大于 0。南咀断面 2003～2019 年高锰酸盐指数变化范围为 2.1～4.2 mg/L，在 2006 年前符合 III 类水质标准，2006 年后符合 II 类水质标准，倾向率小于 0。小河咀断面 2003～2019 年高锰酸盐指数变化范围为 1.7～3.3 mg/L，符合 II 类水质标准，倾向率小于 0。

三峡水库不同工程阶段洞庭湖各断面高锰酸盐指数如表 7.11 所示，城陵矶（七里山）断面高锰酸盐指数在三峡水库建成前为 2.80±0.22 mg/L，三峡水库建成运行后为 2.97±0.17 mg/L，中小洪水调度后为 3.04±0.31 mg/L。通过比较检验分析，三峡水库建

（a）城陵矶（七里山）断面

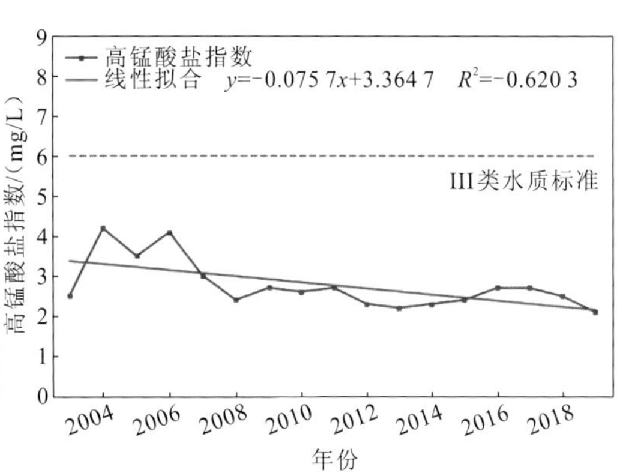

（b）南咀断面

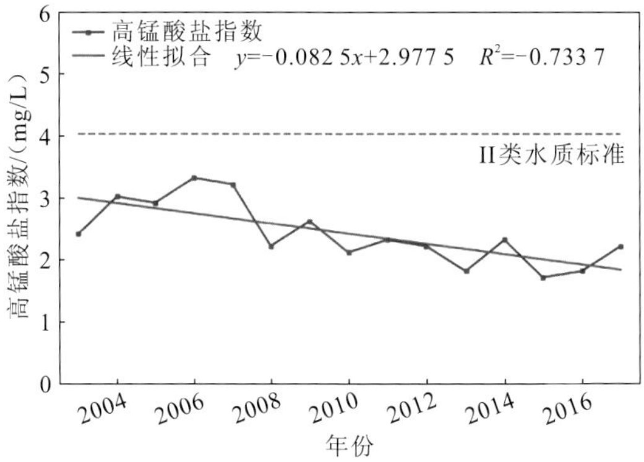

（c）小河咀断面

图 7.7　洞庭湖各断面高锰酸盐指数年际变化趋势图

成前与三峡水库建成运行后及中小洪水调度后，两两之间均无显著性差异（$P>0.05$）。南咀断面高锰酸盐指数在三峡水库建成前为 3.15±0.35 mg/L，三峡水库建成运行后高锰酸盐指数为 3.28±0.71 mg/L，中小洪水调度后为 2.47±0.21 mg/L；三峡水库建成前与三峡水库建成运行后无显著性差异（$P>0.05$），但这两个阶段显著高于中小洪水调度后（$P<0.05$）。小河咀断面高锰酸盐指数在三峡水库建成前为 2.97±0.31 mg/L，三峡水库建成运行后为 2.83±0.40 mg/L，中小洪水调度后为 2.11±0.28 mg/L；三峡水库建成前与三峡水库建成运行后无显著性差异（$P>0.05$），但这两个阶段显著高于中小洪水调度后（$P<0.05$）。

表 7.11　三峡水库不同工程阶段洞庭湖各断面高锰酸盐指数

断面名称	三峡水库建成前/（mg/L）	三峡水库建成运行后/（mg/L）	中小洪水调度后/（mg/L）
城陵矶（七里山）断面	2.80 ± 0.22^{a}	2.97 ± 0.17^{a}	3.04 ± 0.31^{a}
南咀断面	3.15 ± 0.35^{a}	3.28 ± 0.71^{a}	2.47 ± 0.21^{b}
小河咀断面	2.97 ± 0.31^{a}	2.83 ± 0.40^{a}	2.11 ± 0.28^{b}

注：两组数据间字母不同表示存在显著性差异（$P<0.05$），否则表示无显著性差异。

2. 总氮

洞庭湖各断面总氮从 2004 年后才开始连续监测，总氮质量浓度年际变化趋势如图 7.8 所示。城陵矶（七里山）断面 2004～2019 年总氮质量浓度变化范围为 0.972～2.428 mg/L，在 2016 年前甚至超过 V 类水质标准，2016 年后符合 IV 类水质标准，倾向率小于 0。南咀断面总氮质量浓度变化范围为 1.293～2.941 mg/L，在 2014 年前难以达到 V 类水质标准，2014 年后符合 IV 类水质标准，倾向率小于 0。小河咀断面总氮质量浓度变化范围为 1.601～2.427 mg/L，2012 年前在劣 V 类和 V 类水质标准间波动，2012 年后符合 V 类水质标准，倾向率小于 0。

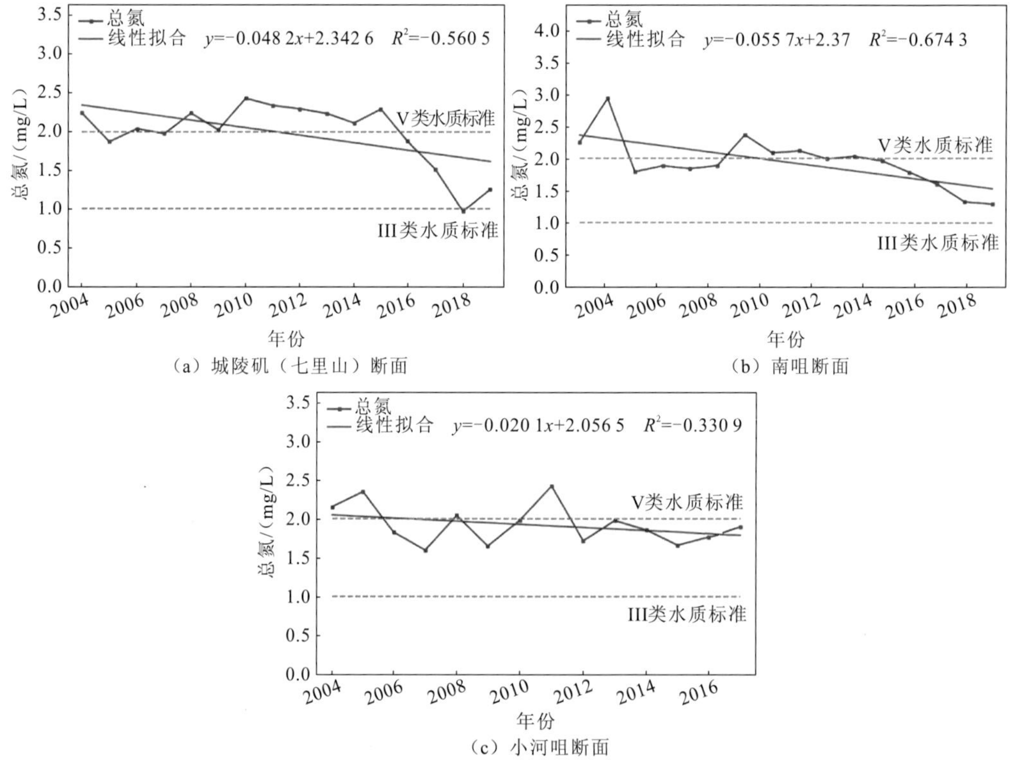

（a）城陵矶（七里山）断面

（b）南咀断面

（c）小河咀断面

图 7.8　洞庭湖各断面总氮质量浓度年际变化趋势图

收集三峡水库建成前的总氮质量浓度历史数据，与三峡水库建成运行后和中小洪水调度后各断面总氮质量浓度进行比较，统计数据如表 7.12 所示。从三峡水库各工程阶段来看：城陵矶（七里山）断面在三峡水库建成前总氮质量浓度为 1.73±0.25 mg/L，三峡水库建成运行后为 2.07±0.15 mg/L，中小洪水调度后为 1.94±0.46 mg/L；三峡水库建成前总氮质量浓度显著低于三峡水库建成运行后和中小洪水调度后（$P<0.05$），三峡水库建成运行后与中小洪水调度后之间无显著性差异（$P>0.05$）。南咀断面在三峡水库建成前总氮质量浓度为 1.55±0.21 mg/L，三峡水库建成运行后为 2.15±0.43 mg/L，中小洪水调度后为 1.86±0.32 mg/L；三峡水库建成前总氮质量浓度显著低于三峡水库建成运行后（$P<0.05$）和中小洪水调度后（$P<0.05$）。三峡水库建成运行后显著高于中小洪水调度后（$P<0.05$）。

小河咀断面在三峡水库建成前总氮质量浓度为 1.57±0.18 mg/L，三峡水库建成运行后为 2.00±0.26 mg/L，中小洪水调度后为 1.89±0.22 mg/L；三峡水库建成前总氮质量浓度显著低于三峡水库建成运行后（$P<0.05$）和中小洪水调度后（$P<0.05$），三峡水库建成运行后和中小洪水调度后总氮质量浓度之间无显著性差异（$P>0.05$）。

表 7.12　三峡水库不同工程阶段洞庭湖各断面总氮质量浓度

断面名称	三峡水库建成前/（mg/L）	三峡水库建成运行后/（mg/L）	中小洪水调度后/（mg/L）
城陵矶（七里山）断面	1.73±0.25[a]	2.07±0.15[b]	1.94±0.46[b]
南咀断面	1.55±0.21[a]	2.15±0.43[b]	1.86±0.32[c]
小河咀断面	1.57±0.18[a]	2.00±0.26[b]	1.89±0.22[b]

注：两组数据间字母不同表示存在显著性差异（$P<0.05$），否则表示无显著性差异。

3. 总磷

洞庭湖各断面总磷质量浓度年际变化趋势图如图 7.9 所示：城陵矶（七里山）断面 2004～2019 年总磷质量浓度变化范围为 0.049～0.143 mg/L，在 IV～V 类水质标准间波动，倾向率小于 0；南咀断面 2004～2019 年总磷质量浓度变化范围为 0.056～0.127 mg/L，在 IV～V 类水质标准间波动，倾向率小于 0；小河咀断面 2004～2019 年总磷质量浓度变化范围为 0.075～0.269 mg/L，2012 年前在劣 V～IV 类水质标准间波动，2012 年后符合 IV 类水质标准，倾向率小于 0。

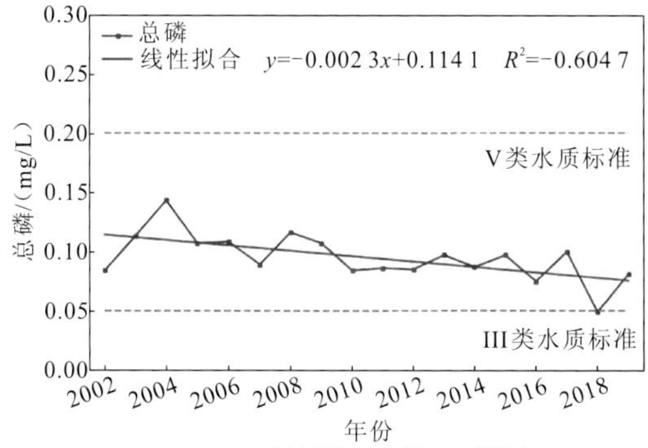

（a）城陵矶（七里山）断面

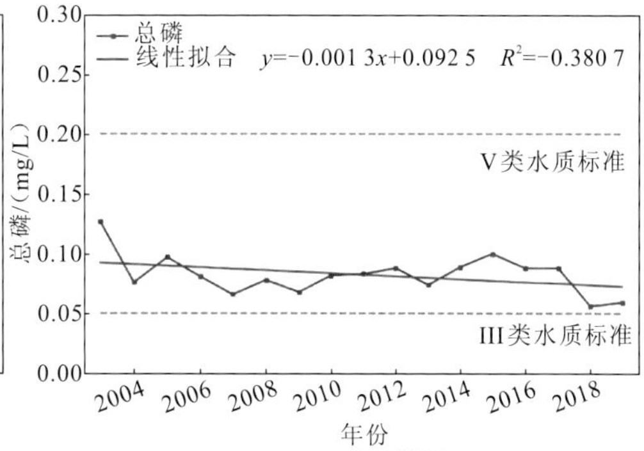

（b）南咀断面

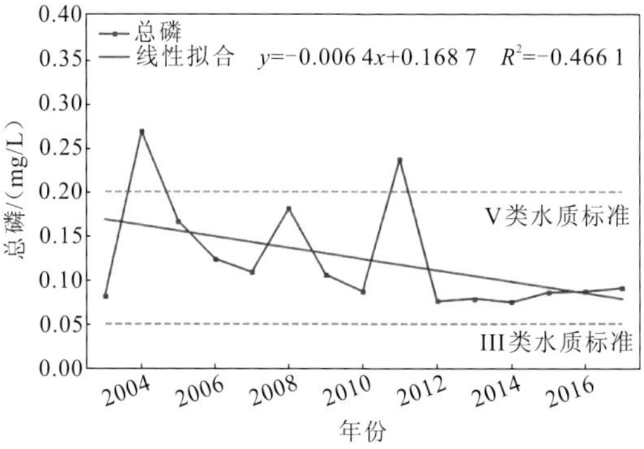

（c）小河咀断面

图 7.9　洞庭湖各断面总磷质量浓度年际变化趋势图

收集三峡水库建成前的总磷质量浓度历史数据，与三峡水库建成运行后和中小洪水调度后各断面总磷质量浓度进行比较，统计数据如表 7.13 所示。从三峡水库不同工程阶段来看：城陵矶（七里山）断面在三峡水库建成前总磷质量浓度为 0.08±0.02 mg/L，三峡水库建成运行后总磷质量浓度为 0.11±0.02 mg/L，中小洪水调度后总磷质量浓度为 0.09±0.01 mg/L；三峡水库建成前总磷质量浓度显著低于三峡水库建成运行后总磷质量浓度（$P<0.05$），三峡水库建成运行后总磷质量浓度显著高于中小洪水调度后总磷质量浓度（$P<0.05$），但三峡水库建成前与中小洪水调度后总磷质量浓度之间无显著性差异（$P>0.05$）。南咀断面在三峡水库建成前总磷质量浓度为 0.07±0.02 mg/L，三峡水库建成运行后总磷质量浓度为 0.09±0.02 mg/L，中小洪水调度后总磷质量浓度为 0.08±0.01 mg/L；三峡水库建成前总磷质量浓度显著低于三峡水库建成运行后（$P<0.05$），三峡水库建成运行后和中小洪水调度后之间总磷质量浓度无显著性差异（$P>0.05$），三峡水库建成前与中小洪水调度后之间总磷质量浓度也无显著性差异（$P>0.05$）。小河咀断面在三峡水库建成前总磷质量浓度为 0.08±0.03 mg/L，三峡水库建成运行后总磷质量浓度为 0.16±0.06 mg/L，中小洪水调度后总磷质量浓度为 0.10±0.05 mg/L；三峡水库建成前总磷质量浓度显著低于三峡水库建成运行后（$P<0.05$）和中小洪水调度后（$P<0.05$），三峡水库建成运行后总磷质量浓度显著高于中小洪水调度后（$P<0.05$）。

表 7.13　三峡水库不同工程阶段洞庭湖各断面总磷质量浓度

断面名称	三峡水库建成前/(mg/L)	三峡水库建成运行后/(mg/L)	中小洪水调度后/(mg/L)
城陵矶（七里山）断面	0.08 ± 0.02^{a}	0.11 ± 0.02^{b}	0.09 ± 0.01^{a}
南咀断面	0.07 ± 0.02^{a}	0.09 ± 0.02^{b}	0.08 ± 0.01^{ab}
小河咀断面	0.08 ± 0.03^{a}	0.16 ± 0.06^{b}	0.10 ± 0.05^{c}

注：两组数据间字母不同表示存在显著性差异（$P<0.05$），否则表示无显著性差异。

7.2.3　洞庭湖水质变化趋势分析

采用 M-K 趋势分析法，对洞庭湖城陵矶（七里山）断面、南咀断面、小河咀断面的高锰酸盐指数、总氮和总磷进行变化趋势分析。

1. 高锰酸盐指数

洞庭湖各断面高锰酸盐指数 M-K 趋势检验法统计值如表 7.14 所示。从全时段各月变化来看：城陵矶（七里山）断面高锰酸盐指数在 6 月和 10 月呈显著上升趋势；南咀断面高锰酸盐指数在 1～3 月和 7 月呈显著下降趋势，在 1～3 月呈极显著下降趋势；小河咀断面高锰酸盐指数在 1 月、3 月、5 月、7 月、9～10 月呈显著下降趋势，在 1 月、3 月和 7 月呈极显著下降趋势。从全时段年均值变化来看，南咀断面及小河咀断面高锰酸盐指数呈显著下降趋势，其中小河咀断面高锰酸盐指数呈极显著下降趋势，城陵矶（七里山）断面高锰酸盐指数变化趋势不显著。

表 7.14　洞庭湖各断面高锰酸盐指数 M-K 趋势检验法统计值

三峡水库各工程阶段	月份	城陵矶（七里山）断面	南咀断面	小河咀断面
全时段	1 月（消落期）	−0.95	−3.02	−2.68
	2 月（消落期）	−0.44	−2.54	—
	3 月（消落期）	−0.30	−2.68	−2.75
	4 月（消落期）	0.48	−1.10	—
	5 月（消落期）	0.30	−1.34	−2.34
	6 月（汛期）	2.31	−0.68	—
	7 月（汛期）	1.04	−2.13	−2.85
	8 月（汛期）	1.44	−0.68	—
	9 月（汛期）	1.79	−1.39	−2.11
	10 月（蓄水期）	2.44	−1.39	−2.27
	11 月（高水位运行期）	0.00	−1.39	−1.48
	12 月（高水位运行期）	0.84	−1.36	—
	年均值	1.04	−2.44	−2.90
三峡水库建成运行后（2003～2008 年）	1 月（消落期）	−0.85	−0.29	0.00
	2 月（消落期）	−0.44	0.00	—
	3 月（消落期）	0.44	−1.46	−0.29
	4 月（消落期）	0.00	0.00	—
	5 月（消落期）	0.65	−1.76	−0.59
	6 月（汛期）	1.09	0.00	—
	7 月（汛期）	0.00	−0.87	0.65
	8 月（汛期）	0.00	0.00	—
	9 月（汛期）	2.18	0.00	0.00
	10 月（蓄水期）	0.85	−0.44	−0.22
	11 月（高水位运行期）	0.00	−1.09	−0.44
	12 月（高水位运行期）	0.51	0.00	—
	年均值	1.03	−0.87	0.00
中小洪水调度后（2009～2019 年）	1 月（消落期）	0.34	−0.85	−1.73
	2 月（消落期）	1.52	−1.50	—
	3 月（消落期）	0.00	−0.76	−2.19
	4 月（消落期）	0.25	0.23	—
	5 月（消落期）	−0.42	−0.34	−0.46
	6 月（汛期）	0.68	−0.81	—
	7 月（汛期）	−0.59	−1.19	−0.81

续表

三峡水库各工程阶段	月份	城陵矶（七里山）断面	南咀断面	小河咀断面
中小洪水调度后（2009～2019年）	8月（汛期）	0.42	−0.58	—
	9月（汛期）	0.85	−0.85	−1.15
	10月（蓄水期）	1.10	−1.02	−0.35
	11月（高水位运行期）	1.19	0.00	0.46
	12月（高水位运行期）	−0.34	−0.12	—
	年均值	0.42	−0.76	−1.39

注：洞庭湖这3个站点2003年才进行逐月水质监测，2002年之前的水质监测数据不系统，故未分析三峡水库建成前的变化趋势，余同。

从三峡水库不同工程阶段来看：三峡水库建成运行后各月变化趋势方面，高锰酸盐指数城陵矶（七里山）断面在9月呈显著上升趋势，其他断面各月份均无明显变化趋势。中小洪水调度后各月变化趋势方面，小河咀断面高锰酸盐指数在3月呈显著下降趋势，其他断面各月份均无明显变化趋势。高锰酸盐指数年均值变化方面，各断面在不同工程阶段均无明显变化趋势。

2. 总氮

洞庭湖各断面总氮M-K趋势检验法统计值如表7.15所示。从全时段各月总氮质量浓度变化来看：城陵矶（七里山）断面总氮质量浓度在5月呈显著下降趋势；南咀断面总氮质量浓度在1月、3月、6月、9～12月呈显著下降趋势，其中在11～12月呈极显著下降趋势；小河咀断面总氮质量浓度在5月呈现显著下降趋势。从全时段年均值变化趋势来看，南咀断面总氮质量浓度呈极显著下降趋势，城陵矶（七里山）断面和小河咀断面总氮质量浓度变化趋势不显著。

表7.15　洞庭湖各断面总氮质量浓度M-K趋势检验法统计值

三峡水库各工程阶段	月份	城陵矶（七里山）断面	南咀断面	小河咀断面
全时段	1月（消落期）	−0.81	−2.21	−0.71
	2月（消落期）	−1.24	0.59	—
	3月（消落期）	−1.00	−2.05	−1.7
	4月（消落期）	−0.91	−1.52	—
	5月（消落期）	−2.05	−1.91	−2.52
	6月（汛期）	−1.15	−2.37	—
	7月（汛期）	1.82	−1.96	0.18
	8月（汛期）	0.43	−1.52	—
	9月（汛期）	−0.81	−2.25	−0.23
	10月（蓄水期）	0.62	−2.48	−0.41

续表

三峡水库各工程阶段	月份	城陵矶（七里山）断面	南咀断面	小河咀断面
全时段	11 月（高水位运行期）	−1.00	−3.20	−0.59
	12 月（高水位运行期）	−0.81	−2.54	—
	年均值	−1.58	−2.53	−0.88
三峡水库建成运行后（2003～2008 年）	1 月（消落期）	2.34	0.88	0.88
	2 月（消落期）	−1.46	0.00	—
	3 月（消落期）	0.29	−0.29	−0.88
	4 月（消落期）	0.29	0.00	—
	5 月（消落期）	0.00	−1.17	−1.17
	6 月（汛期）	1.17	0.00	—
	7 月（汛期）	1.46	−0.88	0.00
	8 月（汛期）	2.05	0.00	—
	9 月（汛期）	0.88	−0.88	−1.46
	10 月（蓄水期）	1.76	−0.88	−0.88
	11 月（高水位运行期）	−0.29	−0.29	0.00
	12 月（高水位运行期）	0.00	0.00	—
	年均值	0.00	−0.88	−0.88
中小洪水调度后（2009～2019 年）	1 月（消落期）	−1.19	−1.36	−0.58
	2 月（消落期）	−0.51	0.23	—
	3 月（消落期）	−1.86	−2.20	−1.73
	4 月（消落期）	−1.19	−3.12	—
	5 月（消落期）	−2.20	−1.69	−0.12
	6 月（汛期）	−2.54	−2.19	—
	7 月（汛期）	0.00	−1.86	1.04
	8 月（汛期）	−1.52	−2.19	—
	9 月（汛期）	−2.71	−2.03	0.00
	10 月（蓄水期）	−0.51	−3.22	0.00
	11 月（高水位运行期）	−2.20	−3.90	−0.46
	12 月（高水位运行期）	−2.71	−3.35	—
	年均值	−3.05	−3.22	0.00

三峡水库建成运行后各月变化趋势方面：城陵矶（七里山）断面总氮质量浓度在 1 月和 8 月呈显著上升趋势；其他断面总氮质量浓度各月份均无明显变化趋势。年均值变化方面，各断面总氮质量浓度变化趋势不显著。

中小洪水调度后各月变化趋势方面：城陵矶（七里山）断面在 5 月、6 月、9 月、11～12 月总氮质量浓度呈显著下降趋势，其中在 6 月、9 月和 12 月呈极显著下降趋势；南咀断面在 3～4 月、6 月、8～12 月总氮质量浓度呈显著下降趋势，其中在 4 月和 10～12 月呈极显著下降趋势；小河咀断面各月份总氮质量浓度均无明显变化趋势。总氮质量浓度年均值变化方面：城陵矶（七里山）断面和南咀断面呈极显著下降趋势；小河咀断面无明显变化趋势。

3. 总磷

洞庭湖各断面总磷质量浓度 M-K 趋势检验法统计值如表 7.16 所示。从全时段各月变化趋势方面来看：城陵矶（七里山）断面总磷质量浓度在 3 月、5 月、8 月呈显著下降趋势，其中在 5 月、8 月呈极显著下降趋势；南咀断面总磷质量浓度在 6 月呈显著下降趋势；小河咀断面总磷质量浓度在 1 月、3 月、5 月呈显著下降趋势，其中在 3 月和 5 月呈极显著下降趋势。从全时段年均值来看，城陵矶（七里山）断面总磷质量浓度呈显著下降趋势，南咀断面和小河咀断面总磷质量浓度无明显变化趋势。

表 7.16　洞庭湖各断面总磷质量浓度 M-K 趋势检验法统计值

三峡水库各工程阶段	月份	城陵矶（七里山）断面	南咀断面	小河咀断面
全时段	1 月（消落期）	−1.82	−0.05	−2.46
	2 月（消落期）	−1.57	0.93	—
	3 月（消落期）	−2.35	−0.10	−2.81
	4 月（消落期）	−1.00	1.44	—
	5 月（消落期）	−3.44	0.81	−2.75
	6 月（汛期）	−1.61	−2.46	—
	7 月（汛期）	0.00	−0.30	0.47
	8 月（汛期）	−2.57	−1.78	—
	9 月（汛期）	1.13	−0.17	−0.95
	10 月（蓄水期）	−1.28	−0.83	−0.79
	11 月（高水位运行期）	−1.00	−0.57	−0.95
	12 月（高水位运行期）	−0.76	−0.08	—
	年均值	−2.44	−0.35	−1.84
三峡水库建成运行后（2003～2008 年）	1 月（消落期）	1.71	−0.29	0.00
	2 月（消落期）	1.75	0.00	—
	3 月（消落期）	−0.44	0.29	0.29
	4 月（消落期）	−1.03	0.00	—
	5 月（消落期）	−1.31	−1.17	−2.34

续表

三峡水库各工程阶段	月份	城陵矶（七里山）断面	南咀断面	小河咀断面
三峡水库建成运行后（2003～2008 年）	6 月（汛期）	−1.53	0.00	—
	7 月（汛期）	−0.34	−0.87	−0.87
	8 月（汛期）	−0.65	0.00	—
	9 月（汛期）	−1.75	−0.87	0.00
	10 月（蓄水期）	−1.03	−0.44	1.31
	11 月（高水位运行期）	0.68	−0.44	0.87
	12 月（高水位运行期）	1.37	0.00	—
	年均值	0.34	−1.31	0.00
中小洪水调度后（2009～2019 年）	1 月（消落期）	−1.02	1.19	−0.81
	2 月（消落期）	−1.10	1.04	—
	3 月（消落期）	−1.27	0.59	−2.66
	4 月（消落期）	−1.95	0.23	—
	5 月（消落期）	−2.88	0.59	−0.81
	6 月（汛期）	0.00	−2.89	—
	7 月（汛期）	0.59	−1.02	3.12
	8 月（汛期）	0.00	−1.85	—
	9 月（汛期）	1.95	−0.93	−0.58
	10 月（蓄水期）	−0.51	−0.76	0.23
	11 月（高水位运行期）	−1.44	0.00	0.69
	12 月（高水位运行期）	0.08	0.23	—
	年均值	−0.93	0.08	−0.23

从三峡水库建成运行后各月变化趋势来看：小河咀断面总磷质量浓度在 5 月呈显著下降趋势，其他断面各月份均无明显变化趋势。年均值方面，各断面总磷质量浓度均无明显变化趋势。

中小洪水调度后：城陵矶（七里山）断面总磷质量浓度在 5 月呈极显著下降趋势；南咀断面总磷质量浓度在 6 月呈极显著下降趋势；小河咀断面总磷质量浓度在 3 月呈极显著下降趋势，在 7 月呈极显著上升趋势。年均值方面，各断面总磷质量浓度均无明显变化趋势。

7.2.4　洞庭湖水质突变分析

采用 M-K 突变检验法对洞庭湖城陵矶（七里山）断面、南咀断面和小河咀断面高锰酸盐指数、总氮和总磷水质超标因子的质量浓度进行突变检验分析，表 7.17 中统计了各断面不同水质超标因子的突变情况。

表 7.17　洞庭湖各断面主要水质超标因子突变年份及变化情况　（单位：mg/L）

水质超标因子	断面名称	突变年份	突变前均值	突变后均值	差值
高锰酸盐指数	城陵矶（七里山）断面	—	—	—	—
	南咀断面	2006	3.40	2.60	−0.80
	小河咀断面	2008	2.96	2.12	−0.84
总氮	城陵矶（七里山）断面	2008	2.03	2.24	0.21
		2016	2.24	1.41	−0.83
	南咀断面	2016	2.10	1.51	−0.59
	小河咀断面	—	—	—	—
总磷	城陵矶（七里山）断面	2006	0.112	0.090	−0.02
	南咀断面	—	—	—	—
	小河咀断面	2005	0.176	0.116	−0.06

高锰酸盐指数方面：城陵矶（七里山）断面未发生突变；南咀断面于 2006 年发生下降突变，突变前高锰酸盐指数为 3.40 mg/L，突变后高锰酸盐指数为 2.60 mg/L；小河咀断面于 2008 年发生下降突变，突变前高锰酸盐指数为 2.96 mg/L，突变后高锰酸盐指数为 2.12 mg/L。总氮方面：城陵矶（七里山）断面于 2008 年发生上升突变，2016 年发生下降突变，2008 年突变前总氮质量浓度为 2.03 mg/L，突变后总氮质量浓度为 2.24 mg/L，2016 年突变后总氮质量浓度为 1.41 mg/L；南咀断面于 2016 年发生下降突变，突变前总氮质量浓度为 2.10 mg/L，突变后总氮质量浓度为 1.51 mg/L；小河咀断面未发生突变。总磷方面：城陵矶（七里山）断面于 2006 年发生下降突变，突变前总磷质量浓度为 0.112 mg/L，突变后总磷质量浓度为 0.090 mg/L；南咀断面未发生突变；小河咀断面于 2005 年发生下降突变，突变前总磷质量浓度为 0.176 mg/L，突变后总磷质量浓度为 0.116 mg/L。

总体来看：除城陵矶（七里山）断面总氮质量浓度于 2008 年发生上升突变外，其他突变点均为下降突变，城陵矶断面其他指标也有突变，突变时间集中在 2005～2008 年和 2016 年，与三峡水库建成运行节点（2003 年）和中小洪水调度节点（2009 年）不相符。部分典型 M-K 突变分析法检验图如图 7.10 所示。

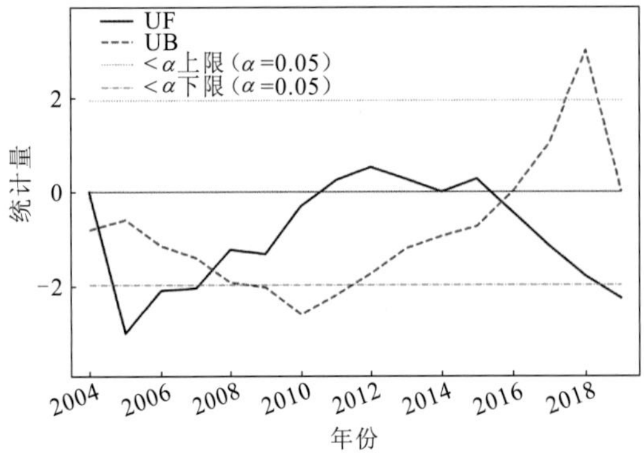

（a）城陵矶（七里山）断面总氮统计量

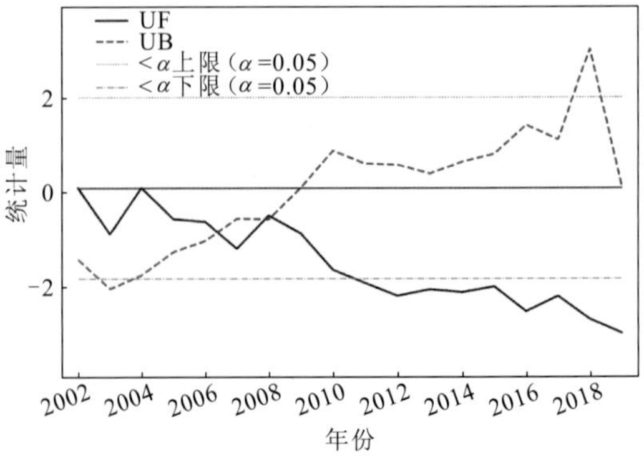

（b）城陵矶（七里山）断面总磷统计量

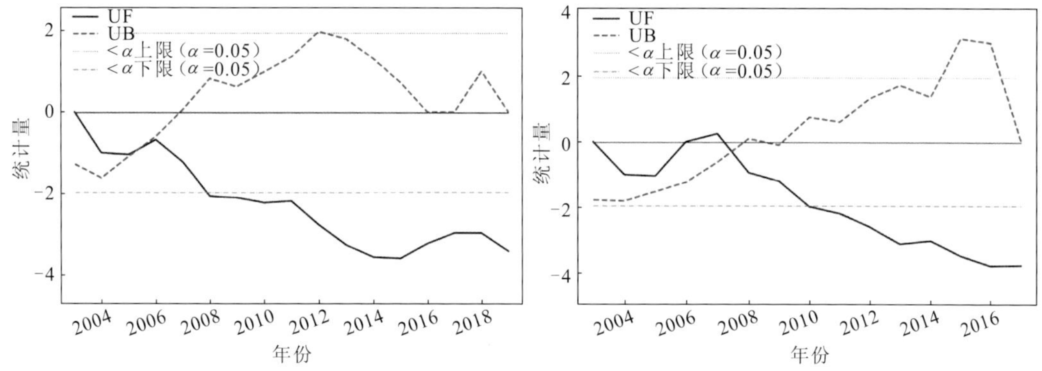

（c）南咀断面高锰酸盐指数统计量　　（d）小河咀断面高锰酸盐指数统计量

图 7.10 部分典型 M-K 突变分析法检验图

7.3 洞庭湖水文水质演变与水库调度影响分析

7.3.1 洞庭湖水文演变与水库调度影响分析

洞庭湖水文演变与水库调度影响关系见表 7.18。洞庭湖水文情势在一定程度上受三峡水库调度运行的影响。由于长江中下游干流水位降低，荆江三口入湖水量减少，湖口入江水量增加，湖区水位呈下降趋势，但其来水主要为上游的湘江、资江、沅江、澧水四水（以下简称洞庭四水），因而湖区年均水位未发生突变，其与三峡水库的中小洪水调度期也无明显响应关系。

表 7.18 洞庭湖水文演变与水库调度影响关系

主要指标	三峡水库建成运行后与建库前相比			中小洪水调度后与建库后相比		
	变化趋势	变化情况	影响情况	变化趋势	变化情况	影响情况
水位	下降趋势	无突变	三峡水库建成后，荆江三口入湖水量减少，水位降低；湖区水位也明显下降	下降趋势	无突变	中小洪水调度后荆江三口入湖水量持续减少，水位略有下降；湖区水位响应关系不明显
流量	洞庭四水、湖区水量无显著变化趋势，荆江三口来水呈下降趋势	荆江三口来水有突变，其余无突变	三峡水库建成后，荆江三口入湖水量减少	无显著变化趋势	无突变	无明显响应关系
含沙量	下降趋势	有突变	荆江三口入湖水沙受建库影响大幅减少，与三峡水库运行时间一致	下降趋势	无突变	来沙量略有减少

从流量上看，洞庭四水、湖区水量在三峡水库建成运行与中小洪水调度两个时期无

显著变化趋势。但荆江三口来水在三峡水库初期蓄水期呈显著下降趋势，中小洪水调度后与之相比无变化趋势。

含沙量方面：三峡水库初期蓄水期，荆江三口入湖水沙大幅减少，与三峡水库运行时间一致；洞庭四水受上游水利工程拦沙，水土保持减沙等人类活动影响也呈减少趋势，但与三峡水库的建设运行相关性不大。中小洪水调度后，含沙量仍呈下降趋势，但未发生突变。

7.3.2 洞庭湖水质演变与水库调度影响分析

洞庭湖水质演变与水库调度影响关系见表 7.19。从年际变化来看，城陵矶（七里山）断面高锰酸盐指数呈上升趋势，三个断面其他主要水质超标因子均呈下降趋势。其中：城陵矶（七里山）断面总磷质量浓度、南咀断面高锰酸盐指数及总氮质量浓度、小河咀断面高锰酸盐指数及总磷质量浓度在中小洪水调度后比三峡水库建成运行后下降趋势显著。

表 7.19 洞庭湖水质演变与水库调度影响关系

水质超标因子	三峡水库建成运行后与建库前相比			中小洪水调度后与建库后相比		
	变化趋势	变化情况	影响情况	变化趋势	变化情况	影响情况
总磷	无显著变化趋势	有突变	总磷变化趋势不显著，突变节点与三峡水库建设运行阶段的时间节点不相吻合，总磷变化未明显受三峡水库建成运行影响	无显著变化趋势	无突变	总磷变化未明显受三峡水库中小洪水调度影响
总氮	无显著变化趋势	无突变	总氮变化未明显受三峡水库建成运行影响	城陵矶（七里山）断面和南咀断面下降；小河咀断面无显著变化趋势	有突变	总氮变化趋势及突变节点与三峡水库中小洪水调度时间节点不相吻合，总氮变化未明显受三峡水库建成运行影响
高锰酸盐指数	无显著变化趋势	有突变	高锰酸盐指数无明显变化趋势，突变节点与三峡水库建成运行阶段的时间节点不相吻合，高锰酸盐指数变化未明显受三峡水库建成运行影响	无显著变化趋势	无突变	总氮变化未明显受三峡水库中小洪水调度影响

从三峡水库不同工程阶段来看：洞庭湖各断面总磷质量浓度、高锰酸盐指数在三峡水库建成运行后和中小洪水调度后均无显著变化趋势，但在三峡水库建成运行后存在水质突变情况；总氮质量浓度在三峡水库建成运行后无显著变化趋势，城陵矶（七里山）断面和南咀断面总氮质量浓度在中小洪水调度后呈显著下降趋势，并在中小洪水调度后

存在突变情况。

从年内变化来看：各断面高锰酸盐指数在消落期相对较高，汛期、蓄水期相对较低；城陵矶（七里山）断面总氮质量浓度在消落期相对较高、汛期和蓄水期相对较低，南咀断面和小河咀断面各调度时期总氮质量浓度变化较小；城陵矶（七里山）断面和小河咀断面总磷质量浓度在消落期相对较高，汛期相对较低，南咀断面在蓄水期相对较高，消落期相对较低。

洞庭湖水质变化与三峡水库不同工程阶段无明显相关关系，水质突变节点与工程时间节点不相吻合，洞庭湖水质变化未明显受三峡水库建成运行的影响。湖区水质可能与水文状态因子和流域污染排放有关。

第8章

鄱阳湖水文水质演变与水库调度

本章主要分析三峡水库建成前，建成运行后和中小洪水调度后鄱阳湖的水位、流量、含沙量的变化情况，辨识三峡水库不同阶段消落期、汛期、蓄水期及高水位运行期鄱阳湖水位、流量和含沙量的变化特征。采用M-K趋势检验法、M-K突变分析法分析鄱阳湖水位、流量和含沙量变化趋势及突变情况。评价鄱阳湖2003～2019年的水质演变情况，分析高锰酸盐指数、总氮质量浓度、总磷质量浓度的年际变化及三峡水库不同阶段的变化情况。采用M-K趋势检验法、M-K突变分析法分析鄱阳湖各水质指标变化趋势及突变情况。针对鄱阳湖水文泥沙演变和水质演变，分析三峡水库调度运行对其产生的影响。

8.1　鄱阳湖水文特征变化

8.1.1　鄱阳湖水位特征变化

鄱阳湖有水位数据的站点共 6 个，分别为外洲站、李家渡站、梅港站、虎山站、万家埠站和湖口站。湖口站是鄱阳湖入长江站，外洲站、李家渡站、梅港站、虎山站、万家埠站分别是赣江、抚河、信江、修水、饶河五水（以下简称“赣抚信修饶”五水）入湖站。其中外洲站缺失 2014 年水位数据，仅对有数据年份进行分析。以三峡水库建成（2003 年）和中小洪水调度（2009 年）为时间节点，统计三峡水库建成前（1990～2002 年），建成运行后（2003～2008 年）和中小洪水调度后（2009～2019 年）3 个阶段水位特征值，结果如表 8.1 所示。从表 8.1 可以看出，年均值方面：鄱阳湖湖区来水水位呈逐渐降低的趋势，2009～2019 年较 1990～2002 年来水水位平均降低 1.59 m，较 2003～2008 年平均降低 0.65 m；湖口站 2009～2019 年较 1990～2002 年来水水位平均降低 0.79 m；较 2003～2008 年平均升高 0.34 m。年最大值方面：鄱阳湖湖区来水水位同样呈逐渐降低的趋势，2009～2019 年较 1990～2002 年平均降低 1.49 m，较 2003～2008 年平均降低 0.03 m；湖口站 2009～2019 年较 1990～2002 年平均降低 1.18 m，较 2003～2008 年平均升高 0.94 m。年最小值方面：鄱阳湖湖区来水水位同样呈逐渐降低的趋势，2009～2019 年较 1990～2002 年平均降低 1.75 m，较 2003～2008 年平均降低 1.01 m；湖口站 2009～2019 年较 1990～2002 年平均升高 0.06 m，较 2003～2008 年平均升高 0.31 m。水位年内变幅方面：各站点三个时期呈先降低后升高的趋势，鄱阳湖湖区来水水位变幅 2003～2008 年较 1990～2002 年平均降低 0.72 m，2009～2019 年较 2003～2008 年平均升高 0.98 m；湖口站 2003～2008 年较 1990～2002 年平均降低 1.87 m，2009～2019 年较 2003～2008 年平均升高 0.64 m。

表 8.1　三峡水库不同工程阶段鄱阳湖各站点水位特征值

特征值	阶段	外洲站	李家渡站	梅港站	虎山站	万家埠站	湖口站
年均值/m	1990～2019 年	17.18	24.72	18.97	21.17	21.77	12.74
	1990～2002 年	18.49	25.59	19.60	21.53	22.71	13.25
	2003～2008 年	16.76	24.65	18.69	21.38	21.91	12.12
	2009～2019 年	15.85	23.72	18.37	20.64	20.57	12.46
年最大值/m	1990～2019 年	20.98	27.27	22.75	23.72	23.37	18.99
	1990～2002 年	22.07	28.17	23.73	23.99	24.30	19.85
	2003～2008 年	20.09	26.80	21.71	23.69	23.33	17.73
	2009～2019 年	20.17	26.46	22.16	23.42	22.31	18.67
年最小值/m	1990～2019 年	14.63	23.49	17.49	20.15	21.15	7.67
	1990～2002 年	16.46	24.38	18.09	20.54	22.15	7.70

续表

特征值	阶段	外洲站	李家渡站	梅港站	虎山站	万家埠站	湖口站
年最小值/m	2003～2008 年	14.59	23.64	17.50	20.33	21.35	7.45
	2009～2019 年	12.48	22.36	16.78	19.60	19.85	7.76
年内变幅/m	1990～2019 年	6.35	3.78	5.26	3.57	2.23	11.32
	1990～2002 年	5.60	3.80	5.64	3.45	2.15	12.15
	2003～2008 年	5.50	3.16	4.22	3.36	1.98	10.28
	2009～2019 年	7.69	4.11	5.38	3.82	2.45	10.92

通过绘制1990～2002年、2003～2008年和2009～2019年旬均水位过程线图(图8.1)，可以清晰看到：鄱阳湖来水水位 1990～2002 年基本最高，2009～2019 年基本最低；湖口站水位 1～5 月 2009～2019 年和 1990～2002 年水位较接近，6 月之后 2009～2019 年水位降低幅度较大。

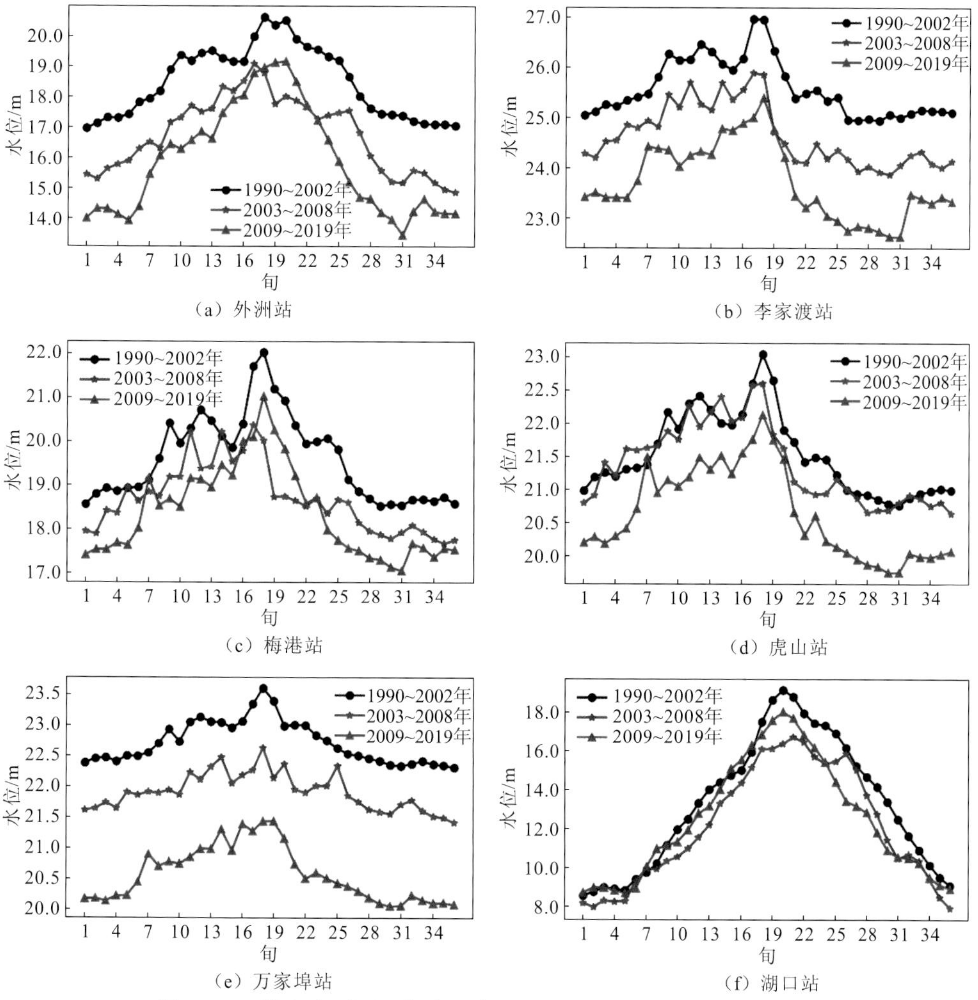

图 8.1 三峡水库不同工程阶段鄱阳湖各站点年旬均水位过程线图

针对三峡水库消落期（1～5 月）、汛期（6～9 月）、蓄水期（10 月）及高水位运行期（11～12 月）水位状况，绘制鄱阳湖区 6 个站点不同时期水位柱状图，如图 8.2 所示，比较水位在不同工程阶段各调度运行时期的变化特征，可以看出，不同调度运行时期水位随三峡水库蓄水及中小洪水调度逐渐降低，其中汛期 6～9 月水位 2009～2019 年较 1990～2002 年降低幅度最大。

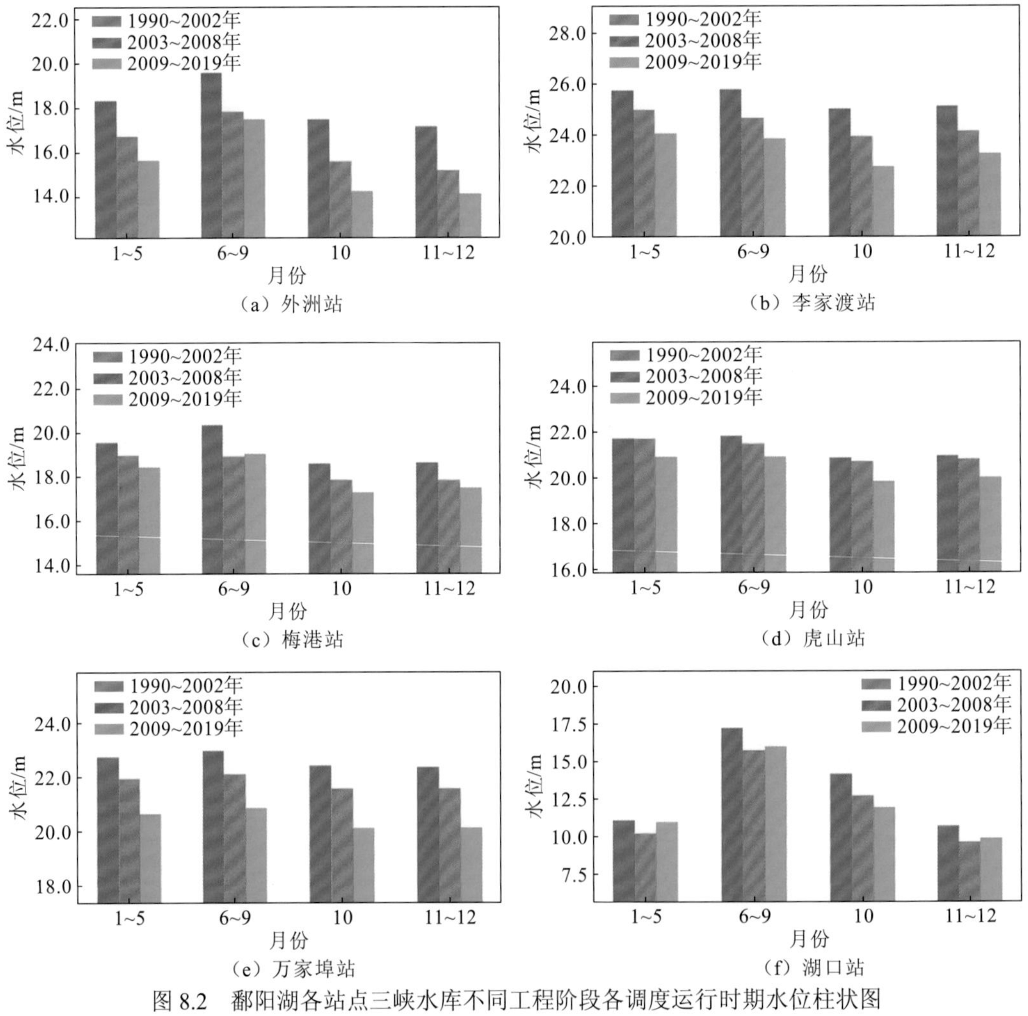

图 8.2　鄱阳湖各站点三峡水库不同工程阶段各调度运行时期水位柱状图

采用 M-K 趋势检验法对鄱阳湖各站点水位特征值和各旬水位进行趋势性检验，M-K 趋势检验法统计值如表 8.2 所示。从表 8.2 可以看出：年均值方面各站点均呈显著下降趋势；年最大值方面各站点同样呈下降趋势，其中，外洲站、李家渡站、万家埠站呈极显著下降趋势；年最小值方面，除湖口站下降趋势不显著外，其余站点均呈极显著下降趋势；年内变幅方面外洲站呈极显著增大趋势。

表 8.2　鄱阳湖各站点水位 M-K 趋势检验法统计值

项目		外洲站	李家渡站	梅港站	虎山站	万家埠站	湖口站
年均值		−5.12	−5.03	−4.28	−3.64	−6.82	−2.00
年最大值		−2.59	−3.78	−1.89	−1.50	−4.85	−1.50
年最小值		−6.48	−4.78	−5.14	−3.59	−7.07	−0.11
年内变幅		2.77	0.32	−0.46	1.39	0.96	−1.03
1 月（消落期）	上旬	−4.71	−4.75	−4.12	−3.18	−6.17	0.18
	中旬	−4.58	−4.57	−3.68	−3.85	−6.67	0.18
	下旬	−4.67	−4.51	−3.68	−3.07	−6.32	0.32
2 月（消落期）	上旬	−4.56	−4.42	−3.52	−3.28	−6.49	0.36
	中旬	−4.71	−4.57	−3.57	−2.93	−6.21	−0.07
	下旬	−4.30	−4.42	−3.18	−2.21	−6.24	−1.18
3 月（消落期）	上旬	−4.15	−2.85	−1.11	−1.36	−5.32	−0.68
	中旬	−3.66	−4.14	−3.19	−2.89	−6.32	0.25
	下旬	−4.18	−4.75	−3.64	−3.60	−6.49	0.11
4 月（消落期）	上旬	−4.90	−5.32	−4.71	−3.68	−6.35	−1.39
	中旬	−4.03	−3.89	−2.57	−3.18	−5.42	−1.28
	下旬	−3.64	−3.89	−2.82	−2.57	−5.03	−2.03
5 月（消落期）	上旬	−4.22	−4.25	−3.21	−2.93	−5.57	−1.14
	中旬	−2.68	−2.14	−1.25	−1.68	−4.28	−0.86
	下旬	−1.59	−2.39	−1.89	−2.64	−5.67	0.21
6 月（汛期）	上旬	−2.16	−3.43	−0.39	−1.48	−5.74	0.61
	中旬	−1.48	−3.07	−2.12	−2.21	−5.46	0.07
	下旬	−1.82	−2.53	−0.96	−1.71	−5.00	−0.96
7 月（汛期）	上旬	−1.56	−2.82	−0.68	−2.25	−5.07	−1.21
	中旬	−1.67	−2.96	−1.53	−1.43	−5.10	−1.36
	下旬	−1.71	−3.71	−1.46	−2.43	−5.60	−1.28
8 月（汛期）	上旬	−2.46	−4.46	−2.07	−3.53	−6.17	−1.18
	中旬	−2.64	−4.17	−2.43	−2.28	−5.59	−1.11
	下旬	−3.51	−4.75	−4.03	−3.35	−5.99	−1.64
9 月（汛期）	上旬	−3.58	−4.32	−4.25	−2.53	−5.39	−1.82
	中旬	−4.48	−5.07	−4.28	−2.84	−6.57	−2.07
	下旬	−5.05	−5.01	−4.60	−3.43	−6.64	−1.68

续表

项目		外洲站	李家渡站	梅港站	虎山站	万家埠站	湖口站
10 月（蓄水期）	上旬	−4.93	−5.00	−5.35	−4.17	−6.85	−1.94
	中旬	−5.05	−5.16	−4.85	−3.39	−6.71	−2.78
	下旬	−5.01	−5.35	−5.03	−3.28	−6.85	−3.14
11 月（高水位运行期）	上旬	−4.97	−4.50	−4.28	−3.46	−7.03	−2.39
	中旬	−4.07	−3.18	−2.62	−2.07	−5.74	−0.93
	下旬	−3.92	−3.93	−3.39	−2.53	−6.76	−1.14
12 月（高水位运行期）	上旬	−4.15	−4.17	−3.68	−3.46	−6.41	−0.79
	中旬	−4.52	−3.96	−3.60	−2.89	−6.49	−0.82
	下旬	−4.15	−4.25	−3.57	−3.39	−6.42	−0.25

从各旬水位特征值变化趋势来看，鄱阳湖湖区五水（五条入湖支流）各旬水位基本呈显著下降趋势，湖口站 10 月水位呈显著下降趋势，其余各月下降趋势不显著，表明鄱阳湖水量呈减少趋势。

采用 M-K 突变检验法对各站点水位特征值进行突变检验，突变前后水位特征值变化情况见表 8.3。从表 8.3 可以看出：水位各特征值均发生下降突变；年均值下降最少为湖口站 0.82 m，下降最多的为外洲站 2.19 m。

表 8.3　鄱阳湖各站点特征值突变年份前后均值变化表　　（单位：m）

特征值	水文站	突变年份	突变前均值	突变后均值	差值
年均值	外洲站	2001	18.49	16.30	−2.19
	李家渡站	2007	25.34	23.77	−1.57
	梅港站	2004	19.47	18.46	−1.01
	虎山站	2013	21.45	20.06	−1.39
	万家埠站	2000	22.80	21.17	−1.63
	湖口站	2004	13.15	12.33	−0.82
年旬最大值	外洲站	2000	22.21	20.26	−1.95
	李家渡站	2001	28.22	26.64	−1.58
	梅港站	1999	24.21	22.02	−2.19
	万家埠站	2003	24.30	22.56	−1.74
	湖口站	1997	19.95	18.65	−1.30
年旬最小值	外洲站	1997	16.61	13.91	−2.70
	李家渡站	2009	24.10	22.27	−1.83
	梅港站	2007	17.94	16.82	−1.12
	虎山站	2014	20.43	18.79	−1.64
	万家埠站	1994	22.34	20.91	−1.43

8.1.2　鄱阳湖流量特征变化

鄱阳湖有流量数据的站点共 6 个，分别为外洲站、李家渡站、梅港站、虎山站、万家埠站和湖口站，三峡水库不同工程阶段流量特征值如表 8.4 所示。从表 8.4 可以看出：年均值方面，湖口站流量最高，万家埠站流量最低，1990～2002 年和 2009～2019 年属于丰水年，2003～2008 年流量较 1990～2002 年少约 25%；年最大值规律和年均值基本一致；年最小值方面，2003～2008 年湖口站因出现江水倒灌而为负值。1990～2002 年、2003～2008 年和 2009～2019 年 3 个阶段不均匀系数和集中度基本一致，流量过程未发生明显变化。从集中期来看，五大来水中 1990～2002 年洪水集中在 5 月下旬和 6 月上旬，2003～2008 年集中在 5 月，2009～2019 年集中在 5 月中下旬，湖口站洪水集中在 6 月中上旬，2009～2019 年较 1990～2002 年提前了一旬。

表 8.4　三峡水库不同工程阶段鄱阳湖各站点流量特征值

特征值	阶段	外洲站	李家渡站	梅港站	虎山站	万家埠站	湖口站
年均值/(m^3/s)	1990～2019 年	2 293	400	611	240	121	5 066
	1990～2002 年	2 455	429	665	268	133	5 446
	2003～2008 年	1 905	286	443	171	89	4 061
	2009～2019 年	2 313	429	639	244	124	5 166
年最大值/(m^3/s)	1990～2019 年	7 824	2 105	3 121	1 457	556	13 689
	1990～2002 年	8 091	2 250	3 692	1 627	636	14 992
	2003～2008 年	7 096	1 568	2 154	1 102	485	10 919
	2009～2019 年	7 907	2 227	2 972	1 450	500	13 661
年最小值/(m^3/s)	1990～2019 年	521	19	82	24	25	140
	1990～2002 年	515	24	88	27	27	348
	2003～2008 年	411	8	55	16	19	−1 125
	2009～2019 年	589	19	89	23	26	585
不均匀系数 C_i	1990～2019 年	0.76	1.15	1.07	1.26	0.94	0.65
	1990～2002 年	0.75	1.12	1.12	1.25	0.97	0.65
	2003～2008 年	0.81	1.20	1.05	1.23	1.00	0.69
	2009～2019 年	0.75	1.17	1.01	1.29	0.87	0.62
集中度 C_d	1990～2019 年	0.38	0.47	0.45	0.52	0.41	0.31
	1990～2002 年	0.38	0.46	0.45	0.53	0.42	0.31
	2003～2008 年	0.41	0.53	0.47	0.53	0.40	0.28
	2009～2019 年	0.35	0.44	0.45	0.51	0.40	0.32
集中期/旬	1990～2019 年	15.8	15.1	15.0	15.0	16.4	16.8
	1990～2002 年	16.1	16.4	15.3	15.4	16.4	17.4
	2003～2008 年	15.3	13.5	14.1	14.2	18.0	16.2
	2009～2019 年	15.7	14.5	15.1	14.9	15.6	16.4

绘制 1990～2002 年、2003～2008 年和 2009～2019 年旬均流量过程线图，如图 8.3 所示，对比分析表明 2003～2008 年湖区水量偏小，1990～2002 年和 2009～2019 年水量相差不大。

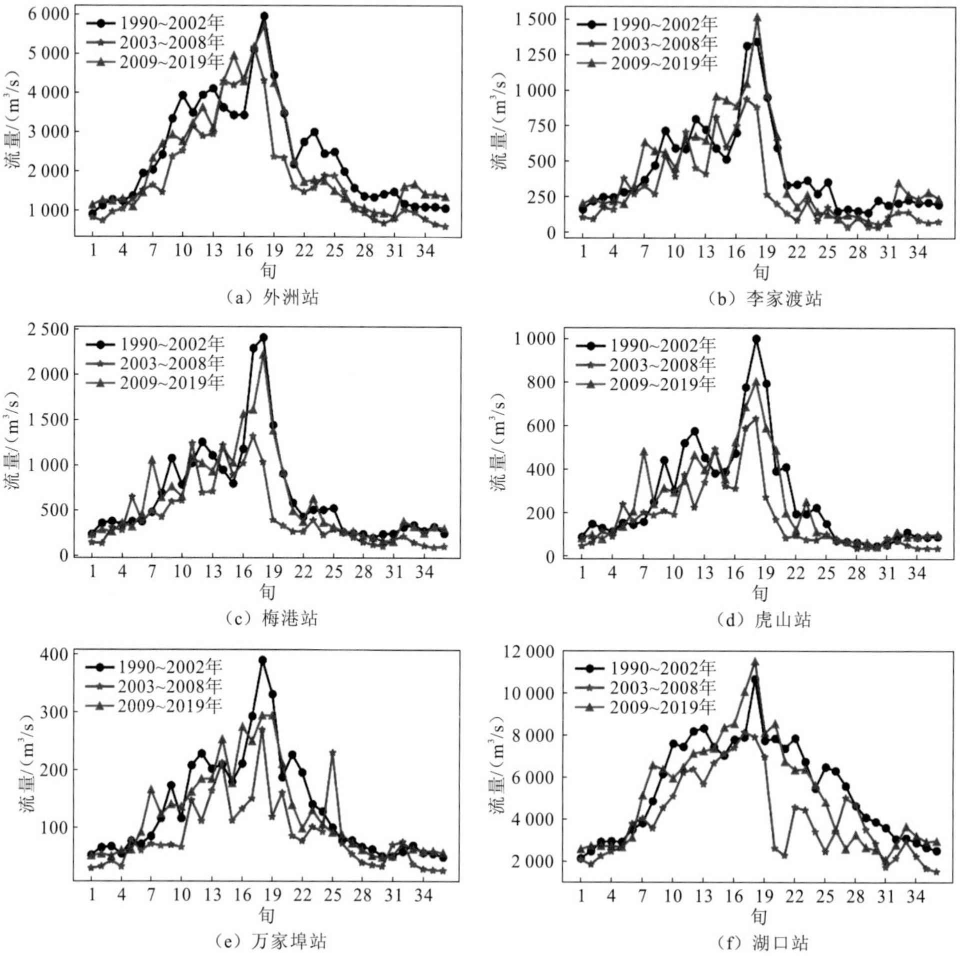

(a) 外洲站　(b) 李家渡站

(c) 梅港站　(d) 虎山站

(e) 万家埠站　(f) 湖口站

图 8.3　三峡水库不同工程阶段鄱阳湖各站点年旬均流量过程线图

针对三峡水库消落期（1～5 月）、汛期（6～9 月）、蓄水期（10 月）及高水位运行期（11～12 月），绘制鄱阳湖 6 个站点各时期流量柱状图，如图 8.4 所示，比较流量在三峡水库不同工程阶段各运行时期的变化特征，可以看出整体上 2003～2008 年各时期流量最低，2009～2019 年次之（11～12 月除外）。

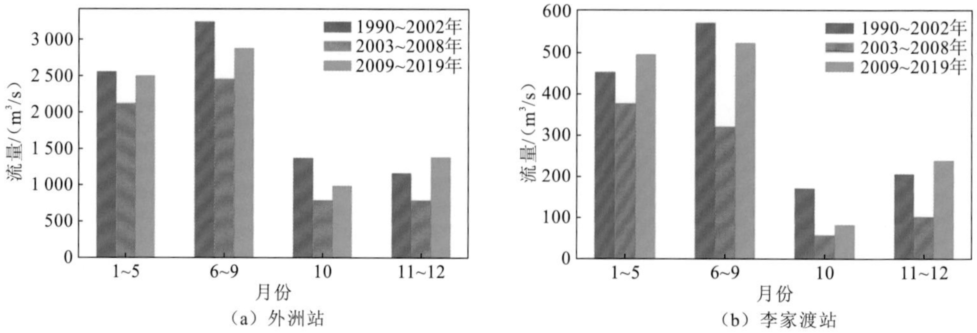

(a) 外洲站　(b) 李家渡站

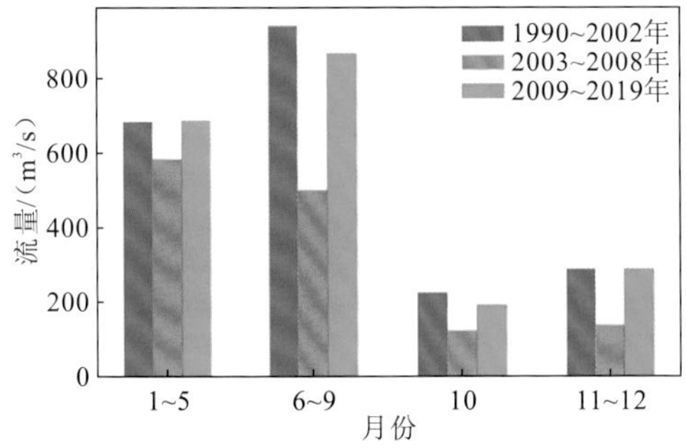

（c）梅港站

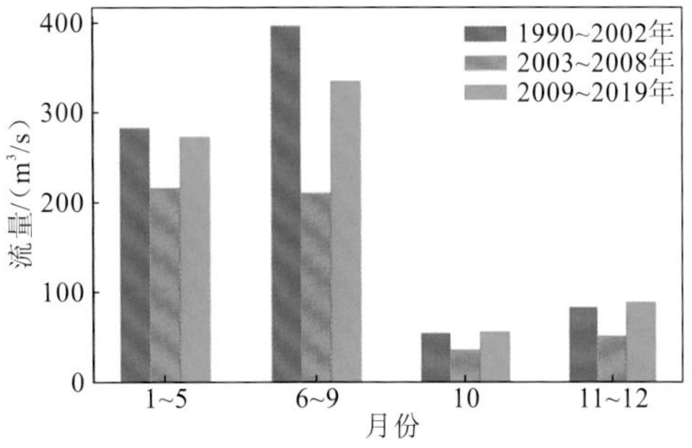

（d）虎山站

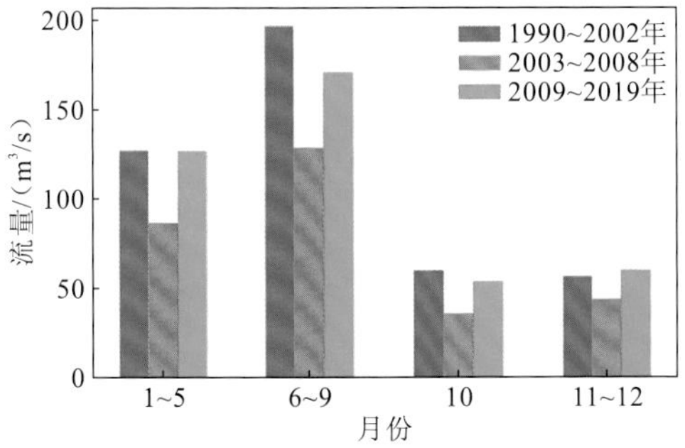

（e）万家埠站

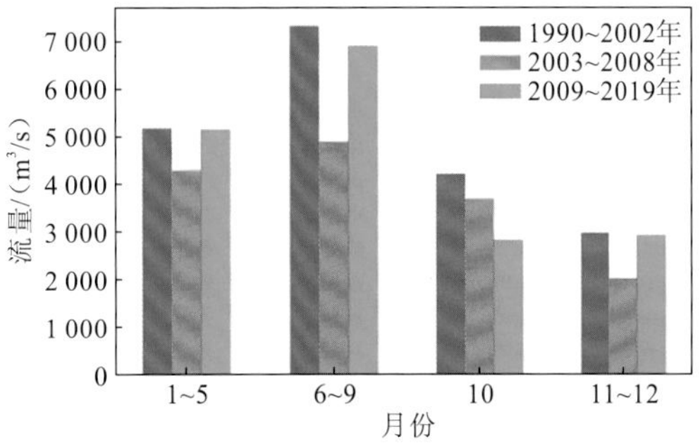

（f）湖口站

图 8.4　鄱阳湖各站点三峡水库不同工程阶段各调度运行时期流量柱状图

采用 M-K 趋势检验法对鄱阳湖各站点流量特征值和各旬流量均值进行趋势性检验，M-K 趋势检验法统计值如表 8.5 所示，整体上来看，年均值、年最大值、年最小值及各旬均值均无明显下降或上升趋势，序列状态稳定。

表 8.5　鄱阳湖各站点流量 M-K 趋势检验法统计值

项目		外洲站	李家渡站	梅港站	虎山站	万家埠站	湖口站
年均值		−0.11	0.18	−0.25	−0.43	−0.29	0.11
年最大值		−0.68	−0.21	−0.86	−0.11	−0.93	−0.43
年最小值		1.39	0.54	0.18	−0.79	0.50	0.29
1 月（消落期）	上旬	0.96	0.36	0.04	0.21	0.00	0.64
	中旬	0.82	0.68	−0.18	0.21	−0.21	0.46
	下旬	0.25	−0.25	−0.71	−0.82	0.07	0.61
2 月（消落期）	上旬	−0.14	−0.46	−0.61	−0.68	0.77	0.00
	中旬	−0.46	−0.71	−0.64	−0.39	−0.14	−0.02
	下旬	−0.61	0.25	0.25	0.43	0.75	−0.61
3 月（消落期）	上旬	−0.43	1.03	1.00	1.57	1.75	0.50
	中旬	1.21	0.86	−0.57	−0.75	0.50	0.75
	下旬	−0.29	0.39	−1.71	−1.32	−0.86	1.03

续表

项目		外洲站	李家渡站	梅港站	虎山站	万家埠站	湖口站
4 月（消落期）	上旬	−1.64	−1.14	−1.62	−0.43	−0.07	−0.25
	中旬	−1.46	−0.96	−0.36	−1.53	−0.79	−1.46
	下旬	−1.11	−0.64	−0.79	−0.54	−0.07	−1.53
5 月（消落期）	上旬	−1.64	−0.82	−0.54	−0.86	−0.43	−1.39
	中旬	0.79	1.46	0.68	0.46	0.04	−0.86
	下旬	1.11	1.11	0.25	−0.18	−0.57	0.82
6 月（汛期）	上旬	1.18	1.71	1.50	0.39	0.89	0.43
	中旬	0.43	0.04	−0.54	−0.79	−0.93	1.53
	下旬	−0.39	0.21	0.36	−0.16	−0.86	0.93
7 月（汛期）	上旬	0.61	0.79	1.07	0.14	−0.50	0.29
	中旬	0.18	0.89	0.82	0.79	0.93	0.07
	下旬	1.11	0.54	1.07	1.00	0.86	−0.04
8 月（汛期）	上旬	−1.07	−0.68	0.21	−0.50	−1.43	−0.75
	中旬	−1.03	−0.96	0.54	−0.07	−1.00	0.57
	下旬	−0.21	−1.36	−1.25	−0.50	−0.04	0.14
9 月（汛期）	上旬	−0.07	−0.64	−0.86	−0.18	0.32	−0.18
	中旬	−1.55	−0.57	−0.11	−0.25	0.14	−1.07
	下旬	−1.89	−0.54	−0.61	−0.89	−0.57	−2.32
10 月（蓄水期）	上旬	−1.43	−1.18	−0.77	−1.14	−0.54	−1.32
	中旬	−1.39	−0.86	0.14	−0.93	−0.32	−1.00
	下旬	−0.89	−1.00	0.00	0.00	0.39	−1.89
11 月（高水位运行期）	上旬	−0.25	−0.25	−0.21	−0.43	0.39	−1.93
	中旬	0.86	0.71	0.93	0.43	0.82	0.11
	下旬	1.32	0.25	1.39	0.43	0.11	0.71
12 月（高水位运行期）	上旬	0.62	0.46	0.46	0.93	0.39	0.75
	中旬	0.79	0.75	0.61	0.82	0.39	1.00
	下旬	0.75	0.46	0.93	1.21	0.71	1.03

采用 M-K 突变分析法对流量特征值进行突变检验，发现鄱阳湖各站点特征值在研究时段内未发生突变，序列状态稳定。

8.1.3 鄱阳湖含沙量特征变化

鄱阳湖有含沙量数据的站点共 6 个，分别为外洲站、李家渡站、梅港站、虎山站、万家埠站和湖口站，三峡水库不同工程阶段含沙量特征值如表 8.6 所示。从表 8.6 可以看出：年均值方面，湖区来水含沙量特性各有不同，外洲站、李家渡站、梅港站和万家埠站 1990～2002 年含沙量最高，虎山站 2009～2019 年含沙量最高，湖口站 2003～2008 年含沙量最高；年最大值数据特征和年均值一致；年最小值方面值湖口站由于江水倒灌为负值。

表 8.6 三峡水库不同工程阶段鄱阳湖各站点含沙量特征值统计表 （单位：kg/m^3）

特征值	阶段	外洲站	李家渡站	梅港站	虎山站	万家埠站	湖口站
年均值	1990～2019 年	0.052 3	0.089 7	0.069 2	0.113 0	0.073 1	0.061 2
	1990～2002 年	0.072 3	0.105 7	0.088 9	0.090 7	0.089 4	0.041 9
	2003～2008 年	0.049 7	0.067 5	0.045 4	0.043 6	0.054 7	0.108 0
	2009～2019 年	0.030 1	0.082 7	0.058 9	0.177 1	0.064 0	0.058 4
年最大值	1990～2019 年	0.124 0	0.213 2	0.185 7	0.337 2	0.186 5	0.404 0
	1990～2002 年	0.172 4	0.242 6	0.214 6	0.323 3	0.212 6	0.292 6
	2003～2008 年	0.118 8	0.149 6	0.121 4	0.145 3	0.143 5	0.847 5
	2009～2019 年	0.069 7	0.213 1	0.186 6	0.458 1	0.179 0	0.293 7
年最小值	1990～2019 年	0.006 5	0.003 9	0.002 0	0.002 5	0.005 8	−0.037 7
	1990～2002 年	0.004 9	0.003 5	0.002 2	0.003 6	0.004 1	−0.077 9
	2003～2008 年	0.008 2	0.000 9	0.001 3	0.001 3	0.003 4	−0.043 8
	2009～2019 年	0.007 5	0.006 0	0.002 1	0.001 9	0.009 2	0.013 1

绘制 1990～2002 年、2003～2008 年和 2009～2019 年旬均含沙量过程线图如图 8.5 所示，通过对比分析表明：外洲站整体上 1990～2002 年含沙量值高于 2003～2008 年且高于 2009～2019 年；李家渡站和湖口站 2009～2019 年和 1990～2002 年两个时间段相差不大；虎山站 2009～2019 年含沙量最高；梅港站和李家渡站总体上 1990～2002 年最高，2009～2019 年次之，2003～2008 年最低。

针对三峡水库消落期（1～5 月）、汛期（6～9 月）、蓄水期（10 月）及高水位运行期（11～12 月），绘制 6 个站点各时期含沙量柱状图如图 8.6 所示，比较含沙量在三峡水库不同工程阶段各运行时期的变化特征，可以看出：外洲站含沙量 1～5 月、6～9 月和 11～12 月 3 个工程阶段呈下降趋势；李家渡站、梅港站和万家埠站整体上 1990～2002 年最高，虎山站 2009～2019 年最高；湖口站 2003～2008 年最高。

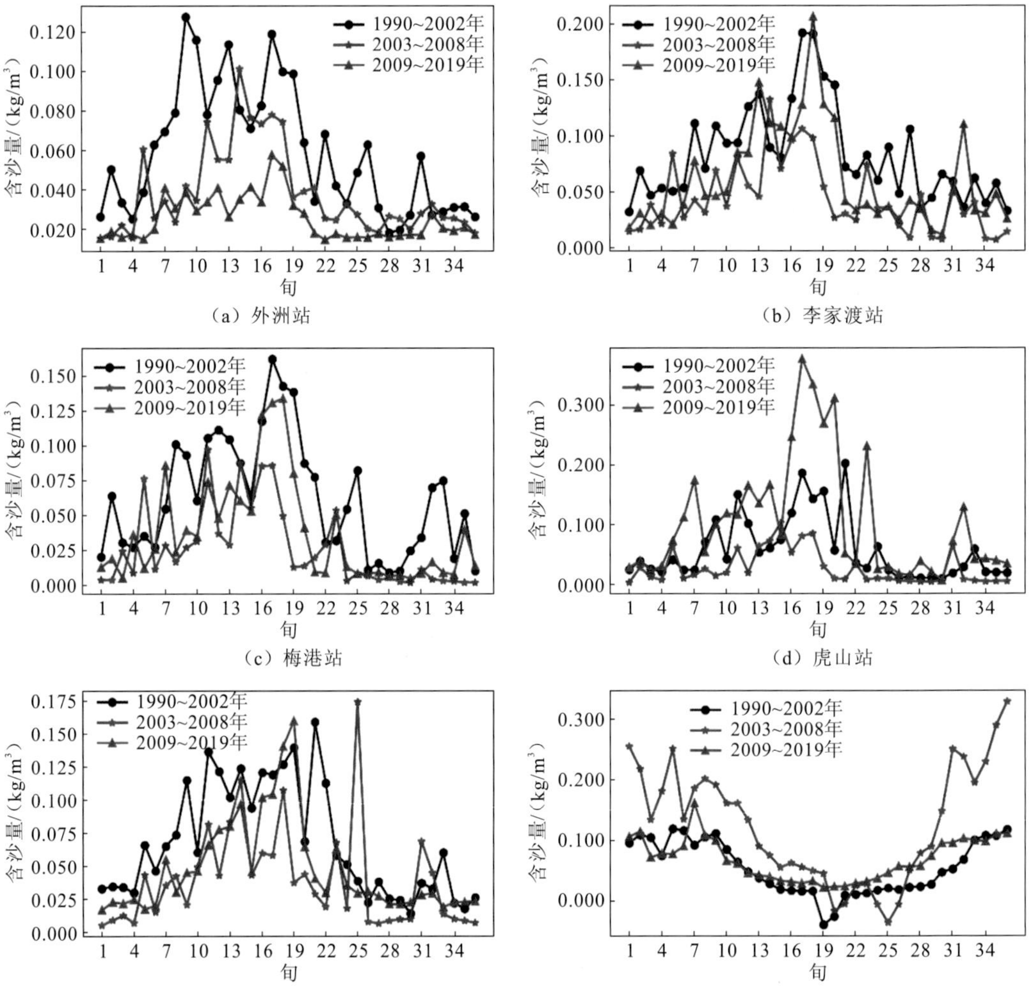

(a) 外洲站　(b) 李家渡站

(c) 梅港站　(d) 虎山站

(e) 万家埠站　(f) 湖口站

图 8.5　三峡水库不同工程阶段鄱阳湖各站点年旬均含沙量过程线图

采用 M-K 趋势检验法对鄱阳湖各站点含沙量特征值和各旬含沙量进行趋势性检验，M-K 趋势检验法统计值如表 8.7 所示，可以看出：湖区来水中，外洲站、梅港站年均值和年最大值，万家埠站年均值及虎山站年最小值呈极显著下降趋势；万家埠站年最小值系列呈极显著上升趋势；湖口站特征值无显著趋势。

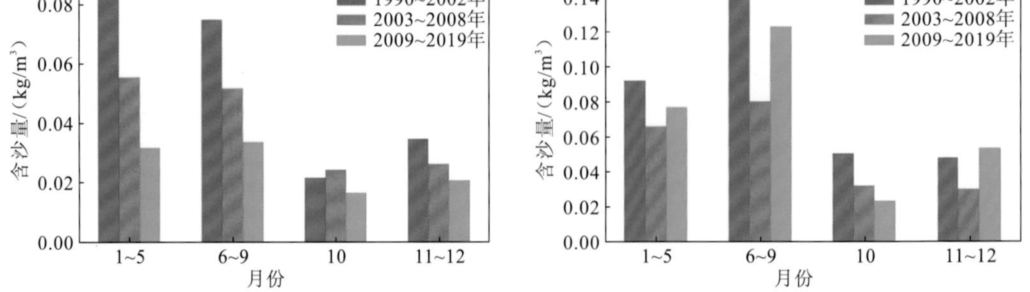

(a) 外洲站　(b) 李家渡站

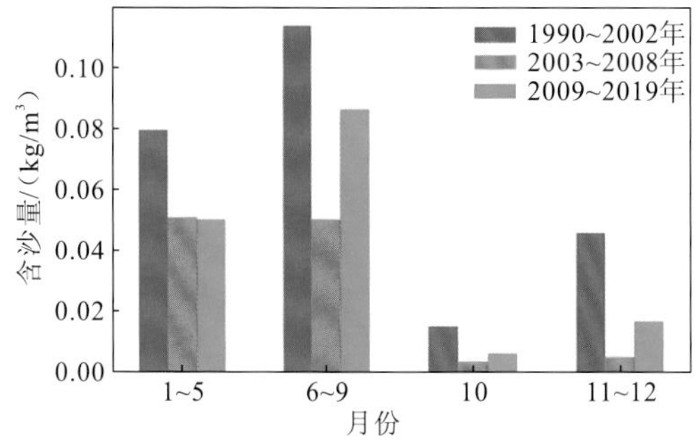

（c）梅港站

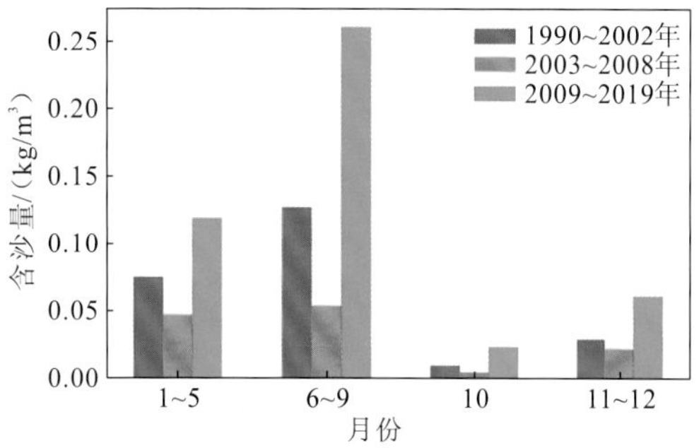

（d）虎山站

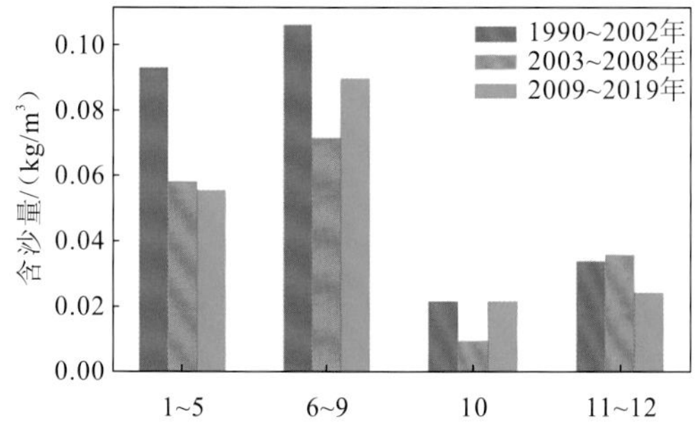

（e）万家埠站

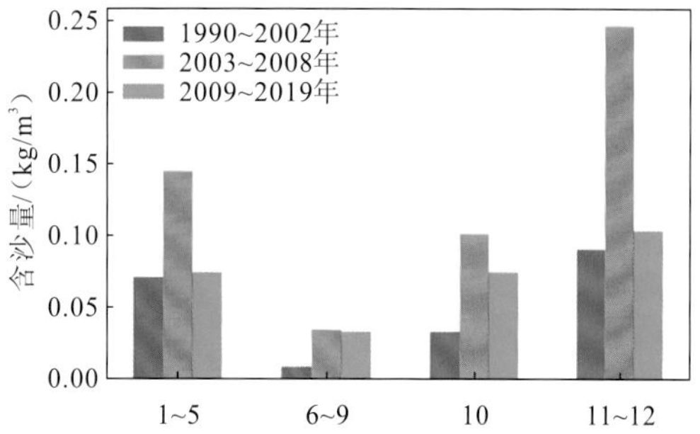

（f）湖口站

图 8.6　鄱阳湖各站点三峡水库不同工程阶段各调度运行时期含沙量柱状图

表 8.7　鄱阳湖各站点含沙量 M-K 趋势检验法统计值

项目		外洲站	李家渡站	梅港站	虎山站	万家埠站	湖口站
年均值		−5.89	−1.96	−3.25	1.78	−3.03	1.00
年最大值		−4.82	−0.64	−2.57	1.14	−2.39	−0.64
年最小值		1.14	1.74	−0.79	−3.07	2.80	1.93
1 月（消落期）	上旬	0.00	0.18	−2.66	−0.18	0.70	0.00
	中旬	0.14	0.36	−3.07	−0.46	0.11	0.29
	下旬	−1.64	−0.89	−3.39	−1.03	−0.71	−0.75
2 月（消落期）	上旬	−0.89	−0.29	−2.85	0.21	0.04	−1.36
	中旬	−1.21	−0.68	−2.53	−0.71	−2.64	−2.21
	下旬	−1.00	−0.75	−1.00	0.46	−1.61	−0.36
3 月（消落期）	上旬	−2.00	−0.07	0.00	1.53	0.36	0.79
	中旬	−2.32	−1.61	−2.46	0.89	−1.71	0.00
	下旬	−4.39	−2.57	−3.39	−0.36	−2.18	−0.25
4 月（消落期）	上旬	−5.07	−2.82	−2.36	0.00	−2.11	−1.21
	中旬	−3.93	−2.64	−1.46	−0.57	−2.82	0.00
	下旬	−4.71	−2.43	−3.43	0.18	−1.64	0.57

续表

项目		外洲站	李家渡站	梅港站	虎山站	万家埠站	湖口站
5 月（消落期）	上旬	−4.96	−2.00	−2.25	1.03	−1.64	−0.21
	中旬	−3.78	0.11	−1.14	1.61	−0.57	0.50
	下旬	−3.46	0.64	−1.14	0.96	−2.36	0.96
6 月（汛期）	上旬	−2.85	0.36	−0.04	1.00	−1.28	1.96
	中旬	−3.10	−1.36	−2.36	0.36	−2.57	2.25
	下旬	−3.57	0.00	−0.07	1.57	−0.82	1.93
7 月（汛期）	上旬	−2.14	−0.46	0.89	1.14	−1.46	2.07
	中旬	−1.89	0.46	−0.64	1.39	0.32	0.89
	下旬	−0.21	0.25	−0.46	0.64	−0.68	2.25
8 月（汛期）	上旬	−3.10	−1.75	−2.64	0.00	−1.89	2.50
	中旬	−3.68	−3.18	−1.93	−0.16	−1.00	1.07
	下旬	−2.64	−1.43	−3.03	−1.93	−1.00	1.57
9 月（汛期）	上旬	−2.46	−1.00	−2.55	−1.93	−1.25	1.32
	中旬	−2.18	−0.37	−1.87	−0.54	−0.50	2.39
	下旬	−1.32	0.00	−1.21	−1.64	−0.14	2.14
10 月（蓄水期）	上旬	−0.61	−0.11	−1.05	−1.66	0.00	2.43
	中旬	−0.11	0.62	−0.12	−2.03	0.61	1.89
	下旬	−0.25	−0.18	−0.11	−1.78	1.82	2.00
11 月（高水位运行期）	上旬	−0.04	−0.52	−0.36	−1.82	0.86	1.36
	中旬	−0.11	0.71	0.37	−1.07	0.39	0.36
	下旬	−0.32	−0.18	0.66	−0.98	0.62	0.36
12 月（高水位运行期）	上旬	0.86	0.39	−0.57	−0.45	1.28	0.36
	中旬	0.93	0.93	−0.64	−0.23	0.96	0.04
	下旬	0.32	0.43	−0.73	−0.25	0.57	0.07

从各旬含沙量变化趋势来看，外洲站 3～9 月整体呈显著下降趋势，湖口站 6～10 月个别旬含沙量呈显著上升趋势，其余各旬基本无显著趋势。

采用 M-K 突变分析法对含沙量特征值进行突变检验，突变前后均值变化见表 8.8，可以看出，除虎山站、湖口站年均值和外洲站、万家埠站年旬最小值外，特征值系列突变后均值降低。

表 8.8　鄱阳湖各站点含沙量特征值突变年份及变化情况

特征值	水文站	突变年份	突变前均值/（kg/m^3）	突变后均值/（kg/m^3）	均值变化率/%
年均值	外洲站	1996	0.090 5	0.042 8	−53
	李家渡站	1999	0.113 9	0.079 3	−30
	梅港站	1996	0.110 1	0.059 0	−46
	虎山站	2012	0.086 8	0.185 1	113
	万家埠站	1994	0.108 7	0.067 7	−38
	湖口站	2000	0.035 5	0.074 0	108
年旬最大值	外洲站	1996	0.216 6	0.100 9	−53
	梅港站	1997	0.261 8	0.162 5	−38
	万家埠站	2001	0.224 3	0.164 6	−27
年旬最小值	外洲站	2006	0.005 0	0.008 2	64
	虎山站	1999	0.004 0	0.001 9	−53
	万家埠站	2012	0.004 2	0.010 4	148
	湖口站	2013	−0.054 4	0.017 0	−131

8.2　鄱阳湖水质特征变化

8.2.1　鄱阳湖水质评价

采用 2003～2019 年湖口断面、都昌断面、康山断面和星子断面 4 个断面逐月的 24 项水质数据，分三峡水库消落期、汛期、蓄水期和高水位运行期，分别对鄱阳湖的水质进行评价，具体结果见表 8.9。

表 8.9　鄱阳湖各断面水质评价

断面名称	年份	三峡水库消落期（1～5 月）		三峡水库汛期（6～9 月）		三峡水库蓄水期（10 月）		三峡水库高水位运行期（11～12 月）	
		水质类别	超标因子	水质类别	超标因子	水质类别	超标因子	水质类别	超标因子
湖口断面	2003	—	—	III	—	III	—	III	—
	2007	III	—	III	—	IV	总磷（0.40）	V	总磷（1.70）
	2011	IV	总磷（0.72）	IV	总磷（0.70）	V	总磷（1.60）	III	—
	2015	IV	总磷（0.56）	IV	总磷（0.20）	IV	总磷（1.00）	IV	总磷（0.70）
	2019	IV	总磷（0.28）	III	—	III	—	IV	总磷（1.00）

续表

断面名称	年份	三峡水库消落期（1～5月）		三峡水库汛期（6～9月）		三峡水库蓄水期（10月）		三峡水库高水位运行期（11～12月）	
		水质类别	超标因子	水质类别	超标因子	水质类别	超标因子	水质类别	超标因子
都昌断面	2003	III	—	II	—	III	—	—	—
	2007	II	—	IV	总磷（0.56）	IV	总磷（0.60）	IV	总磷（0.54）
	2011	V	总磷（1.54）	IV	总磷（0.84）	IV	高锰酸盐指数（0.10）总磷（0.92）	IV	总磷（0.70）
	2015	V	总磷（2.86）	III	—	IV	总磷（0.20）	IV	总磷（0.32）
	2019	IV	总磷（0.16）	III	—	III	—	III	—
康山断面	2003	III	—	III	—	III	—	—	—
	2007	IV	总磷（0.76）	IV	总磷（0.18）	IV	总磷（0.60）	IV	总磷（0.86）
	2011	IV	总磷（0.74）	IV	总磷（0.92）	IV	总磷（0.18）	III	—
	2015	IV	总磷（0.58）	IV	总磷（0.44）	IV	总磷（0.26）	III	—
	2019	IV	总磷（0.44）	III	—	II	—	IV	总磷（0.08）
星子断面	2003	III	—	III	—	I	—	III	—
	2007	III	—	IV	总磷（0.20）	IV	总磷（0.52）	IV	总磷（0.44）
	2011	IV	总磷（0.82）	IV	总磷（0.92）	IV	总磷（0.18）	II	—
	2015	IV	总磷（0.54）	IV	总磷（0.34）	V	总磷（1.02）	IV	总磷（0.54）
	2019	IV	总磷（0.08）	III	—	IV	总磷（0.50）	III	—

鄱阳湖各断面水质总体较差，基本不满足湖泊 III 类水质标准，主要超标因子为总磷（总磷采用湖泊标准，总氮不参评）。湖口断面总磷最大超标倍数为 1.70，出现在 2007 年 11～12 月；都昌断面总磷最大超标倍数为 2.86，出现在 2015 年 1～5 月；康山断面总磷最大超标倍数为 0.92，出现在 2011 年 6～9 月；星子断面总磷最大超标倍数为 1.02，出现在 2015 年 10 月。此外，鄱阳湖总氮质量浓度也较高，大部分时间超过 III 类水质标准。

8.2.2　鄱阳湖水质年际变化

选择鄱阳湖超标因子总磷及与湖泊富营养化有关的总氮和高锰酸盐指数，分析鄱阳湖区域湖口断面、都昌断面、康山断面和星子断面水质的年际变化及其在三峡水库建成前，建成运行后和中小洪水调度后的变化情况。

1. 高锰酸盐指数

鄱阳湖各断面高锰酸盐指数年际变化如图 8.7 所示。湖口断面 2003～2019 年高锰酸盐指数变化范围为 2.0～2.9 mg/L，符合 II 类水质标准，倾向率小于 0。都昌断面 2002～2020 年高锰酸盐指数变化范围为 1.8～3.3 mg/L，符合 II 类水质标准，倾向率小于 0。康山断面 2002～2020 年高锰酸盐指数变化范围为 1.8～3.1 mg/L，符合 II 类水质标准，倾向率小于 0。星子断面 2002～2020 年高锰酸盐指数变化范围为 1.9～3.2 mg/L，符合 II 类水质标准，倾向率小于 0。

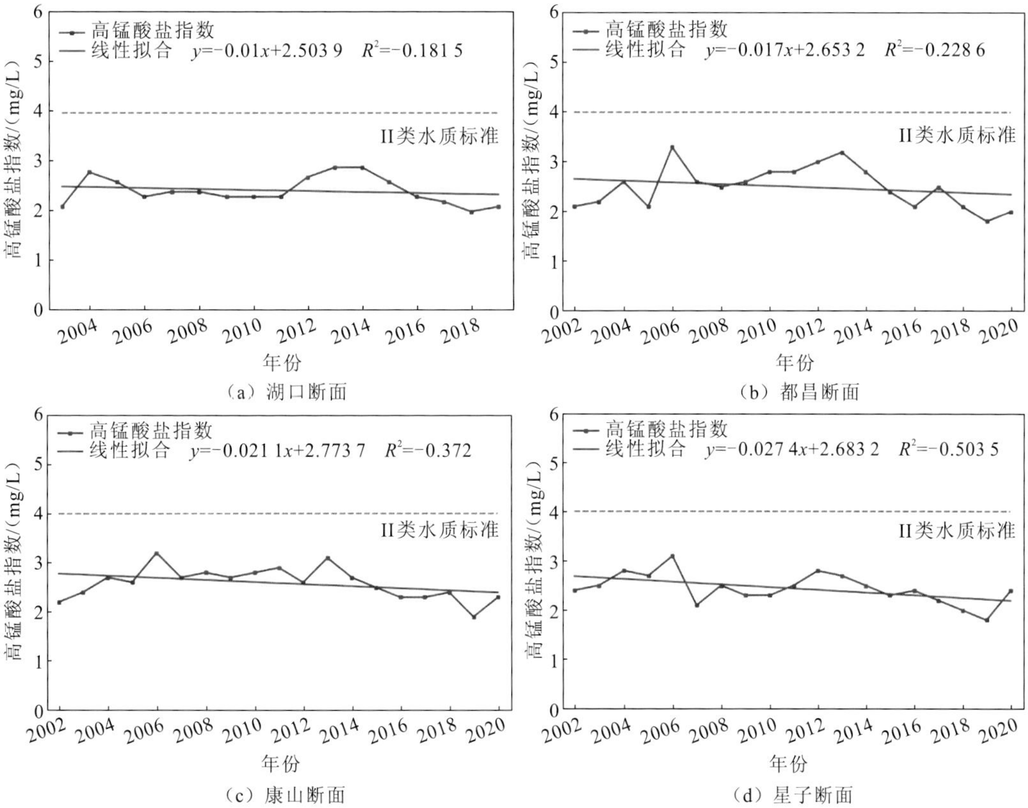

（a）湖口断面　（b）都昌断面　（c）康山断面　（d）星子断面

图 8.7　鄱阳湖各断面高锰酸盐指数年际变化

鄱阳湖各断面在三峡水库不同工程阶段的高锰酸盐指数如表 8.10 所示。从三峡水库各工程阶段来看：湖口断面在三峡水库建成前高锰酸盐指数为 2.21±0.25 mg/L，三峡水库建成运行后为 2.43±0.22 mg/L，中小洪水调度后为 2.42±0.29 mg/L；三峡水库建成运行后与三峡水库建成前相比，高锰酸盐指数升高，中小洪水调度后与三峡水库建成运行后相比，高锰酸盐指数降低。通过比较表明三峡水库建成运行后、中小洪水调度后与三峡水库建成前两两之间均无显著性差异（$P>0.05$）。都昌断面、康山断面和星子断面的变化趋势与湖口断面基本相同，高锰酸盐指数均表现为先升高后降低的趋势，但两两之间均无显著性差异（$P>0.05$）。

表 8.10　鄱阳湖各断面三峡水库不同工程阶段高锰酸盐指数

断面名称	三峡水库建成前/(mg/L)	三峡水库建成运行后/(mg/L)	中小洪水调度后/(mg/L)
湖口断面	2.21±0.25	2.43±0.22	2.42±0.29
都昌断面	2.10±0.35	2.55±0.39	2.51±0.42
康山断面	2.20±0.27	2.73±0.24	2.54±0.31
星子断面	2.40±0.33	2.62±0.31	2.35±0.26

2. 总氮

鄱阳湖湖口断面具有长时间序列数据，其他断面只在 2010 年后有监测数据。各断面总氮年际变化趋势如图 8.8 所示。湖口断面 2003～2019 年总氮质量浓度变化范围为 0.58～1.72 mg/L，符合 V 类水质标准，近年来水质有变好趋势，但尚未达到 III 类水质标准，倾向率大于 0。都昌断面 2010～2020 年总氮质量浓度变化范围为 0.88～2.51 mg/L，符合 V 类水质标准，近年来水质有变好趋势，2020 年达到 III 类水质标准，倾向率小于 0。康山断面 2010～2020 年总氮质量浓度变化范围为 1.00～1.62 mg/L，符合 V 类水质标准，近年来水质有变好趋势，逐渐接近 III 类水质标准，倾向率略大于 0。星子断面 2010～2020 年总氮质量浓度变化范围为 0.63～2.00 mg/L，符合 V 类水质标准，近年来水质有变好趋势，但尚未达到 III 类水质标准，倾向率大于 0。

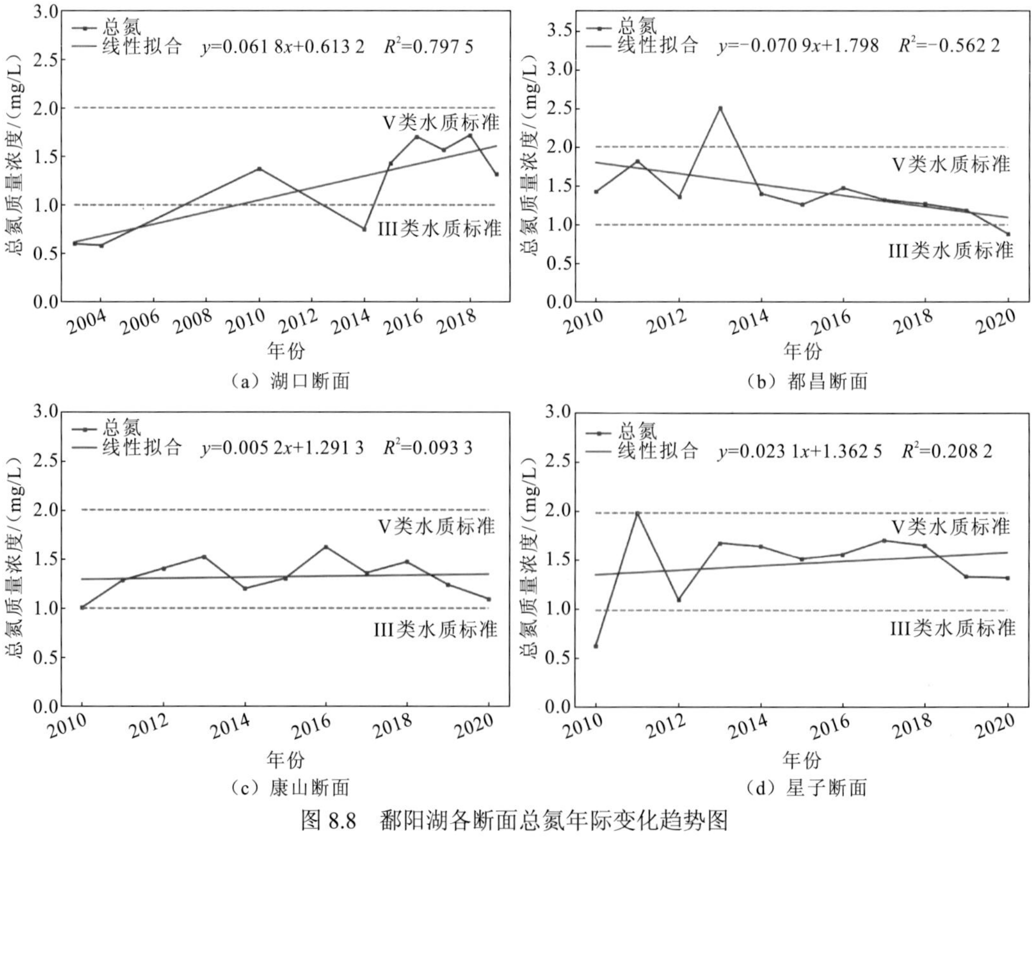

图 8.8　鄱阳湖各断面总氮年际变化趋势图

鄱阳湖湖口断面三峡水库不同工程阶段总氮质量浓度如表 8.11 所示。三峡水库建成前总氮质量浓度为 0.52±0.09 mg/L，三峡水库建成运行后为 0.59±0.01 mg/L，中小洪水调度后为 1.41±0.30 mg/L。三峡水库建成前与三峡水库建成运行后总氮质量浓度无显著性差异（P>0.05），三峡水库建成前和三峡水库建成运行后显著低于中小洪水调度后（均为 P<0.05）。

表 8.11　鄱阳湖各断面三峡水库不同工程阶段总氮质量浓度

断面名称	三峡水库建成前/（mg/L）	三峡水库建成运行后/（mg/L）	中小洪水调度后/（mg/L）
湖口断面	0.52±0.09[a]	0.59±0.01[a]	1.41±0.30[b]
都昌断面	—	—	1.44±0.40
康山断面	—	—	1.32±0.18
星子断面	—	—	1.48±0.35

注：两组数据间字母不同表示存在显著性差异（P<0.05），否则表示无显著性差异。

3. 总磷

鄱阳湖各断面总磷年际变化趋势如图 8.9、表 8.12 所示。湖口断面 2003～2019 年总磷质量浓度变化范围为 0.031～0.105 mg/L，基本符合 IV 类水质标准，近年来水质有变好趋势，但尚未达到 III 类水质标准，倾向率大于 0。都昌断面 2002～2020 年总磷质量

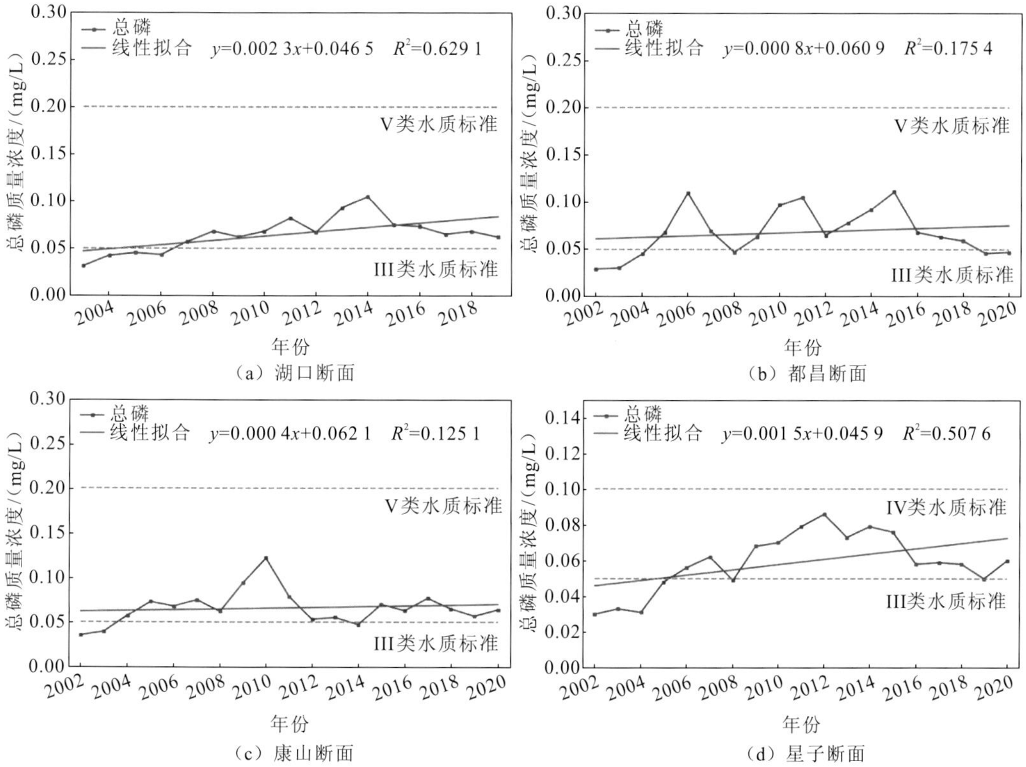

（a）湖口断面　（b）都昌断面
（c）康山断面　（d）星子断面

图 8.9　鄱阳湖各断面总磷年际变化趋势

浓度变化范围为 0.029～0.111 mg/L，基本符合 IV 类水质标准，近年来水质有变好趋势，2019 年后可达 III 类水质标准，倾向率略大于 0。康山断面 2002～2020 年总磷质量浓度变化范围为 0.035～0.122 mg/L，基本符合 IV 类水质标准，近年来水质有变好趋势，但尚未达到 III 类水质标准，倾向率略大于 0。星子断面 2002～2020 年总磷质量浓度变化范围为 0.030～0.086 mg/L，基本符合 IV 类水质标准，近年来水质有变好趋势，但尚未达到 III 类水质标准，倾向率大于 0。

表 8.12　鄱阳湖各断面三峡水库不同工程阶段总磷质量浓度

断面名称	三峡水库建成前/（mg/L）	三峡水库建成运行后/（mg/L）	中小洪水调度后/（mg/L）
湖口断面	0.040 ± 0.010^{a}	0.050 ± 0.010^{a}	0.070 ± 0.010^{b}
都昌断面	0.029 ± 0.010^{a}	0.060 ± 0.030^{a}	0.070 ± 0.020^{a}
康山断面	0.035 ± 0.020^{a}	0.060 ± 0.010^{a}	0.070 ± 0.020^{a}
星子断面	0.030 ± 0.020^{a}	0.050 ± 0.010^{a}	0.070 ± 0.010^{b}

注：两组数据间字母不同表示存在显著性差异（P<0.05），否则表示无显著性差异。

鄱阳湖湖口断面三峡水库不同工程阶段总磷质量浓度如表 8.12 所示。湖口断面在三峡水库建成前总磷质量浓度为 0.040±0.010 mg/L，三峡水库建成运行后为 0.050±0.010 mg/L，中小洪水调度后为 0.070±0.010 mg/L。三峡水库建成前与三峡水库建成运行后总磷质量浓度无显著性差异（P>0.05），三峡水库建成前、三峡水库建成运行后总磷质量浓度显著低于中小洪水调度后（P<0.05）。都昌断面在三峡水库建成前总磷质量浓度为 0.029±0.010 mg/L，三峡水库建成运行后为 0.060±0.030 mg/L，中小洪水调度后 0.070±0.020 mg/L；三峡水库建成前与三峡水库建成运行后、中小洪水调度后两两之间均无显著性差异（均为 P>0.05）。康山断面在三峡水库建成前总磷质量浓度为 0.035±0.020 mg/L，三峡水库建成运行后为 0.060±0.010 mg/L，中小洪水调度后 0.070±0.020 mg/L；三个阶段两两之间也均无显著性差异（均为 P>0.05）。星子断面在三峡水库建成前总磷质量浓度为 0.030±0.020 mg/L，三峡水库建成运行后为 0.050±0.010 mg/L，中小洪水调度后为 0.070±0.010 mg/L；三峡水库建成前与三峡水库建成运行后无显著性差异（P>0.05），三峡水库建成前、三峡水库建成运行后总磷质量浓度显著低于中小洪水调度后（均为 P<0.05）。

8.2.3　鄱阳湖水质变化趋势分析

采用 M-K 趋势检验法，对鄱阳湖湖口断面、都昌断面、康山断面和星子断面的高锰酸盐指数、总氮和总磷变化趋势进行分析。

1. 高锰酸盐指数

采用 M-K 趋势检验法，对鄱阳湖各断面高锰酸盐指数变化趋势进行检验，结果如

表 8.13 所示，从全时段各月变化趋势来看，湖口断面高锰酸盐指数在 7 月呈显著下降趋势，都昌断面在 2 月呈极显著下降趋势，康山断面在 11 月呈显著下降趋势，星子断面在 3 月、4 月、6 月呈显著下降趋势，其中 6 月呈极显著下降趋势。从全时段年均值变化来看，星子断面呈显著下降趋势，其他断面变化趋势不显著。

表 8.13　鄱阳湖各断面高锰酸盐指数 M-K 趋势检验法统计值

三峡水库各工程阶段	月份	湖口断面	都昌断面	康山断面	星子断面
全时段	1 月（消落期）	−1.44	−1.22	−1.28	−0.18
	2 月（消落期）	−1.91	−3.05	−0.67	−0.67
	3 月（消落期）	−0.14	−1.61	−0.98	−2.24
	4 月（消落期）	−1.77	−1.22	−1.16	−2.14
	5 月（消落期）	−0.43	−1.22	−0.67	−1.77
	6 月（汛期）	−1.44	−0.91	−1.85	−2.57
	7 月（汛期）	−2.13	−0.81	−0.49	−0.89
	8 月（汛期）	0.39	−0.99	−1.86	−0.33
	9 月（汛期）	1.92	−0.84	−0.40	−0.89
	10 月（蓄水期）	0.17	−0.15	0.68	−1.14
	11 月（高水位运行期）	0.44	−1.40	−2.26	−1.20
	12 月（高水位运行期）	−0.70	−1.65	−1.09	−0.44
	年均值	−1.09	−0.92	−1.47	−2.13
三峡水库建成运行后（2003～2008 年）	1 月（消落期）	−0.88	—	—	—
	2 月（消落期）	−1.46	—	—	—
	3 月（消落期）	−0.59	0.90	0.60	−0.30
	4 月（消落期）	0.00	0.90	0.60	−0.30
	5 月（消落期）	0.00	0.90	0.60	−0.30
	6 月（汛期）	1.09	−0.73	0.73	0.34
	7 月（汛期）	0.00	0.00	1.04	0.00
	8 月（汛期）	−0.44	0.00	0.00	0.00
	9 月（汛期）	0.44	0.00	0.00	−1.04
	10 月（蓄水期）	1.31	0.00	1.13	0.00
	11 月（高水位运行期）	−0.22	0.00	1.13	0.00
	12 月（高水位运行期）	−1.31	0.00	0.00	0.00
	年均值	0.00	1.03	2.22	0.17
中小洪水调度后（2009～2020 年）	1 月（消落期）	0.51	−1.10	−1.30	0.07
	2 月（消落期）	−1.36	−3.02	−0.75	−1.30

续表

三峡水库各工程阶段	月份	湖口断面	都昌断面	康山断面	星子断面
中小洪水调度后（2009～2020年）	3月（消落期）	-0.42	-1.85	-0.75	-1.44
	4月（消落期）	-0.93	-0.55	-1.30	-1.71
	5月（消落期）	-0.68	-1.23	-1.17	-1.71
	6月（汛期）	0.00	-1.85	-0.75	-1.85
	7月（汛期）	-2.12	-1.65	-1.71	-1.85
	8月（汛期）	-0.17	-0.62	-2.54	0.07
	9月（汛期）	-0.68	-1.03	-0.07	-0.62
	10月（蓄水期）	-1.36	-2.95	1.30	-0.07
	11月（高水位运行期）	-1.69	-1.40	-1.85	-1.44
	12月（高水位运行期）	-0.08	-2.18	-1.30	-1.99
	年均值	-1.44	-2.59	-2.89	-1.63

三峡水库建成运行后各月变化趋势方面：各断面高锰酸盐指数各月份均无明显变化趋势；年均值变化方面，康山断面呈显著上升趋势，其他断面无明显变化趋势。

中小洪水调度后各月变化趋势方面：湖口断面在7月呈显著下降趋势，都昌断面在2月、10月、12月呈显著下降趋势，其中在2月、10月呈极显著下降趋势；康山断面在8月呈极显著下降趋势；星子断面在12月呈显著下降趋势，其余月份无明显变化趋势；年均值变化方面，都昌断面、康山断面呈极显著下降趋势，湖口断面、星子断面无明显变化趋势。

2. 总氮

采用M-K趋势检验方法，对鄱阳湖各断面各月总氮变化趋势进行检验，结果如表8.14所示，从全时段各月变化趋势来看，都昌断面总氮质量浓度在6月呈显著下降趋势，其他断面各月份均无显著变化趋势。从全时段年均值变化趋势来看，湖口断面呈显著上升趋势，都昌断面呈极显著下降趋势，其他断面变化趋势不显著。

表8.14　鄱阳湖各断面总氮M-K趋势检验法统计值

三峡水库各工程阶段	月份	湖口断面	都昌断面	康山断面	星子断面
全时段	1月（消落期）	0.75	-0.72	-0.80	1.16
	2月（消落期）	-0.29	-0.09	0.36	0.18
	3月（消落期）	0.00	0.00	0.27	0.36
	4月（消落期）	-0.44	-0.54	1.34	0.72
	5月（消落期）	-1.46	-1.46	-0.63	0.10
	6月（汛期）	1.31	-2.26	1.56	1.56
	7月（汛期）	0.87	-0.31	0.47	1.56

续表

三峡水库各工程阶段	月份	湖口断面	都昌断面	康山断面	星子断面
全时段	8 月（汛期）	1.31	−0.93	−0.93	0.00
	9 月（汛期）	0.00	−0.54	−1.09	−0.78
	10 月（蓄水期）	1.03	−0.31	0.47	0.47
	11 月（高水位运行期）	0.55	−0.52	0.16	−0.23
	12 月（高水位运行期）	0.87	−0.72	−0.39	0.78
	年均值	2.19	−2.71	0.17	−0.17
三峡水库建成运行后（2003～2008 年）	1 月（消落期）	—	—	—	—
	2 月（消落期）	—	—	—	—
	3 月（消落期）	—	—	—	—
	4 月（消落期）	—	—	—	—
	5 月（消落期）	—	—	—	—
	6 月（汛期）	—	—	—	—
	7 月（汛期）	—	—	—	—
	8 月（汛期）	—	—	—	—
	9 月（汛期）	—	—	—	—
	10 月（蓄水期）	—	—	—	—
	11 月（高水位运行期）	—	—	—	—
	12 月（高水位运行期）	—	—	—	—
	年均值	—	—	—	—
中小洪水调度后（2009～2020 年）	1 月（消落期）	0.00	−0.72	−0.80	1.16
	2 月（消落期）	−0.29	−0.09	0.36	0.18
	3 月（消落期）	0.00	0.00	0.27	0.36
	4 月（消落期）	−0.44	−0.54	1.34	0.72
	5 月（消落期）	−1.46	−1.46	−0.63	0.10
	6 月（汛期）	0.29	−2.26	1.56	1.56
	7 月（汛期）	0.00	−0.31	0.47	1.56
	8 月（汛期）	0.29	−0.93	−0.93	0.00
	9 月（汛期）	−1.46	−0.54	−1.09	−0.78
	10 月（蓄水期）	0.44	−0.31	0.47	0.47
	11 月（高水位运行期）	0.00	−0.52	0.16	−0.23
	12 月（高水位运行期）	0.00	−0.72	−0.39	0.78
	年均值	1.03	−2.71	0.17	−0.17

中小洪水调度后各月变化趋势方面，都昌断面总氮质量浓度在 6 月呈显著下降趋势，其他断面各月份无显著变化趋势。年均值变化方面，都昌断面呈极显著下降趋势，其他断面无显著变化趋势。

3. 总磷

采用 M-K 趋势检验法，对鄱阳湖各断面各月总磷变化趋势进行检验，结果如表 8.15 所示。从全时段各月变化趋势来看：湖口断面总磷在 3 月、4 月、6 月呈显著上升趋势，其中 4 月和 6 月呈极显著上升趋势；都昌断面在 2 月和 12 月呈显著下降趋势；康山断面在 12 月呈显著下降趋势；星子断面在 3 月和 12 月呈显著上升趋势，其他月份无明显变化趋势。从全时段年均值变化来看，湖口断面及星子断面呈显著上升趋势，其中湖口断面呈极显著上升趋势，都昌断面、康山断面无显著变化趋势。

表 8.15 鄱阳湖各断面总磷 M-K 趋势检验法统计值

三峡水库各工程阶段	月份	湖口断面	都昌断面	康山断面	星子断面
全时段	1 月（消落期）	0.00	−1.04	0.00	0.77
	2 月（消落期）	1.77	−2.01	−1.46	0.79
	3 月（消落期）	2.44	0.73	0.38	1.97
	4 月（消落期）	2.77	0.06	0.55	1.74
	5 月（消落期）	1.29	1.28	0.61	−1.28
	6 月（汛期）	3.27	1.77	1.04	−0.33
	7 月（汛期）	1.70	−0.45	0.38	0.00
	8 月（汛期）	0.87	−0.60	0.00	−0.12
	9 月（汛期）	0.83	−1.09	−0.73	0.00
	10 月（蓄水期）	1.39	0.66	0.04	−0.77
	11 月（高水位运行期）	1.87	−0.05	−1.13	−0.92
	12 月（高水位运行期）	0.87	−2.07	−2.14	2.02
	年均值	2.66	0.55	0.70	2.21
三峡水库建成运行后（2003～2008 年）	1 月（消落期）	0.00	—	—	0.00
	2 月（消落期）	0.29	—	—	0.00
	3 月（消落期）	0.59	0.90	0.75	0.00
	4 月（消落期）	−2.05	0.90	0.75	0.38
	5 月（消落期）	−0.59	0.90	0.75	0.38
	6 月（汛期）	0.87	0.90	0.75	0.00
	7 月（汛期）	1.09	2.25	1.05	0.34
	8 月（汛期）	1.09	0.00	0.00	−0.24

续表

三峡水库各工程阶段	月份	湖口断面	都昌断面	康山断面	星子断面
三峡水库建成运行后（2003～2008 年）	9 月（汛期）	0.00	0.00	0.00	0.00
	10 月（蓄水期）	1.09	0.00	0.98	0.00
	11 月（高水位运行期）	1.53	−1.02	−0.34	0.00
	12 月（高水位运行期）	−0.44	0.00	0.00	1.13
	年均值	2.62	2.05	2.05	2.39
中小洪水调度后（2009～2020 年）	1 月（消落期）	−1.69	−1.03	0.62	0.07
	2 月（消落期）	0.59	−2.54	−2.33	0.07
	3 月（消落期）	0.93	−1.23	−0.75	1.99
	4 月（消落期）	1.44	−0.34	−0.07	−0.75
	5 月（消落期）	1.52	0.89	0.75	−0.75
	6 月（汛期）	3.05	1.58	1.03	−1.44
	7 月（汛期）	1.27	−1.17	−0.23	−1.85
	8 月（汛期）	−0.93	−0.69	−0.48	−1.58
	9 月（汛期）	−0.51	−1.85	0.41	−0.75
	10 月（蓄水期）	−0.59	−1.44	−1.51	−2.18
	11 月（高水位运行期）	−0.51	−0.62	0.21	−0.31
	12 月（高水位运行期）	−0.34	−2.80	−1.09	−0.16
	年均值	−0.51	−2.08	−1.11	−1.85

三峡水库建成运行后各月变化趋势方面：湖口断面总磷在 4 月呈显著下降趋势，都昌断面在 7 月呈显著上升趋势，其他断面各月份均无明显变化趋势；年均值变化方面，各断面均呈显著上升趋势，其中湖口断面呈极显著上升趋势。

中小洪水调度后各月变化趋势方面：湖口断面在 6 月呈极显著上升趋势，都昌断面在 2 月、12 月呈极显著下降趋势，康山断面在 2 月呈显著下降趋势，星子断面在 10 月呈显著下降趋势，其他月份无明显变化趋势；年均值变化方面，都昌断面呈显著下降趋势，其他断面无明显变化趋势。

8.2.4 鄱阳湖水质突变分析

采用 M-K 突变分析法，对鄱阳湖湖口断面、都昌断面、康山断面和星子断面高锰酸盐指数、总氮和总磷进行突变检验，表 8.16 中统计了各断面不同水质超标因子的突变情况。

表 8.16　鄱阳湖湖口断面主要水质项目 M-K 突变检验　（单位：mg/L）

水质超标因子	断面名称	突变年份	突变前均值	突变后均值	差值
高锰酸盐指数	湖口断面	2012	2.390	2.780	0.390
		2016	2.780	2.150	−0.630
	都昌断面	2016	2.640	2.100	−0.540
	康山断面	2014	2.730	2.340	−0.390
	星子断面	2007	2.700	2.340	−0.360
总氮	湖口断面	2016	0.940	1.570	0.630
	都昌断面	2014	1.780	1.250	−0.530
	康山断面	—	—	—	—
	星子断面	—	—	—	—
总磷	湖口断面	2008	0.044	0.074	0.030
	都昌断面	2004	0.030	0.077	0.048
		2018	0.077	0.051	−0.027
	康山断面	2004	0.037	0.079	0.042
		2012	0.079	0.061	−0.018
	星子断面	2006	0.036	0.066	0.030

高锰酸盐指数方面：湖口断面于 2012 年发生上升突变，突变前均值为 2.390 mg/L，突变后均值为 2.780 mg/L，2016 年发生下降突变，突变前均值为 2.780 mg/L，突变后均值为 2.150 mg/L；都昌断面于 2016 年发生下降突变，突变前均值为 2.640 mg/L，突变后均值为 2.100 mg/L；康山断面于 2014 年发生下降突变，突变前均值为 2.730 mg/L，突变后均值为 2.340 mg/L；星子断面于 2007 年发生下降突变，突变前均值为 2.700 mg/L，突变后均值为 2.340 mg/L。

总氮方面：湖口断面于 2016 年发生上升突变，突变前均值为 0.940 mg/L，突变后均值为 1.570 mg/L；都昌断面于 2014 年发生下降突变，突变前均值为 1.780 mg/L，突变后均值为 1.250 mg/L；康山断面、星子断面未发生突变。

总磷方面：湖口断面于 2008 年发生上升突变，突变前均值为 0.044 mg/L，突变后均值为 0.074 mg/L；都昌断面于 2004 年发生上升突变，突变前均值为 0.030 mg/L，突变后均值为 0.077 mg/L，2018 年发生下降突变，突变前均值为 0.077 mg/L，突变后均值为 0.051 mg/L；康山断面于 2004 年发生上升突变，突变前均值为 0.037 mg/L，突变后均值为 0.079 mg/L，2012 年发生下降突变，突变前均值为 0.079 mg/L，突变后均值为 0.061 mg/L；星子断面于 2006 年发生上升突变，突变前均值为 0.036 mg/L，突变后均值为 0.066 mg/L。

总体来看：高锰酸盐指数除湖口断面于 2012 年发生上升突变外，其他断面均发生下降突变，突变时间集中在 2007 年和 2016 年前后；总氮质量浓度湖口断面发生上升突变，都昌断面发生下降突变，无统一变化规律；总磷质量浓度在各断面 2004～2008 年均出现上升突变，都昌断面和康山断面分别于 2018 年和 2012 年发生下降突变。各断面各指标突变点出现时间与三峡水库建成运行节点（2003 年）和中小洪水调度节点（2009 年）不相符。鄱阳湖典型水质超标因子 M-K 突变检验图如图 8.10 所示。

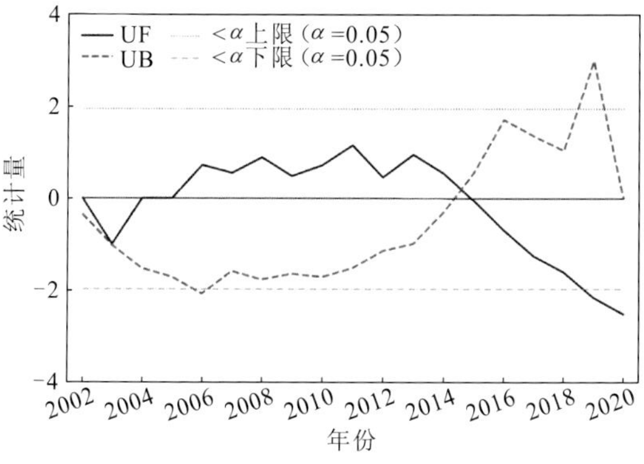

（a）康山断面高锰酸盐指数M-K突变检验图

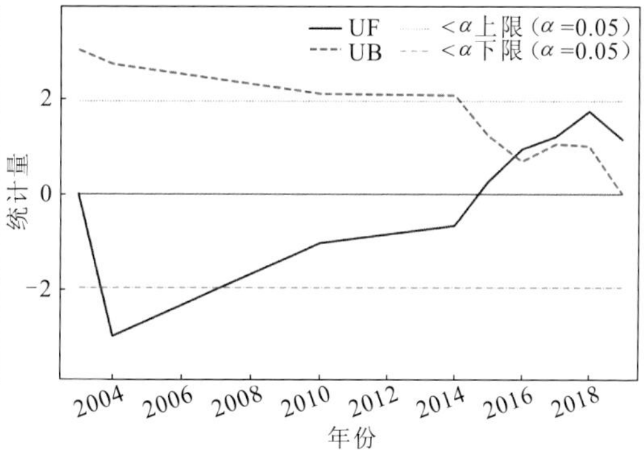

（b）湖口断面总氮M-K突变检验图

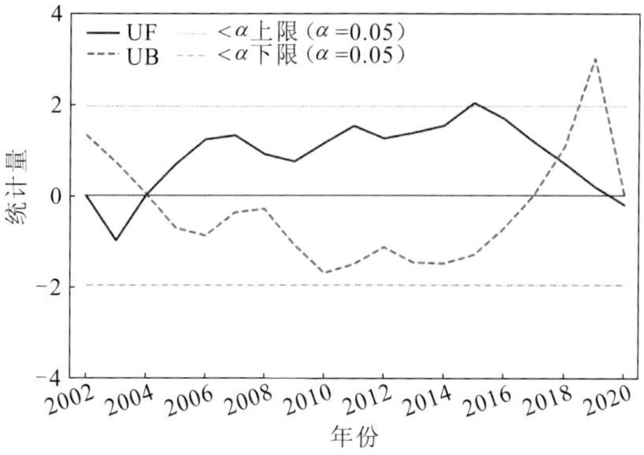

（c）都昌断面总磷M-K突变检验图

图 8.10　鄱阳湖典型水质超标因子 M-K 突变检验图

8.3　鄱阳湖水文水质演变与水库调度影响分析

8.3.1　鄱阳湖水文演变与水库调度影响分析

鄱阳湖水文演变与水库调度影响关系见表 8.17。在三峡水库初期蓄水期，鄱阳湖的 6 个站点水位均呈下降趋势，“赣抚信修饶”五水水位下降时期主要受鄱阳湖采砂引起的河床下切影响，与三峡水库建成运用时间不符，影响关系不明显。湖口断面水位呈下降趋势，一方面是来水及湖区采砂的影响；另一方面长江中下游干流水位下降也引起鄱阳湖入江水量增加。中小洪水调度后与三峡水库建成后相比，湖口年均水位无明显变化趋势。

表 8.17　鄱阳湖水文演变与水库调度影响关系

主要指标	三峡水库建成运行后与建库前相比			中小洪水调度后与建库后相比		
	变化趋势	变化情况	影响情况	变化趋势	变化情况	影响情况
水位	下降趋势	有突变	“赣抚信修饶”五水水位下降与三峡水库建成运行无明显关系，主要受鄱阳湖采砂引起的河床下切影响；湖口断面水位呈下降趋势，主要受来水、长江中下游清水下泄、人类活动等共同影响	“赣抚信修饶”五水水位呈下降趋势，湖口水位无显著变化趋势	无突变	“赣抚信修饶”五水水位下降时期与三峡水库建成运行无明显响应关系，受三峡水库中小洪水调度影响较小
流量	无显著变化趋势	无突变	无明显影响关系	无显著变化趋势	无突变	无明显影响关系
含沙量	湖口断面呈上升趋势，其他基本呈下降趋势	有突变	“赣抚信修饶”五水含沙量受上游人类活动影响，受三峡水库建成运行影响较小	饶河断面呈上升趋势，赣江断面及湖口断面呈下降趋势，其他河流无显著变化趋势	饶河断面及湖口断面有突变	湖口含沙量降低与湖区来水、清水下泄、采砂活动等影响有关，受三峡水库中小洪水调度影响较小

年均流量方面，鄱阳湖各站点在三峡水库建成运行后与中小洪水调度后两个阶段无显著变化趋势。含沙量方面：三峡水库初期蓄水期，“赣抚信修饶”五水含沙量均呈显著下降趋势，主要受各河流上游人类活动影响，与三峡水库建成运行无明显相关关系；湖口断面含沙量降低与湖区来水、清水下泄、采砂活动等影响有关，受三峡水库中小洪水调度影响较小。中小洪水调度后，湖口断面含沙量进一步减少。

8.3.2　鄱阳湖水质演变与水库调度影响分析

鄱阳湖水质演变与水库调度影响关系见表 8.18。

表 8.18　鄱阳湖水质演变与水库调度影响关系

主要指标	三峡水库建成运行后与建库前相比			中小洪水调度后与建库后相比		
	变化趋势	变化情况	影响情况	变化趋势	变化情况	影响情况
总磷	显著升高	有突变	突变节点与三峡水库建设节点不相符，水质变化未明显受中小洪水调度影响，可能与流域污染排放有关	都昌断面显著降低；其他断面无显著变化趋势	有突变	总磷突变节点与三峡水库中小洪水调度节点不相符，水质变化未明显受中小洪水调度影响

续表

主要指标	三峡水库建成运行后与建库前相比			中小洪水调度后与建库后相比		
	变化趋势	变化情况	影响情况	变化趋势	变化情况	影响情况
总氮	—	—	—	都昌断面显著降低；其他断面无显著变化趋势	有突变	总氮突变节点与三峡水库中小洪水调度节点不相符，水质变化未明显受中小洪水调度影响，总氮局部升高可能与流域污染排放有关
高锰酸盐指数	康山断面显著升高；其他断面无显著变化趋势	无突变	水质变化未明显受三峡水库建成运行影响，部分断面升高可能与流域污染排放有关	都昌断面和康山断面显著降低；其他断面无显著变化趋势	有突变	高锰酸盐指数突变节点与三峡水库中小洪水调度节点不相符，水质变化未明显受中小洪水调度影响

从年际变化来看：4个断面高锰酸盐指数整体均呈下降趋势，在三峡水库建设各阶段无显著性差异；都昌断面总氮质量浓度呈下降趋势，其他三个断面总氮质量浓度呈上升趋势，湖口断面总氮质量浓度在中小洪水调度后显著高于三峡水库建成运行后；4个断面总磷质量浓度在三峡水库建成运行后整体呈上升趋势，中小洪水调度后总磷质量浓度相对三峡水库建成运行后质量浓度有所下降，其中星子断面下降趋势较为显著。

从三峡水库不同工程阶段来看：鄱阳湖各断面总磷质量浓度在三峡水库建成运行后呈显著升高趋势，都昌断面在中小洪水调度后呈显著降低趋势且三峡水库各工程阶段均存在水质突变情况；都昌断面总氮质量浓度在中小洪水调度后呈显著降低趋势且存在水质突变情况；康山断面高锰酸盐指数在三峡水库建成运行阶段呈显著升高趋势，都昌断面和康山断面在中小洪水调度后呈显著降低趋势，其中在中小洪水调度后存在水质突变情况。

从年内变化来看：各断面高锰酸盐指数在年内各调度时期变化规律不明显。湖口断面总氮质量浓度在消落期相对较高，各调度时期在中小洪水调度后总氮质量浓度显著高于三峡水库建成运行后；都昌断面总氮质量浓度在蓄水期较高，消落期较低；康山断面消落期较高，蓄水期较低；星子断面消落期、高水位运行期较高，汛期较低。各断面总磷质量浓度在年内各调度时期变化规律不明显。

鄱阳湖水质变化趋势与三峡水库不同工程阶段间无明显相关规律，水质突变节点与工程时间节点不相符，洞庭湖水质变化未明显受三峡水库建成运行的影响，湖区水质可能与流域社会经济发展和污染排放有关。

第9章

洞庭湖和鄱阳湖湿地演变、越冬候鸟与水库调度

本章分别调查分析洞庭湖和鄱阳湖湿地土地利用类型演变特征，重点分析三峡水库建成前后洞庭湖和鄱阳湖湿地植被群落变化和受淹状况，辨识洞庭湖和鄱阳湖湿地植被变化与水库调度的响应关系。针对洞庭湖和鄱阳湖越冬候鸟分别介绍受保护鸟类基本情况，分析三峡水库建成后越冬候鸟的种类和数量变化，辨识越冬候鸟栖息地与水库调度的响应关系。

9.1　洞庭湖湿地演变及其与水库调度的响应

9.1.1　洞庭湖湿地演变特征

洞庭湖湿地内部主要为天然湿地景观类型，主要包括水体、泥沙滩地、草滩地、芦苇滩地和杨树林滩地 5 类。各湿地类型的面积变化不仅是各种湿地景观相互演替的展现，而且与湿地的生物群落、能量交换、生态功能等息息相关。根据洞庭湖湿地分类图，可以得到 1995～2020 年各类景观类型的面积比例和相对变化趋势。由于丰水期洞庭湖湿地水域面积较大、湿地景观相对单一，本书主要对枯水期的景观面积进行统计分析，结果如图 9.1 所示。

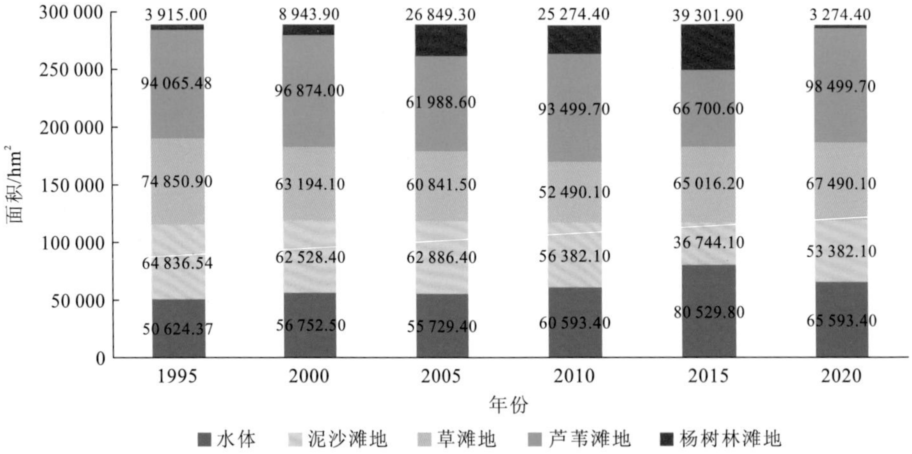

图 9.1　洞庭湖湿地（枯水期）景观面积变化图

$1\ hm^2 = 10\ 000\ m^2$

1995～2020 年，水体和泥沙滩地的面积和基本保持稳定，约占湿地总面积的 40%。2000～2005 年（即三峡大坝建成前后），泥沙滩地面积有所增加，水体面积减少，水位的降低会使得泥沙滩地的裸露面积增大，而 2005～2015 年（即三峡大坝建成之后）由于三峡水库季节性蓄水，长江水流量减少，水流所带泥沙及泥沙淤积变小，水域面积增大，淹没区域增加，所以泥沙滩地的面积也随之减少。水体面积的增加，一方面与降雨有关；另一方面与上游来水有关。相较于 2005 年，2010 年洞庭湖湿地区域年降雨量增加了 50.3%，2014 年增加了 22.6%，降雨增加导致水体面积增大。而 2015 年相较于 2010 年降雨量减少，但水体面积增加，这也说明在三峡大坝建成之后，枯水期放水使得洞庭湖上游来水增多，水体面积增大。

洞庭湖林地面积自 1995 年以后迅速增加，到 2015 年杨树林滩地总面积达到了 39 301.90 hm²，占湿地总面积的 13.6%。由图 9.1 分析可知，1995 年以后，大面积的草滩地和芦苇滩地变成了杨树林滩地，尤其是西洞庭湖区。2017 年中央生态环境保护督察组指出，湖区栽植欧美黑杨严重威胁洞庭湖生态安全，同时开始杨树清理工作，湿地保护区范围内杨树林面积大幅减少。

草滩地和芦苇滩地呈现着双向演替的现象，即草滩地面积减少的同时会伴随着芦苇滩地面积的增加，2010 年前后因杨树的大面积种植，芦苇滩地和草滩地面积明显减少。相较于 1995 年，2015 年芦苇滩地面积从 94 065.48 hm^2 减少到 66 700.60 hm^2，与此同时，草滩地面积也从 74 850.90 hm^2 减少到 65 016.20 hm^2，减幅分别为 29.1%和 13.1%。2020 年，芦苇滩地面积恢复到 98 499.70 hm^2，草滩地面积恢复到 67 490.10 hm^2。

9.1.2　洞庭湖湿地植被及其变化

洞庭湖湿地植物有 431 余种，其中乔木 18 种，灌木 21 种，木质藤本 12 种，草本植物有 380 余种。国家重点保护植物有莼菜（一级）、莲（二级）、金荞麦（二级）、野大豆（二级）、野菱（二级）、水蕨（二级）和粗梗水蕨（二级）等。省重点保护野生植物有龙舌草、芡实和香蒲等。洞庭湖湿地具有丰富的植被类型，主要包括芦苇、荻、苔草、水蓼、三棱水葱、蒌蒿和虉草等，以及菹草、竹叶眼子菜、苦草、黑藻、金鱼藻、水鳖、凤眼莲、荇菜和莲等水生植被。

洞庭湖植物在海拔高度的影响下呈带状分布。从浅水湖湖床到陆地，依次分布有 8 个植被分布带：①沉水植物带；②浮水植物带；③挺水植物带；④洲滩裸地带；⑤沼泽化草甸带；⑥川三蕊柳灌丛带；⑦南荻群落带；⑧洲滩木本落叶阔叶林带（袁正科，2008）。

沉水植物主要由苦草、黑藻、金鱼藻、狐尾藻、竹叶眼子菜、细叶眼子菜、菹草等群落组成。浮水植物主要由芡实、野菱等群落组成。挺水植物主要由三棱水葱草、少花荸荠、东方香蒲、芦苇等群落组成。裸地主要为泥沙淤积所形成的白泥滩。沼泽化草甸植物主要由虉草、短尖苔草、单性苔草等群落组成。洲滩木本落叶阔叶林主要由朴树、桑、榔榆等群落组成。洞庭湖具有代表性的植物群落为苔草、南荻、虉草和杨树群落等。

洞庭湖湿地植被的优势群落为芦苇群落、林地群落、苔草群落、虉草群落和水蓼群落。不同群落在洞庭湖的空间分布不同，尤其是沿高程存在明显的带状分布，其对三峡水库运行后水文情势变化的响应可能存在差异。因此，进一步将植被分为林地（荻）群落（包括芦苇和林地）和湖草群落（包括苔草、虉草和水蓼群落）。

东洞庭湖面积占整个洞庭湖面积的 51%，且是受长江来水影响最大的区域。研究者基于 1995～2015 年遥感影像解译结果，分析了三峡水库运行前后东洞庭湖不同植被空间分布格局和面积变化趋势，发现东洞庭湖湿地景观类型的空间分布呈带状格局：林地（荻）—湖草—泥滩—水体，在局部区域呈镶嵌分布（谢平，2018；唐玥 等，2013）。因为不同植被类型对土壤含水量及水淹时间的响应存在差异，其分布的高程必然存在差异，其分布格局与东洞庭湖湖盆高程密切相关。对 1995～2015 年东洞庭湖主要植物群落的高程进行分析，并利用贝赛尔曲线对主要植物群落的分布高程进行拟合，发现湖草分布的高程范围为 23.9～24.1 m，而林地（荻）群落分布的高程范围为 25.2～25.8 m。在 1995～2015 年，湖草群落、林地（荻）群落的最低分布高程分别下移了 0.61 m 和 0.56 m。但三峡水库运行前后，不同植物群落最低分布高程呈不同的变化趋势，湖草群落的最低分布高程在三峡水库运行前后均呈持续下移趋势，但三峡水库运行之后下移速度明显加快；而林地（荻）群落最低分布高程在三峡水库运行前后呈不同的变化趋势，在三峡水库运行之前呈上移趋势，但在三峡水库运行之后，即在 2003～2015 年下移了 0.59 m。

通过与三峡水库建成前植物群落分布的历史资料对比发现，近 20 年主要优势群落变化显著，主要表现为沉水植被的大面积消失和相关中生/旱生植物的增加。典型沉水植被如黑藻群落、眼子菜群落等基本消失，虉草和中位洲滩的林地（荻）群落生物量有所增加，而分布于低位洲滩的苔草、水蓼和水生植物群落的生物量变化不大。从建群种占比来看，洞庭湖湿地典型优势植物虉草、短尖苔草、水蓼和荻均有显著增加，而沉水植物竹叶眼子菜建群种占比明显降低（表 9.1）。

表 9.1　三峡水库运行前后洞庭湖湿地群落变化（谢平，2018）

三峡水库运行不同阶段	植物类型	优势群落
三峡水库运行前（2003 年以前）	沉水植物	苦草群落、金鱼藻群落、黑藻群落、穗状狐尾藻群落、蒲草群落、狸藻群落、竹叶眼子菜群落、茨藻群落、眼子菜群落
	浮水植物	莲群落、芡实群落、野菱群落、荇菜群落、浮萍群落、空心莲子草群落、水鳖群落
	挺水植物	芦苇群落、弯囊苔草群落、东方香蒲群落，水烛群落、菰群落、少花荸荠群落
三峡水库运行后（2003～2019 年）	沉水植物	苦草群落、竹叶眼子菜群落、菹草群落
	浮水植物	野菱群落、荇菜群落
	挺水植物	虉草群落、南荻群落、苔草群落、菰群落，水蓼群落

9.1.3　洞庭湖湿地植被变化与水库调度的响应

每年 12 月～次年 3 月，三峡水库增泄流量可提前淹没已干涸的滩地，对水生和沼生植物产生一定影响，但水位不能达到沼泽化草甸的最低部位——苔草草甸，对地势更高的植物群落也不会造成明显影响。然而，适当的增高水位有利于植物鲜体保存及休眠芽和种子萌发。4 月，洞庭湖水位低于三峡水库运行前的水位值，洲滩裸露增加，不利于沉水植物群落的生长，但有利于苔草的生长和生物量积累。裸露的洲滩有利于短命植物如无芒稗、拉拉藤等的萌发和快速生长，使群落的生物多样性提高。5 月，三峡水库的增泄量较大，使洞庭湖的水位发生较大变化。5 月也是湿地植物生物量累积的旺盛期，较大的水位变幅对低程区湿地植物（如苔草）和一年生植物生长产生一定的负面影响，促使这类植物提前开花结果，快速完成生活史。对于高程区植物芦苇而言，一定的地下水位上升可能更有利于刺激植物生长而促进生物量累积。5 月水位的上升将有利于沉水植物的生长繁殖。在调查中发现，沉水植物如竹叶眼子菜在 5 月中旬已在水分极度饱和的低程区苔草群落中大面积萌发生长，并在随后的 6 月初随水位上升而取代苔草成为优势种。6～9 月，洞庭湖的水位随三峡水库增减泄流量引起的变化很小。在汛期，由于绝大部分湿地植物均处于完全淹水状态，水位波动不会对群落产生明显影响。10～11 月三峡水库泄流量减少，洞庭湖水位降低。水位的降低使低位洲滩提前露出水面，对低位杂草草甸和苔草草甸上的植物生长有利，有利于苔草群落向湖心侵移，但会造成一些沉水植物的死亡。芦苇等植物的生物量积累在 10 月已基本完成，水位变化对其产量影响不大。

总之，一年中 4 月、5 月和 10 月因较大水位变幅而对湿地植物的生长繁殖产生明显影响。年内水位波动对群落生物量和一二年生植物的生存空间影响较大，但对植被分布格局的影响不大。然而植被群落演替是长期变化累积的结果，若考虑到洞庭湖入湖水量不断减少的总趋势及植物群落对水位变化的敏感性差异，将会引起占优势的芦苇群落和苔草群落向前推进，挤占沉水植物的生存空间，从而打破现有植被格局，使其发生正向演替。

9.2　洞庭湖越冬候鸟及其与水库调度的响应

9.2.1　洞庭湖越冬候鸟保护概况

洞庭湖是长江中下游流域最重要的候鸟越冬区之一。洞庭湖候鸟的种类、数量繁多、珍稀濒危程度高，共有 18 目 60 科 279 种。其中：国家一级保护鸟类 7 种，包括东方白鹳、黑鹳、中华秋沙鸭、白尾海雕、白鹤、白头鹤和大鸨；国家二级保护鸟类 33 种。中国濒危动物红皮书中有 18 种鸟类分布在洞庭湖内，其中极危物种 1 种，濒危物种 6 种，易危物种 11 种。

洞庭湖越冬候鸟主要分布在潜水区域、泥滩和草洲 3 种生境类型中。依据它们的主要食性和栖息地的不同分为 5 个生态类群：①洲滩草食性雁类；②泥滩鸻鹬类；③水域食鱼性鸟类，包括鹳类、鹭类、鸥类等；④水域食沉水植物鸟类，包括小天鹅、鸿雁及罗纹鸭、绿翅鸭、斑嘴鸭等鸭类；⑤其他。

9.2.2　洞庭湖越冬候鸟种类及数量变化

2004 年至 2018 年的 1 月，东洞庭湖越冬候鸟种类在 33～54 种波动，数量最少为

36 878 只，最多为 2018 年，达 179 101 只（图 9.2）。其中存在 2007～2008 年、2013～2014 年两次波谷。西洞庭湖 1 月越冬候鸟数量较东洞庭湖低，种类在 16～45 种波动，数量最少为 2008 年，仅为 3 692 只，最多出现在 2017 年，为 21 263 只。东洞庭湖候鸟的年均数量约为 96 090 只，是西洞庭湖的 10 倍（年均数量约为 9 407 只）。

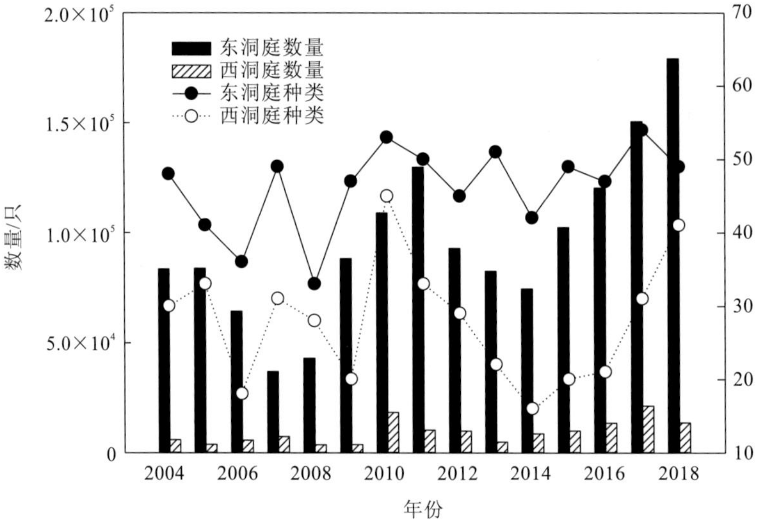

图 9.2　东、西洞庭湖历年 1 月越冬候鸟种类与数量

2012 年以来的数据表明（图 9.3）：东洞庭湖 11 月越冬候鸟种类与数量总体上较次年 1 月少，且 11 月与次年 1 月的年际变化趋势不完全一致，如 2013 年；西洞庭湖有两年 11 月候鸟数量比次年 1 月多，与东洞庭略有不同。

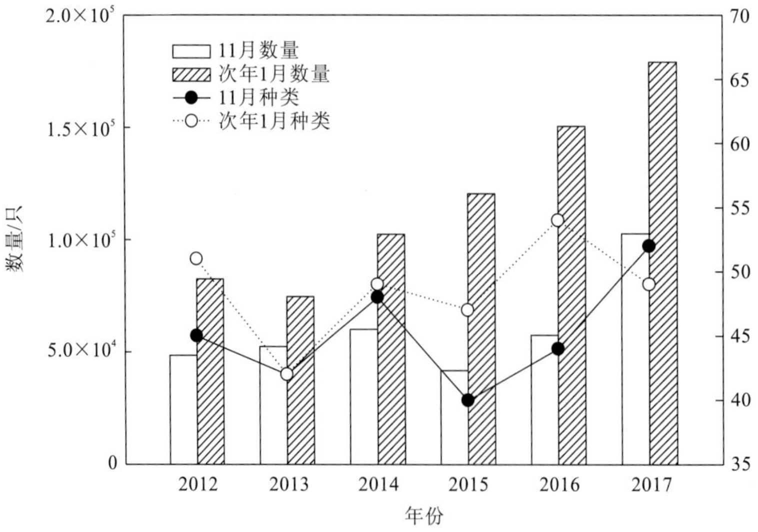

（a）东洞庭湖

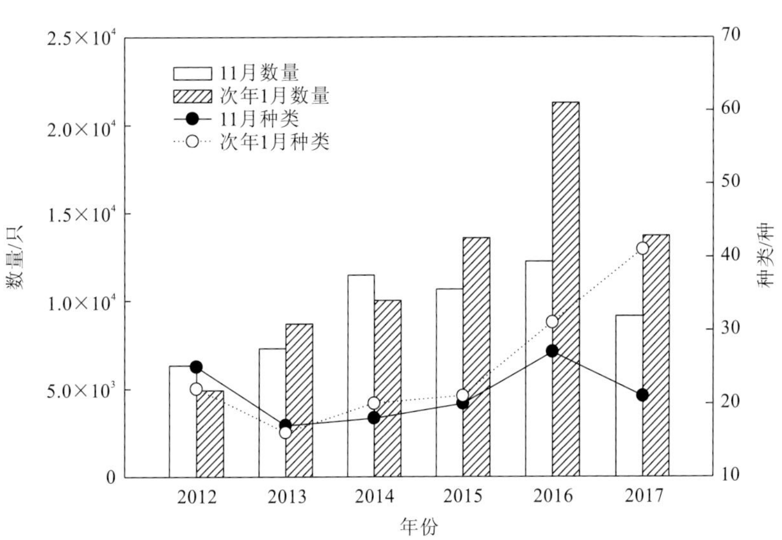

（b）西洞庭湖

图 9.3　东、西洞庭湖历年 11 月与次年 1 月越冬候鸟种类与数量

9.2.3　洞庭湖越冬候鸟栖息地与水库调度的响应

三峡水库运行后，12 月～次年 3 月，洞庭湖水位在南洞庭湖和西洞庭湖增加很小，最大只有 10 cm，出现在 2 月，此时为枯水期低水位，10 cm 的变化不会影响到洲滩中洼地的生境，对珍稀候鸟的生态环境和觅食不产生明显的影响。而东洞庭湖 2 月平均水位将增加 23 cm，3 月增加 13～15 cm，东洞庭湖 2～3 月水位的变化，可能使珍稀候鸟夜宿和取食的浅水滩、白泥滩和洼地水位增加或淹没，改变候鸟的生态环境，但这种影响有限。5 月洞庭湖各地段的水位上升较大，对湿地造成明显影响，此时候鸟已返迁至北方，对其影响不大。10 月三峡水库蓄水，若遇特枯年，蓄水期可延长到 11 月，引起洞庭湖各地段水位的大幅度下降，西、南洞庭湖水位下降 0.59～1.22 m，东洞庭湖水位下降 1.41～1.62 m。经估算，大约可使 2 万 hm^2 的洲滩湿地提前露出水面，水位的大幅度下降，使洼地水生生物大量提前干枯，白泥滩提前出露，浅水区下移。10 月水位下降，12 月～次年 3 月水位上升，水位的变幅加大了低位洲滩的水位差，对湿地水生生物的生长不利，对越冬候鸟的影响较大。

（1）珍稀候鸟迁徙期与食源显露期错位。珍稀候鸟南迁至洞庭湖的时间大多在 10 月下旬至 11 月初。此时水位已提前 1 个月降低到适宜候鸟生存的范围，候鸟未到时洲滩却已显露，使洼地边缘处于浅水区。珍稀候鸟主要在这一浅水区栖息、觅食，这一带当年夏季发育的水生植物丰富。三峡水库运行后，洲滩提前出露，浅水区将于 10 月中旬出露。珍稀候鸟 10 月中旬迁来时，这一片地区将成泥滩，大部分水生植物已干枯，不适合珍稀候鸟食用。珍稀候鸟只能在地势更低的区域觅食，而这一带的水生植物较少。因此，单位面积上可食用的食物量有所减少。

（2）珍稀候鸟主要栖息地（枯水期湖中低洼地）水面萎缩。由于水位提前下降，珍稀候鸟 10 月下旬和 11 月上旬迁徙到洞庭湖时，水位已降低。洞庭湖滩地地势变化是越往低地势越平坦，故随着水位的下降，洼地水面的萎缩也越来越快，特别是干枯年份，当三峡水库蓄水时间延续到 11 月时，这种变化将更加严重。长江以南湖区水位提前下降时，10 月靠近大湖区的较大洼地水面面积减少率大，11～12 月离湖区大水面较远的小洼地水面面积减少较明显。这种趋势可能对缓解珍稀候鸟主要栖息地面积减少较为有利。10～11 月珍稀候鸟主要栖息于离湖区大水面较远的小洼地；12 月至次年春天，则主要栖息在离大湖区较近的洼地。洼地水面面积缩小，使珍稀候鸟取食的水生植物蓄存量减少。还有较多与珍稀候鸟共同生活在洼地水面且与珍稀候鸟食性相近的其他鸟类（如野鸭、雁类等），在洼地减少的情况下，水生植物很可能被过度取食，影响水生植被的生长。在 11 月以后，洼地水面很可能出现鸟类栖息过分密集的现象。上述影响中，由于东洞庭湖 10 月的水位下降值最大且东洞庭湖湿地景观较为简单，所以以东洞庭湖较为严重。

（3）湿地植物群落分布格局发生变化，改变珍稀候鸟的食物结构。洞庭湖水生、湿生植物群落的分布，在时间和空间上受水位变化的控制是很明显的。水位提前下降将使草滩前锋向淤泥带推进。淤泥将占据现在的浮叶植物分布区，而浮叶植物带的下侵，将会替代部分沉水植物衍生区，这一现象很可能使珍稀候鸟在越冬后期食物来源减少。

9.3　鄱阳湖湿地演变及其与水库调度的响应

9.3.1　鄱阳湖湿地类型变化

对 1996 年、2000 年、2004 年、2010 年、2015 年和 2020 年的遥感影像进行解译，景观分布图见图 9.4。将湿地分为天然湿地、人工湿地和其他湿地 3 大类。在此基础上，将冬季枯水季节的鄱阳湖天然湿地景观分为 3 大类型，即水域、水陆过渡区和出露草洲，然后结合影像特征和鄱阳湖湿地的水文、地形、生物、土壤等特征将天然湿地分为 9 个亚类型。

比较分析 6 个年份的湿地景观类型面积变化可知（表 9.2）：1996～2020 年，鄱阳湖湖泊面积总体呈减少趋势，湖泊面积由 1 211 km^2 降至 889 km^2，减少约 27%，其中 2015 年最低，为 714 km^2；库塘面积基本不变，维持在 400 km^2 左右；草洲面积呈波动趋势，面积由 1996 年的 998 km^2 增加到 2020 年的 1 056 km^2，增幅约 6%；滩涂面积总体呈波动趋势，面积由 1996 年的 1 010 km^2 变为 2020 年的 925 km^2，降幅约 8%；耕地、林地等其他地物面积呈先增加后减少的趋势，2004 年面积最大，达到 514 km^2。

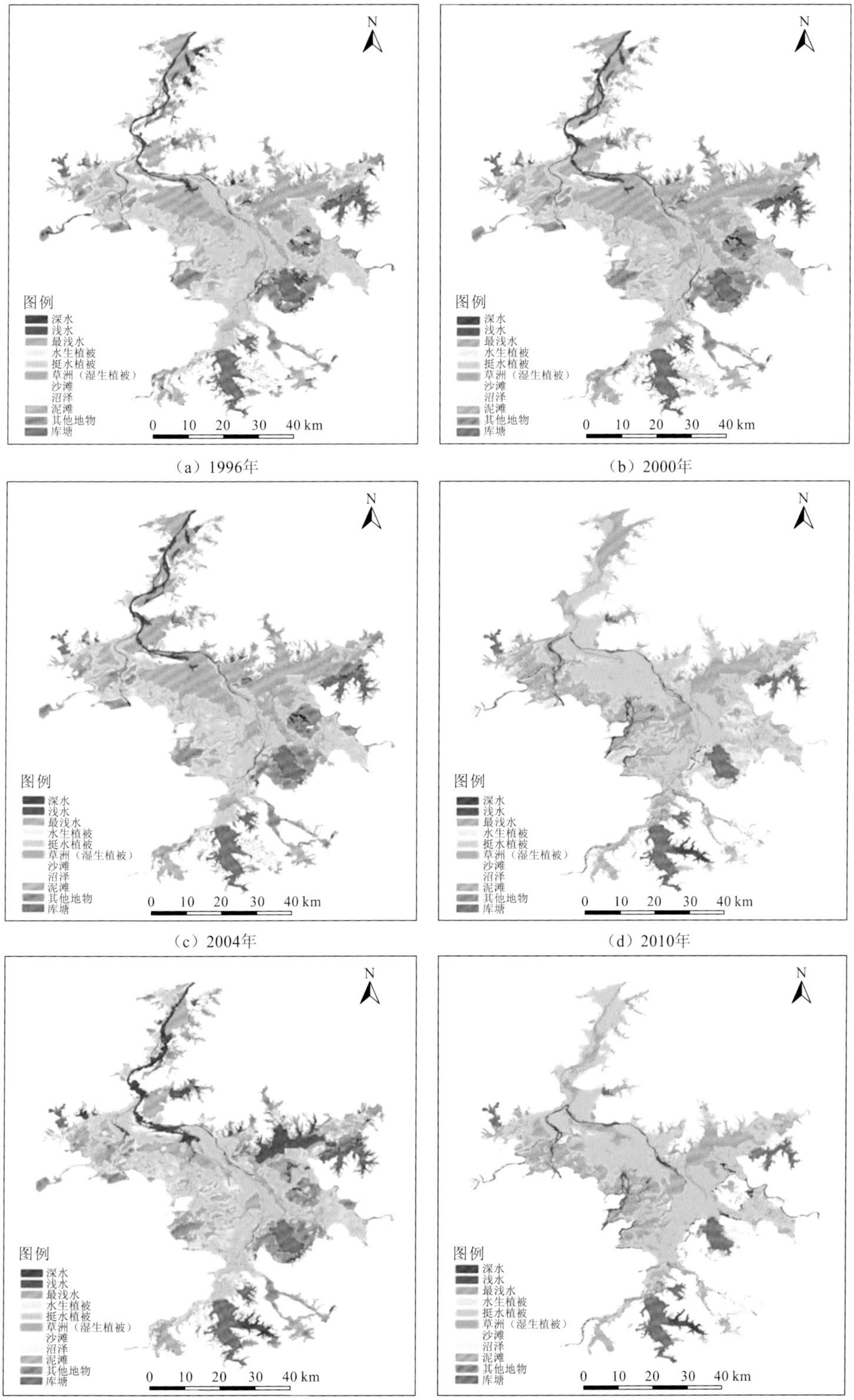

（a）1996年　（b）2000年

（c）2004年　（d）2010年

（e）2015年　（f）2020年

图 9.4　1996～2020 年鄱阳湖湿地景观分布图

表 9.2　不同年份鄱阳湖湿地各景观类型面积　（单位：km^2）

湿地类型	1996 年	2000 年	2004 年	2010 年	2015 年	2020 年
湖泊	1 211	1 045	758	855	714	889
库塘	428	410	407	410	395	416
草洲	998	1 077	1 049	995	1 156	1 056
滩涂	1 010	1 050	788	381	890	925
其他地物	239	369	514	456	428	328

总体上看，受“围湖造田”到“退田还湖”的理念和政策的转变及三峡水库运行使得鄱阳湖水位偏低、泥沙淤积、枯水期提前出现及时间延长，极端枯水位频现的综合影响，近年来鄱阳湖天然湿地面积先减少再增加，尤其在 2000～2004 年，湖泊面积与滩涂面积均发生大幅减少现象。居民建设用地的大幅度增加显然与鄱阳湖社会经济发展密切相关，从耕地、林地等其他地物面积的变化特点可以看出，这个时期人类活动对湿地景观变化的作用不明显，鄱阳湖湿地被人类活动干扰和破坏基本得到了控制。

9.3.2　鄱阳湖湿地植被及受淹状况

按照空间分布划分，鄱阳湖湿地植被可分为挺水植被带、莎草植被带、浮水（叶）植被带与沉水植被带 4 类，其中挺水植被带、莎草植被带和沉水植被带的带状分布明显，面积较大，而浮水（叶）植被带面积较小，带状分布不明显。鄱阳湖西部和西南部沼泽湿地和草甸湿地发育良好，广泛分布着“柴滩”与“草洲”，其中“柴滩”多分布在 14～17 m 高程，“草洲”多分布在 10～14 m 高程。鄱阳湖湿地植物群落随着水位的变迁，植被明显呈以湖心为圆心，同心环状分布，各植被带分布特征见表 9.3。

表 9.3　鄱阳湖湿地植被带分布特征

植被带类型	分布高程	主要植被群落	特征
挺水植被带	14.0～17.0 m	芦苇、南荻群落	上层植物主要有芦苇、南荻，下层植物主要有藕草、野古草、糠稷、早熟禾、雀稗、狗牙根、菊叶委陵菜。挺水植被带发育草甸土和草甸沼泽土，有机质高达 8%左右，光照充足，植物生长茂密，人为活动频繁
莎草植被带	10.0～14.0 m	灰化苔草、单性苔草群落，荆三棱群落，牛毛毡群落	春季生长茂盛，莎草植被带是白额雁、大鸨等草食性鸟类的主要觅食和栖息场所，也是良好的牧场及绿肥基地
浮水（叶）植被带	13.5 m 以下	荇菜群落	零星分布于沉水植被带内或其外缘，接近泥滩或沙滩一侧，水深约 1 m。群落中常见的伴生种类有菱、芡、茶菱等
沉水植被带	13.5 m 以下	竹叶眼子菜—苦草群落	根系着生于水体基质，细弱植株沉入水体，花期露出水面或于水中进行水媒或自花传粉，苦草的花在水面授粉后，缩入水中形成果实，群落覆盖度以 8～9 月最大，一般为 60%～80%，发育较好者达 90%以上，群落中常见的伴生种类有大茨藻、小茨藻、聚草等

相关研究表明（胡振鹏 等，2015；张萌 等，2013；葛刚 等，2011），鄱阳湖湿地植被面积自 20 世纪 80 年代以来缩减近 1/3，苔草群落与芦苇群落的分布面积略有增加，沉水植被分布面积不断萎缩。鄱阳湖湿地植被带普遍下移 1～2 m，其中苔草群落与南荻群落等湿生群落均下移 2 m，南荻群落分布的平均高程也有所下降。植被物种组成和优势种也发生了变化，中性草甸（狗牙根）在中高位草滩占优势，虉草、蓼子草成为优势种，而竹叶眼子菜由优势种变为少见种，外来入侵植物种数进一步增加。

鄱阳湖国家级自然保护区大汉湖的“草洲”平均高程为 13 m，大湖池为 15 m 左右；南矶山国家级自然保护区“草洲”亦分布于 13～16 m 高程内；而鄱阳湖东北岸都昌县境内“草洲”高程仅 12～13 m。当星子站枯水期水位为 13 m 时（吴淞高程），莎草植被带淹没约 1/5，挺水植被带部分淹没；当水位为 14 m 时，莎草植被带淹没近 1/2，挺水植被带大部分淹没，沉水、浮水（叶）植物群系的水深增加约 1 m 以上；当水位为 15 m 时，低滩地的莎草植被带淹没近 4/5，南荻、芦苇等挺水植物带，以及沉水、浮水（叶）植被带水位增加 2 m 以上；当水位达到 16 m 时，莎草植被带几乎全部被淹没，沉水、浮水（叶）植被带水位比正常水位增加约 3 m 以上。

根据鄱阳湖湿地植被群落的生态特点与分布特征，结合植被生长繁殖规律分析，当水位低于 13 m 时，鄱阳湖“草洲”生境受到的影响和破坏较小，水位为 12 m 时生境条件最佳，此时草洲上的湿地植被淹没面积比例在 10%以下，出露时间可满足“秋草”和“春草”生长发育的环境要素需求，基本上能保障鄱阳湖湿地植被的健康生长。

9.3.3 鄱阳湖湿地植被变化与水库调度的响应

三峡水库运行后，鄱阳湖秋冬季出现了枯水期提前、枯水位降低和枯水期延长的水文态势，同时，极端枯水事件频发，多个年份发生伏旱甚至春夏连旱（刘元波 等，2014）。水文条件的巨大变化使得鄱阳湖湿地常年性水体向季节性水体甚至非水体转变，湿地植被总面积下降，沉水植被分布范围进一步萎缩，植被带普遍下移，物种组成和优势种发生变化。鄱阳湖湿地的越冬候鸟生境主要以枯水条件下的碟形湖为主，低枯水位下水位下降过快，碟形湖水面将迅速消退甚至干涸，洼地水面和浅水水面面积减少，候鸟栖息地生境受到破坏；枯水期提前导致湿生植被提前萌发，淹水时长的变化也使得苔草等莎草类植物的生长受到影响。原有适应水淹过程的苔草群落部分被相对适应旱生的芦苇群落所代替，但仍是湿地的优势种。沉水植物群落中竹叶眼子菜也逐渐被适应长期沉水的苦草所替代。苔草、竹叶眼子菜与苦草等植物的生长繁殖为越冬候鸟提供了重要的栖息环境与食物营养，其稳定的生长期是鄱阳湖越冬候鸟栖息觅食的重要保障（表 9.4）。

表 9.4　苔草、竹叶眼子菜与苦草植物生长情况

植物类型	生长特点	水位变化的影响
苔草	2～3 月萌发，4～5 月开花结果，汛期前完成“春草”生长期，6～7 月汛期被淹没后转入休眠期，8～9 月再次萌发生长，11 月完成“秋草”生长期	鄱阳湖莎草草洲平均分布高程为 10～14 m，若 9 月后高水位长期不退，将影响当年“秋草”与翌年“春草”的正常生长
竹叶眼子菜与苦草	4～11 月生长，夏季水位上升后生长迅速，8～9 月群落覆盖度达到最大，冬季水位下降后会漂浮在水面	冬季持续的高水位会导致植被生长期延后或死亡

9.4　鄱阳湖越冬候鸟及其与水库调度的响应

9.4.1　鄱阳湖越冬候鸟保护概况

鄱阳湖目前已记录的鸟类有 17 目 55 科 310 种，其中候鸟 108 种。属于国家一级保护的鸟类有 10 种，世界濒危鸟类有 13 种，列入《中国濒危动物红皮书》（汪松，1998）候鸟名录的有 15 种，属于中日候鸟保护协定中保护的鸟类有 153 种，属于中澳候鸟保护协定的鸟类有 46 种（齐述华 等，2011）。鄱阳湖是多种候鸟的重要越冬地，世界上近 98%的白鹤、50%的白枕鹤、60%的鸿雁在此越冬，鄱阳湖也是东北亚和大洋洲不可替代的鸟类迁徙路线。

鄱阳湖越冬候鸟时空动态分布受水文节律变化的影响，不同候鸟到达和离开的时间有所差异。根据鄱阳湖国家自然保护区 2005～2007 年越冬候鸟的调查分析结果：鄱阳湖越冬候鸟的迁徙过程也遵循一定的规律，大多数候鸟在 11 月上旬迁徙至鄱阳湖；12 月至次年 1 月上旬，大多数越冬候鸟种群数量达到峰值；2 月中下旬后越冬候鸟开始向繁殖地迁徙，至 4 月完全离开（崔鹏 等，2013），这些时间段是候鸟越冬的关键时期。鄱阳湖几类重要候鸟的迁徙特征见表 9.5。

表 9.5　鄱阳湖几类重要候鸟的迁徙特征

类别	10 月上旬	10 月中旬	10 月下旬	11 月上旬	11 月中旬	11 月下旬	12 月上旬	12 月中旬	12 月下旬	1 月上旬	1 月中旬	1 月下旬	2 月上旬	2 月中旬	2 月下旬	3 月上旬	3 月中旬	3 月下旬	4 月上旬
鸭类	开始迁徙	数量平稳增加					数量达到峰值	数量平稳变化								开始迁徙			全部离开
鹭鹳类	开始迁徙						数量达到峰值				数量平稳增加							开始迁徙	全部离开
鸻鹬类	—	开始迁徙	数量平稳增加				数量达到峰值				数量平稳变化						开始迁徙		全部离开
鹤类	—	开始迁徙	数量平稳增加	数量急剧增加	数量平稳增加		数量达到峰值						开始迁徙						全部离开

9.4.2　鄱阳湖越冬候鸟种类及数量变化

鄱阳湖越冬候鸟数量与种类变化见图 9.5。对 2000～2021 年鄱阳湖越冬候鸟进行调查，累计统计到的候鸟有 88 种，每年平均有 58 种，总数达 45 万余只（454 034±152 930 只），其中越冬候鸟种类在 2000～2001 年最低，为 27 种，在 2020～2021 年达到峰值，为 80 种。越冬候鸟数量在 2005～2006 年达到峰值，为 725 690 只，在 2000～2001 年最低，为 213 562 只。总体来看，鄱阳湖 2000～2021 年越冬候鸟数量和种类整体呈上升趋势，具体可以分为两个阶段：2000～2006 年呈大幅上升趋势；2006～2021 年呈波动状态，在 2009 年、2015 年前后呈现两个波谷，越冬候鸟数量及种类都较低。从三峡水库运行前后来看，三峡水库运行后越冬候鸟数量（487 375±145 383 只）与种类（64±8 种）显著高于三峡水库运行以前（候鸟数量为 312 336±100 601 只，种类数为 33±4 种）。

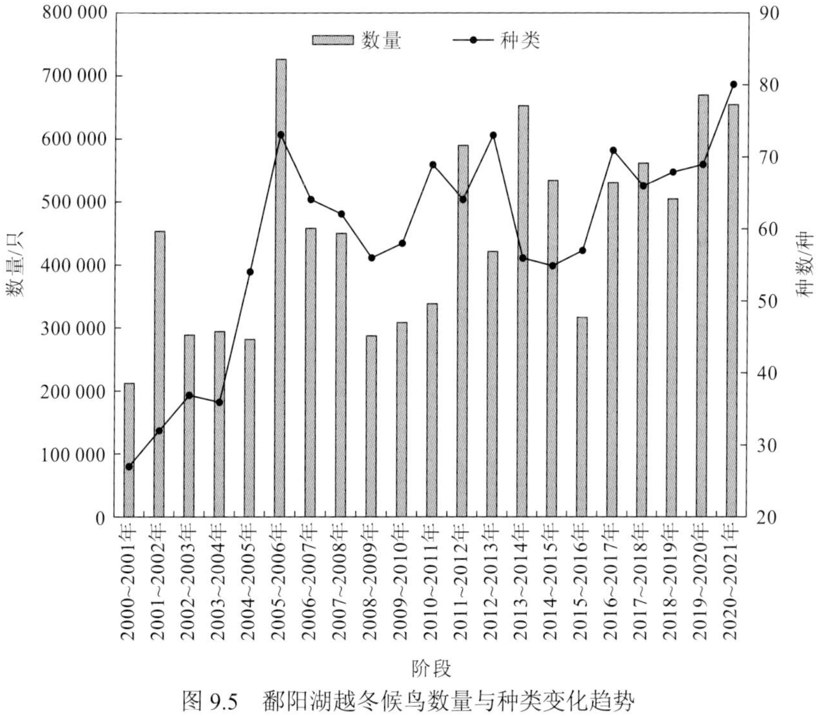

图 9.5　鄱阳湖越冬候鸟数量与种类变化趋势

出现上述结果，可能由于三峡水库运行后，鄱阳湖水位年际和年内波动较大，使得植被分布格局发生变化，越冬候鸟适宜的栖息地发生改变，一些喜集群分布的候鸟开始集中分布在一些典型区域。在调查过程中发现，鄱阳湖越冬候鸟集中分布在鄱阳湖国家级自然保护区、江西鄱阳湖南矶湿地国家级自然保护区，而这两个区域因建立国家级自然保护区，有大范围的适宜栖息生境，越冬候鸟受到较好保护，故越冬候鸟数量和种类增加。

9.4.3 鄱阳湖越冬候鸟栖息地与水库调度的响应

1. 鄱阳湖越冬候鸟栖息地特点

栖息地是指生物的居住场所，即生物个体、种群或群落能在其中完成生命过程的空间。对鸟类而言，栖息地就是某些个体、种群或群落在其生活史的某一阶段（如繁殖期、越冬期）所占据的环境类型，其作用在于为鸟类提供充足的食物资源、适宜的繁殖地点，以及躲避天敌和不良气候条件。鄱阳湖作为一个季节性吞吐型湖泊，表现出典型的水陆交替出现的湿地景观。相关研究表明，适当水位的鄱阳湖水陆过渡带是以水禽为主的越冬候鸟的最佳栖息地（刘成林 等，2011），鄱阳湖主要候鸟的栖息特点和觅食范围见表 9.6。

表 9.6 鄱阳湖主要候鸟的栖息特点和觅食范围（夏少霞 等，2010）

取食功能群	代表鸟类	取食范围
食块茎类功能群	白鹤、白头鹤、白枕鹤、灰鹤和鸿雁	水深为 20.0～60.0 cm 浅水区或泥滩
食莎草、禾本科功能群	白额雁、小白额雁、灰雁、豆雁和鸿雁	莎草、禾本科群落，总体分布在 14.1～15.3 m 的草洲高程
食种籽、浮水功能群	绿头鸭、赤膀鸭、斑嘴鸭和绿翅鸭	水深 5.0～25.0 cm
食底栖软体动物功能群	黑翅长脚鹬、红脚鹬、金眶鸻	水深小于 20.0 cm 的浅水区或泥滩
食大鱼功能群	麻鸭、白鹳、黑鹳、苍鹭、白鹭和麻鳽	水深不超过 60.0 cm 的浅水区
食浮游动物、小鱼功能群	白琵鹭和反嘴鹬	水深不超过 20.0 cm 的浅水区

2. 鄱阳湖越冬候鸟栖息地随水位的变化特征

根据鄱阳湖典型越冬候鸟栖息地特点可以看出，浅水带、矮草草洲、泥滩地、沉水植物带等为鄱阳湖候鸟提供了重要的栖息场所。根据遥感影像资料，将鄱阳湖越冬候鸟栖息地类型划分为深水区、浅水带、碟形洼地、芦苇地、苔草地、泥滩地及沙滩地 7 种类型，其中浅水带、碟形洼地、苔草地、泥滩地及沙滩地 5 种栖息地的动态变化对鄱阳湖典型候鸟种群最为重要。

不同特征水位下（星子站水位，吴淞高程）鄱阳湖主要类型栖息地面积变化趋势见图 9.6。可以看出，当特征水位为 10 m 时，鄱阳湖越冬候鸟主要类型栖息地总面积最大，约 2 700 km^2，而后随特征水位上升整体呈下降趋势，其中 14 m 和 15 m 时下降显著。不同类型的栖息地面积随特征水位变化也呈现不同的特点：特征水位 12 m 时，鄱阳湖浅水带面积较 10 m 特征水位增加 90%以上，这有利于天鹅、雁鸭类越冬候鸟的栖息觅食，同时也能避免极端枯水期对洲滩湿地发育的影响，减缓草洲向湖心下延趋势；特征水位 16 m 时，碟形洼地与苔草地面积淹没 90%以上，泥滩地与沙滩地也基本淹没，湖区越冬候鸟栖息地多样性基本丧失。

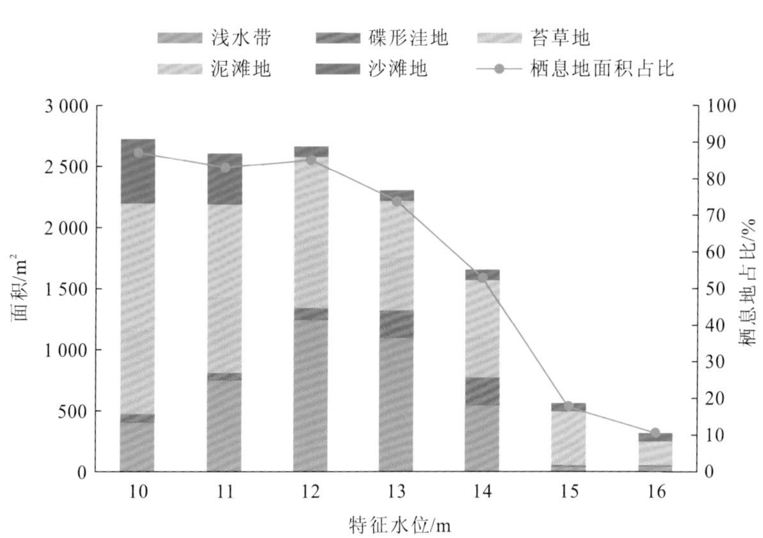

图 9.6　鄱阳湖不同特征水位下主要类型栖息地面积变化图

特征水位 10 m（正常年份枯水期）时，鄱阳湖越冬候鸟栖息地利用面积为 100%

以面积最大的特征水位为最适水位，以最大面积降幅不超过 50%为最高限制水位，进一步分析鄱阳湖不同栖息地类型的最适水位与最高限制水位（表 9.7）。可以看出，不同类型栖息地的最适水位有所差异，其中浅水带最适水位为 12 m，碟形洼地最适水位为 13 m，苔草地、泥滩地、沙滩地及总栖息地在水位为 10 m 时面积达到最大。当水位超过 14 m 时，各类型栖息地面积降幅均将超过 50%，为保障鄱阳湖越冬候鸟适宜的栖息地环境，应控制水位在 10～12 m 左右，最高水位不宜超过 14 m。

表 9.7　鄱阳湖不同栖息地类型最适水位与最高水位

栖息地类型	最适水位/m	最高限制水位/m
浅水带	12	13
碟形洼地	13	14
苔草地	10	14
泥滩地	10	12
沙滩地	10	11
总栖息地	10	14

第 10 章

水生态环境改善与水库调度

本章针对受三峡水库调度影响，且可通过生态调度调节的三峡水库支流水华、长江中下游干流“四大家鱼”产卵、洞庭湖和鄱阳湖湿地及候鸟栖息地开展研究，提出优化调度需求和建议。基于三峡水库支流水华“潮汐式”调度方法，提出基于过程模拟的防控水华调度需求。针对长江中下游干流“四大家鱼”产卵，主要分析自然繁殖的环境需求，提出促进“四大家鱼”产卵的适宜生态水文要素范围。基于三峡水库运行后的水位特征和候鸟种群变化，提出保护洞庭湖和鄱阳湖湿地及候鸟栖息地的水文节律范围。

10.1　防控三峡水库支流水华的水库优化调度

10.1.1　三峡水库“潮汐式”调度

“潮汐式”生态调度是一段时间内通过交替抬高和降低三峡水库水位，增强三峡水库水体的波动，增加库区内干支流水体的掺混扰动程度，在库区形成潮汐作用，进而有效缓解库区水华暴发情况（杨正健 等，2015）。“潮汐式”生态调度包括春季“潮汐式”调度、夏季“潮汐式”调度和秋季“提前分期蓄水”调度，“潮汐式”生态调度示意图如图 10.1 所示。

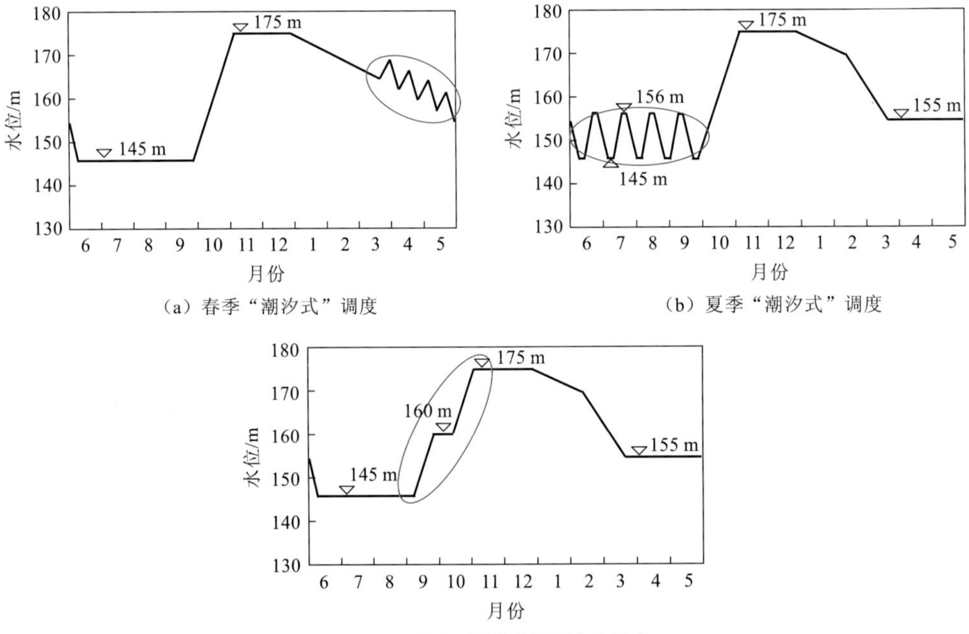

（a）春季“潮汐式”调度

（b）夏季“潮汐式”调度

（c）秋季“提前分期蓄水”调度

图 10.1　“潮汐式”生态调度示意图

对于春季水华（3～5 月），采用春季“潮汐式”调度，在水华发生阶段，短时间减小大坝下泄流量，迅速抬升水位，增大支流中层异重流的强度（刘流 等，2012；范晓艳 等，2010），使中层形成“上进下出”的水循环模式，之后根据实际情况减少或增大下泄流量，降低库水位，缓解水华的暴发程度。

对于夏季水华（6～8 月），在水华暴发时段 2～13 天内将水位由防汛水位抬升 4～6 m，但不超过上限水位，扩大异重流对支流的影响范围，同样形成“上进下出”的水循环模式，打破支流水动力空间分区特性，破坏水温分层，之后增加下泄流量，增大支流流速，缓解并控制水华的形成。

对于秋季水华（9～10 月），在 9 月蓄水期采用“先快后慢”的蓄水过程，即蓄水初期日均抬升水位 1.0～1.5 m，后期日均抬升水位 0.4 m，抬升一定高度后维持水位一段时间不变，然后重复该循环至正常蓄水位 175 m 以缓解支流水华的发生。

10.1.2　基于过程模拟的防控水华调度

本书以 2015 年香溪河野外监测数据为基础进行水华模型验证，选取叶绿素-a（Chl-a）作为评价指标，以 30 μg/L 作为水华发生阈值分析香溪河水华发生情况。选取代表性的春季水华（4 月 12 日～4 月 16 日）、夏季水华（6 月 28 日～7 月 15 日）、秋季水华（9 月 3 日～9 月 12 日）实施水库调度方案模拟效果分析（叶季平和王丽萍，2010；王玲玲 等，2009）。

1. 春季水华调度工况效果分析

根据三峡水库调度方案，设定 3 种调度工况，以实际水位为对照组，模拟不同工况下的水华防控效果。工况设定如下：①水位日抬升 0.5 m，持续蓄水 7 天；②水位日抬升 0.5 m，先持续蓄水 3 天，水位维持不变 2 天，再持续泄水 2 天；③水位日降低 0.5 m，持续泄水 7 天。具体工况见表 10.1。

表 10.1　春季水华期三峡水库调度工况表

工况	调度方案
工况 01	+0.5 m，+0.5 m，+0.5 m，+0.5 m，+0.5 m，+0.5 m，+0.5 m
工况 02	+0.5 m，+0.5 m，+0.5 m，0，0，−0.5 m，−0.5 m
工况 03	−0.5 m，−0.5 m，−0.5 m，−0.5 m，−0.5 m，−0.5 m，−0.5 m

注：实际水位保持 145 m，持续 7 天。

香溪河春季不同工况下水位及 Chl-a 质量浓度变化情况如图 10.2 所示，整体上看相比实际水位：工况 02 的 Chl-a 质量浓度有所升高；工况 03 则显著降低，Chl-a 相比实际水位运行时降低 86.7%，水华消失。由此可见此次三峡水库调度方案中的工况 03，即持续泄水过程防控水华效果显著。

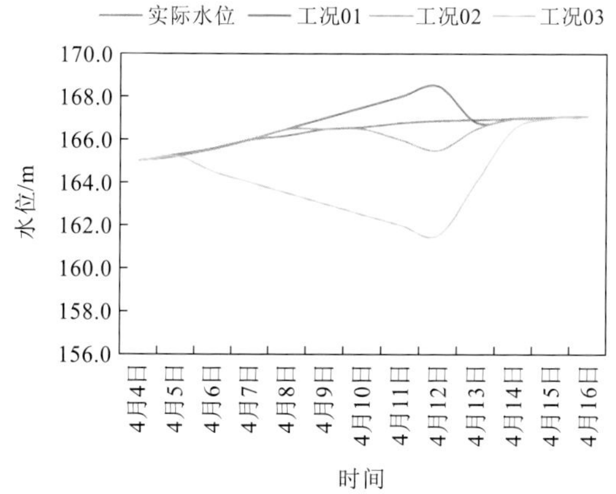

（a）水位对比图

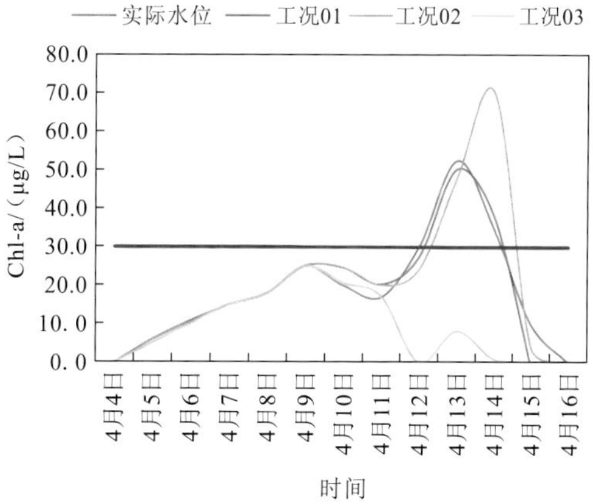

（b）Chl-a质量浓度对比图

图 10.2　香溪河春季不同工况下水位及 Chl-a 质量浓度对比图

2. 夏季水华调度工况效果分析

夏季水华期三峡水库调度工况见表 10.2。与春季水华工况类似，夏季提前一周即 6 月 21 日开始调度，3 种调度工况下水位及 Chl-a 质量浓度变化情况如图 10.3 所示。由图 10.3 可知，与实际水位过程相比，调度期内 3 种工况下 Chl-a 质量浓度差别不大，均超出水华阈值，但整体呈下降趋势。汛期水华已经暴发时，水位的波动对 Chl-a 质量浓度影响不大，而提前调度对预防水华暴发有作用。相对整个汛期来看，水位过于频繁波动且变幅较小的情况下更容易暴发水华。

表 10.2　夏季水华期三峡水库调度工况表

工况	调度方案
工况 01	+0.5 m，+0.5 m，+0.5 m，+0.5 m，+0.5 m，+0.5 m，+0.5 m
工况 02	+0.5 m，+0.5 m，+0.5 m，0，0，−0.5 m，−0.5 m
工况 03	水位保持 145 m 持续 7 天

注：实际水位是观测值，不是设定的工况。

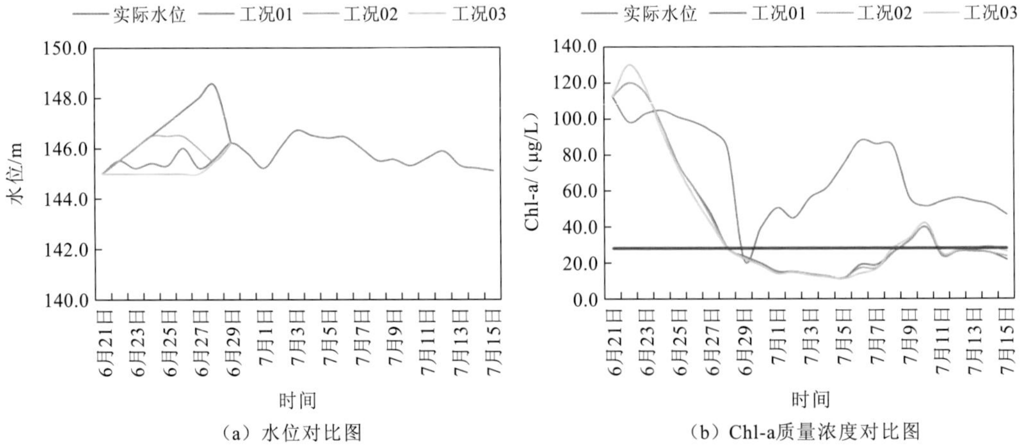

图 10.3　香溪河夏季不同工况下水位及 Chl-a 质量浓度对比图

3. 秋季水华调度工况效果分析

秋季水华期三峡水库调度工况见表 10.3。秋季蓄水期水华暴发风险比较小，选取水华开始暴发的时间（9 月 9 日）开始调度，分析不同调度工况下水华的控制效果及调度 7 天后的预防效果。香溪河秋季不同工况下水位及 Chl-a 质量浓度变化情况如图 10.4 所示，“先快后慢”的蓄水方式（工况 01）较缓慢蓄水的方式（工况 02、工况 03）对水华的防控效果要好，此时 Chl-a 质量浓度迅速降为 30 μg/L 以下。在调度 7 天后 Chl-a 质量浓度远小于水华阈值，在秋季水华暴发时实施蓄水调度效果明显。

表 10.3　秋季水华期三峡水库调度工况表

工况	调度方案
工况 01	+2.5 m，+2.5 m，+2.5 m，+1.0 m，+1.0 m，+1.0 m，+1.0 m
工况 02	+1.0 m，+1.0 m，+1.0 m，+0.5 m，+0.5 m，+1.0 m，+1.0 m
工况 03	+1.0 m，+1.0 m，+1.0 m，+1.0 m，+1.0 m，+1.0 m，+1.0 m

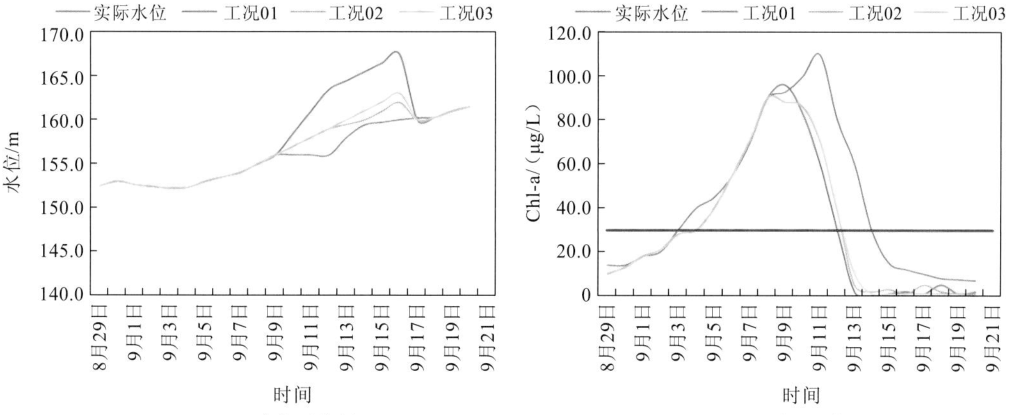

（a）水位对比图　　（b）Chl-a质量浓度对比图

图 10.4　香溪河秋季不同工况下水位及 Chl-a 质量浓度对比图

10.2　促进长江中下游干流“四大家鱼”产卵的水库优化调度

10.2.1　“四大家鱼”自然繁殖的环境要素

从鱼类繁殖过程和鱼卵孵化过程对水文过程要求等方面综合考虑，产漂流性卵鱼类中典型漂流性鱼类（如“四大家鱼”）对水文过程的依赖程度明显高于产黏性卵鱼类（段辛斌 等，2008）。长江是我国“四大家鱼”的主要天然原产地和栖息地，自然繁殖的时间一般始于春末，5～6 月达到高潮，7～8 月逐渐结束。“四大家鱼”产卵在水流的作用下顺水漂流。20 世纪 60 年代调查结果表明，长江干流重庆市巴南区至江西彭泽 1 700 km 的江段上有“四大家鱼”产卵场 36 处，其中宜昌江段产卵场的规模最大（长江水产研究所，1975）。

“四大家鱼”自然繁殖的最低水温为 18℃，是产卵行为发生的必要条件，而水位上涨、流量增大、流速加快是刺激“四大家鱼”产卵必需的水文条件，因而“四大家鱼”的产卵活动均发生在涨水过程。根据宜昌江段的水位与该江段的产卵数量进行分析，水位急剧升高，流速迅速加大，是刺激“四大家鱼”产卵的必要条件（长江四大家鱼产卵场调查队，1982）。“四大家鱼”只在洪水过程的上涨阶段产卵，洪水的涨幅、上涨持续时间是充分条件，分析“四大家鱼”自然繁殖阶段主要影响因素（不考虑水温）为洪水上涨过程的大小，日上涨率 0.3 m/d 和上涨持续时间 8 天以上才能较好地满足“四大家鱼”自然繁殖的需求（蔡玉鹏 等，2011）。在江水上涨之后，一般在涨水后的 0.5～2.0 天开始产卵，流速大，刺激产卵所需要的时间短；流速小，刺激产卵所需要的时间长；当水位下降，流速减小，产卵行为不再发生，这也与早期一些学者研究结论基本一致（李思发，2001；易伯鲁 等，1988）。影响长江“四大家鱼”产卵和孵化的生态水文要素情况如表 10.4 所示。

表 10.4　影响长江“四大家鱼”产卵和孵化的生态水文要素及文献情况

事件	生态因素	选择原因	适宜范围	参考文献
产卵	水位涨幅	水位上升过程促进产卵，下降过程则无产卵行为。涨水幅度越大，苗汛越大	涨水：产卵	易伯鲁和梁秩燊（1964）
			退水：不产卵	
	水温	“四大家鱼”一般在 18℃开始产卵，水温低于 18℃“四大家鱼”繁殖活动停止	最佳：21～24℃	李思发（2001）；易伯鲁等（1988）
			阈值：18～30℃	
	含沙量	含沙量影响鱼类栖息地环境和光照条件及河床底质	最佳：0.30～1.14 kg/m^3	危起伟（2003）
			阈值：0.00～2.35 kg/m^3	
	水深	影响“四大家鱼”分布，并对流速有一定影响	最佳：3～12 m	Kallemeyn 和 Novotny（1977）；Schmulbach 等（1975）
			阈值：1～20 m	
	流速	影响“四大家鱼”性成熟，对产卵具有促进作用	最佳：0.8～1.3 m/s	李思发（2001）；易伯鲁等（1988）
			阈值：0.6～2.0 m/s	
孵化	水温	水温影响鱼苗胚胎的发育	最佳：22～28℃	王琪（2003）
			阈值：18～30℃	
	流速	鱼卵孵化时需要一定的流速才能漂浮	最佳：0.8～1.3 m/s	李思发（2001）；易伯鲁等（1988）

10.2.2　促进“四大家鱼”产卵的生态水文要素

根据徐薇等（2020）的研究，在 2012～2018 年的多次生态调度期间，影响宜昌至沙市江段“四大家鱼”产卵规模的生态水文参数主要有持续涨水时间、初始水位和产卵时序。宜昌站促进“四大家鱼”产卵的水文需求为：持续涨水时间不少于 4 天，初始水位大于 44 m，前后洪峰水位差大于 1.4 m，初始流量高于 14 000 m^3/s，前后洪峰间隔时间不少于 5 天，水位日上涨率大于 0.54 m/d，流量日上涨率大于 2 200 m^3/s。

黎明政等（2010）分析影响“四大家鱼”产卵繁殖活动的最主要的 2 个环境因子，认为三峡水库在 5～7 月汛期生态调度期间，确保水温在 18～24℃，调度监管部门应该创造更多的洪峰，保证长江中游江段的水位日上涨率达到 0.55 m/d。

朱思瑾（2018）分析了典型平、枯水代表年的来水过程，结合三峡水库防洪调度规划及发电目标，提出了典型枯水年最优的三峡水库多目标优化调度方案，即在 5～6 月，三峡水库应每月设计一次持续涨水 5～8 天的人造洪峰过程，起涨流量在 8 000～10 000 m^3/s，出库流量日涨幅在 2 000～2 500 m^3/s，总涨幅在 10 000～12 500 m^3/s。在此基础上，研究者论证了三峡水库单库优化调度和溪洛渡—向家坝—三峡水库 3 座水库联合优化调度 2 种调度方案的可行性，认为对于典型特枯水年，可优先采取水库群联合调度的方式；对于一般来水年份，可优先考虑三峡水库单库调节的调度方式。

Wang 等（2014）充分考虑各种环境因子对“四大家鱼”产卵繁殖活动的影响，总结出适宜“四大家鱼”产卵繁殖的水温、流量、日流量增长率、透明度和溶解氧等环境因子的范围，认为三峡水库应该在每年 6 月 15 日～7 月 20 日至少形成一场持续涨水时间不少于 5 天的人造洪峰，平均日流量增长速率大于 900 m^3/s，为避免水体的溶解氧过饱和的负面影响，平均日流量增长速率低于 3 000 m^3/s，最大的下泄流量小于 30 000 m^3/s，水温低于 25℃。

综合上述研究成果，满足“四大家鱼”产流的生态调度条件为：繁殖季节水温在 18～24℃，前后洪峰水位差大于 1.40 m，前后洪峰间隔时间不少于 5 天，持续涨水时间不少于 5 天，起涨流量在 8 000～10 000 m^3/s，初始流量高于 14 000 m^3/s、出库流量日涨幅在 900～3 000 m^3/s，最大下泄流量小于 30 000 m^3/s。水位日上涨率大于 0.54 m/d。综合考虑防洪、生态和发电需求，分别针对枯水年、平水年和丰水年提出“四大家鱼”产卵繁殖优化调度方案：典型丰水年，水库调度应主要考虑防洪目标，长江中游丰水年形成的洪峰过程基本满足“四大家鱼”繁殖所需的水文条件；典型平水年，上游来水若要满足鱼类繁衍在水量上的要求，只需要针对三峡水库单库开展合适的生态调度，可根据实际需求侧重生态目标或发电目标进行决策；典型枯水年，为了充分满足鱼类繁衍在水量上的要求，建议依据繁衍期前期来水特征和繁衍期来水预报制定提前蓄水方案，可实行多水库联合调度。

10.3　保护两湖湿地及候鸟栖息地的水库优化调度

10.3.1　保护洞庭湖湿地及候鸟栖息地的水文节律

为维持洞庭湖湿地相对稳定的越冬候鸟群落结构，首先在枯水期应按多年平均的自然水位变化规律控制各月的水位与消落速度，即 9 月维持相对高水位，避免提前退水；10 月维持自然退水过程，避免临时增加补水；11 月保持水位稳定；12 月避免提高水位；1 月可适当提高最低水位。同时，可以适当在不同年份对水文节律进行间隔调节，如针对雁类与鸭类种群数量的年间波动，在不同年份适当调节与降低水域面积，尤其是当繁殖地或停息地环境恶化，越冬初期迁徙到达种群较往年异常减少时，可通过调控为珍稀濒危物种创造更优的越冬条件。

25 m、24 m、23 m、22 m、21 m 及 20 m 为适宜不同越冬候鸟栖息的关键水位。而 1980～1997 年及之前时期消落到相应节点的时间依次为 10 月 20 日（25 m），10 月 30 日（24 m），11 月 5 日（23 m），11 月 18 日（22 m），11 月 30 日（21 m），12 月 10 日（20 m）。综合不同候鸟对栖息地面积与时间的需求及不同栖息地到达关键水位的时间，获得不同候鸟对水文节律的需求，从而形成调控建议（表 10.5）。可以看出不同候鸟对水文节律的需求，恰好与长江中游多年平均水位消落过程相吻合，表明越冬候鸟选择洞庭湖为栖息地，是长期的栖息地选择策略，迁徙候鸟已适应长江中游多年水文节律，因此应依据三峡水库建设前的水文过程特征维持长江中游水文节律。

表 10.5　洞庭湖典型候鸟对适宜栖息地的水文节律需求及调控建议

项目			关键水位					
			25 m	24 m	23 m	22 m	21 m	20 m
出露高程/m			25～26	24～25	23～24	22～23	21～22	20～21
高程面积/hm²			18 903.30	27 620.21	19 467.46	16 513.77	12 248.73	1 719.14
三峡水库建设前消落日期			10 月 20 日	10 月 30 日	11 月 5 日	11 月 18 日	11 月 30 日	12 月 12 日
主要适宜栖息地			水域	泥滩、草洲	水域、泥滩、草洲	水域、泥滩、草洲	水域、泥滩	水域、泥滩
相关分析筛选得到的关键时段	0～10 cm 水域	罗纹鸭	10 月 23 日后维持	—	—	—	—	1 月 11 日前维持
		白琵鹭		—	—	—	12 月 1 日后维持	1 月 14 日前维持
		反嘴鹬	10 月 19 日后维持	—	—	—	—	1 月 10 日前维持
		鹤鹬		—	11 月 3 日后维持	—	—	1 月 16 日前维持
		白额雁	10 月 25 日前退水	—		—	—	12 月 12 日前退水
	0～30 cm 水域	白琵鹭		—	11 月 5 日后维持	—	—	1 月 18 日前维持
		豆雁		—		—	—	12 月 13 日前退水
		白额雁	10 月 15 日前退水	—		—	—	12 月 11 日前退水
	0～50 cm 水域	白琵鹭	—	—	11 月 5 日后维持	—	—	1 月 14 日前维持
	0～100 cm 水域	罗纹鸭	—	—	11 月 6 日后维持	—	—	1 月 11 日前维持
		白琵鹭	—			11 月 11 日后维持		1 月 14 日前维持
	泥滩	反嘴鹬	—	10 月 28 日后出露		—	—	12 月 18 日前维持
	泥滩	鹤鹬	—	10 月 30 日后出露		—	—	12 月 16 日前维持
	泥滩	黑腹滨鹬	—	10 月 29 日后出露		—	—	12 月 25 日前维持
		白额雁	—	10 月 30 日前出露		—	—	12 月 26 日前出露
		小白额雁	9 月 17 日后出露		11 月 3 日后出露	—	—	—
	苔草	豆雁	—	—	11 月 1 日后维持	—	11 月 30 日前维持	—
		白额雁	—	—	11 月 9 日前生长	—	—	—
		小白额雁	—	10 月 30 日后生长	—	—	—	—
建议水位消落日期			10 月 20 日	10 月 30 日	11 月 1 日～11 月 9 日	11 月 18 日	11 月 30 日	12 月 1 日～1 月 20 日
水位过程说明			维持 25 m 以上，利于沉水植物生长，避免洲滩提前出露及洲滩植物提前生长	保持 25 ～24 m，按 10 cm/d 匀速消落	保持 25 ～24 m，按 11～12 cm/d 匀速消落；11 月上旬均可保持在 23 m 左右波动	保持 23 ～22 m，按 10～12 cm/d 匀速消落	保持 22 ～21 m，按 7～8 cm/d 匀速消落	保持水位在 20～21 m 波动，适当增加水域和泥滩

目前长江上游 28 座水库联合调度，使得三峡水库可以改变蓄水时间并具备了增加下游补水的能力。因此三峡水库可改变 9 月 10 日的蓄水时间，通过上游水库的调节，增加 9～11 月的出库流量，改变 10～11 月水位的情况，并依据上游来水情况进行调蓄，维持城陵矶站水位接近自然消落过程。1 月水位小幅度提高，对越冬候鸟无不利影响，1 月后调度方式无须改变。

10.3.2　保护鄱阳湖湿地及候鸟栖息地的水文节律

适宜的水文节律既要综合考虑水位对湿地植被生长的影响，也要满足候鸟的迁徙特点与栖息环境。在充分权衡鄱阳湖下游用水需求和候鸟习性要求的前提下，对保护鄱阳湖湿地及候鸟的枯水期水位提出以下具体建议：9 月上旬保持星子站水位 16.00 m，9 月中旬降至 15.00 m，9 月下旬和 10 月上旬降至 14.00 m，10 月中下旬降至 13.00 m，充分保证“秋草”的正常生长发育，11 月上旬至次年 3 月下旬保持星子站水位在 11.35～12.85 m，最佳水位控制在 12.00 m，以保障候鸟觅食的栖息地面积最大，此时的最高水位不宜超过 13.75 m，具体水位建议见图 10.5。根据鄱阳湖多年水位变化情况，调整长江上游水库群联合调度方式，增加 11 月～次年 3 月对鄱阳湖的生态补水能力。

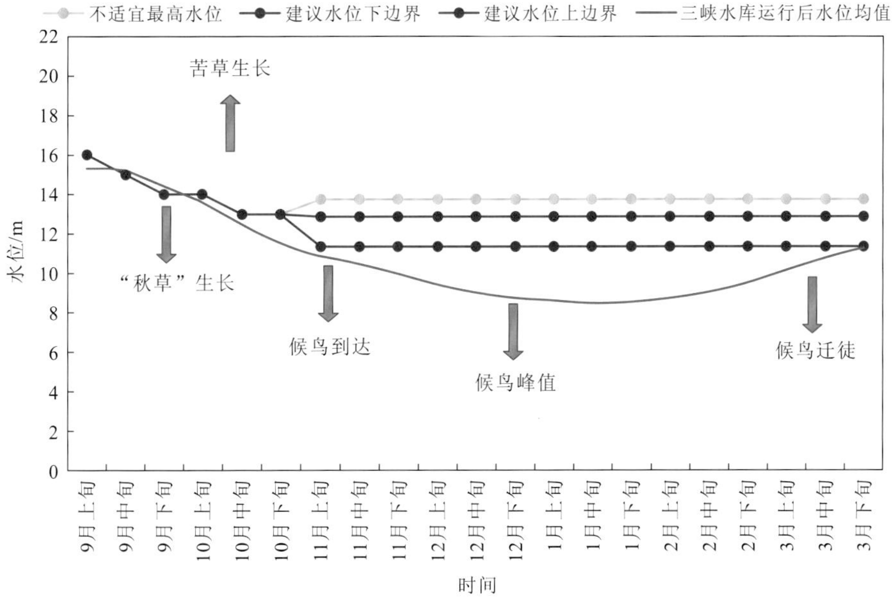

图 10.5　鄱阳湖湿地植被与候鸟的适宜水位建议

鉴于鄱阳湖水位变化对湿地及候鸟的影响的不确定性，建议开展长时间序列的湿地与候鸟变化跟踪监测与研究，不断优化鄱阳湖湿地及候鸟的生态调度方案。

参考文献

蔡玉鹏, 邹涛, 徐薇, 等, 2011. 四大家鱼自然繁殖对长江中下游洪水过程的需求及生态调度方式研究[C]//水利部, 环保局, 长江水利委员会. 第四届长江论坛论文集. 武汉: 长江出版社.

长江水产研究所, 1975. 六省一市长江水产资源调查第三次协作会议[J]. 淡水渔业(6): 25-26.

长江四大家鱼产卵场调查队, 1982. 葛洲坝水利枢纽工程截流后长江四大家鱼产卵场调查[J]. 水产学报(4): 287-305.

陈敏, 2018. 长江流域水库生态调度成效与建议[J]. 长江技术经济, 2(2): 36-40.

陈雪初, 孔海南, 2008. 泽雅水库混合深度的年内变化及其对藻类生消影响(英文)[J]. 生态科学(5): 414-417.

陈洋, 杨正健, 黄钰铃, 等, 2013. 混合层深度对藻类生长的影响研究[J]. 环境科学, 34(8): 3049-3056.

崔鹏, 夏少霞, 刘观华, 等, 2013. 鄱阳湖越冬水鸟种群变化动态[J]. 四川动物, 32(2): 292-296.

戴凌全, 毛劲乔, 戴会超, 等. 2016. 面向洞庭湖生态需水的三峡水库蓄水期优化调度研究[J]. 水力发电学报, 35(9): 18-27.

董增川, 梁忠民, 李大勇, 等, 2012. 三峡工程对鄱阳湖水资源生态效应的影响[J]. 河海大学学报(自然科学版), 40(1): 13-18.

段辛斌, 陈大庆, 李志华, 等, 2008. 三峡水库蓄水后长江中游产漂流性卵鱼类产卵场现状[J]. 中国水产科学(4): 523-532.

范晓艳, 周孝德, 李林, 2010. 水库运行方式改变对水温的影响[J]. 水资源与水工程学报, 21(3): 152-155.

葛刚, 赵安娜, 钟义勇, 等, 2011. 鄱阳湖洲滩优势植物种群的分布格局[J]. 湿地科学, 9(1): 19-25.

郭文献, 王鸿翔, 徐建新, 等, 2011. 三峡水库对下游重要鱼类产卵期生态水文情势影响研究[J]. 水力发电学报, 30(3): 22-26, 38.

国家环境保护总局, 2000. 长江三峡工程生态与环境监测公报[R]. 北京: 国家环境保护总局.

国家环境保护总局, 国家质量监督检查检疫总局, 2002. 地表水环境质量标准: GB 3838—2002[S]. 北京: 中国环境科学出版社.

贺刚, 付辉云, 万正义, 等, 2015. 长江瑞昌江段四大家鱼鱼苗资源变化[J]. 湖北农业科学, 54(22): 5673-5676.

胡振鹏, 葛刚, 刘成林, 2015. 鄱阳湖湿地植被退化原因分析及其预警[J]. 长江流域资源与环境, 24(3): 381-386.

黄艳, 2018. 面向生态环境保护的三峡水库调度实践与展望[J]. 人民长江, 49(13): 1-8.

黄悦, 范北林, 2008. 三峡工程对中下游四大家鱼产卵环境的影响[J]. 人民长江(19): 38-41.

惠阳, 张晓华, 陈珠金, 2000. 香溪河流域资源环境状况及开发策略探讨[J]. 长江流域资源与环境, 9(1): 7-13.

黎明政, 姜伟, 高欣, 等, 2010. 长江武穴江段鱼类早期资源现状[J]. 水生生物学报, 34(6): 1211-1217.
李朝达, 林俊强, 夏继红, 等, 2021. 三峡水库运行以来四大家鱼产卵的生态水文响应变化[J]. 水利水电技术(中英文), 52(5): 158-166.
李翀, 彭静, 廖文根, 2006a. 河流管理的生态水文目标及其量化分析: 以长江中游为例[J]. 中国水利(23): 8-10.
李翀, 彭静, 廖文根, 2006b. 长江中游四大家鱼发江生态水文因子分析及生态水文目标确定[J]. 中国水利水电科学研究院学报(3): 170-176.
李思发, 2001. 长江重要鱼类生物多样性和保护研究[M]. 上海: 上海科学技术出版社.
刘成林, 谭胤静, 林联盛, 等, 2011. 鄱阳湖水位变化对候鸟栖息地的影响[J]. 湖泊科学, 23(1): 129-135.
刘丹雅, 纪国强, 安有贵, 等, 2011. 三峡水库综合利用调度关键技术研究与实践[J]. 中国工程科学, 13(7): 66-69, 84.
刘德富, 黄钰铃, 纪道斌, 等. 2013. 三峡水库支流水华与生态调度[M]. 北京: 中国水利水电出版社.
刘建康, 曹文宣, 1992. 长江流域的鱼类资源及其保护对策[J]. 长江流域资源与环境(1): 17-23.
刘晋高, 诸葛亦斯, 刘德富, 等, 2018. 防控三峡水库支流水华的生态约束型优化调度[J]. 长江流域资源与环境, 27(10): 2379-2386.
刘乐和, 吴国犀, 曹维孝, 等, 1986. 葛洲坝水利枢纽兴建后对青、草、鲢、鳙繁殖生态效应的研究[J]. 水生生物学报(4): 353-364.
刘流, 刘德富, 肖尚斌, 等, 2012. 水温分层对三峡水库香溪河库湾春季水华的影响[J]. 环境科学, 33(9): 3046-3050.
刘信安, 湛敏, 罗彦凤, 等, 2006. 三峡水域氮磷污染对水华暴发/消涨行为的协同影响[J]. 环境科学, 27(8): 6-12.
刘元波, 赵晓松, 吴桂平, 2014. 近十年鄱阳湖区极端干旱事件频发现象成因初析[J]. 长江流域资源与环境, 23(1): 131-138.
陆佑楣, 2011. 三峡工程是改善长江生态、保护环境的工程[J]. 中国工程科学, 13(7): 9-14.
毛战坡, 王雨春, 彭文启, 等, 2005. 筑坝对河流生态系统影响研究进展[J]. 水科学进展(1): 134-140.
牛晓君, 2006. 富营养化发生机理及水华暴发研究进展[J]. 四川环境, 25(3): 73-76.
庞燕飞, 周解, 2008. 红水河岩滩建坝前后水质因子的变化及浮游植物响应[J]. 水利渔业(3): 93-96.
潘立武, 周建中, 江兴稳, 等, 2012. 三峡工程对长江中下游生态环境的影响[J]. 水电能源科学, 30(4): 97-99, 201.
彭期冬, 廖文根, 李翀, 等, 2012. 三峡工程蓄水以来对长江中游四大家鱼自然繁殖影响研究[J]. 四川大学学报(工程科学版), 44(S2): 228-232.
齐述华, 刘影, 于秀波, 等, 2011. "堑秋湖"对鄱阳湖越冬候鸟栖息地功能影响的辨析[J]. 长江流域资源与环境, 20(S1): 18-21.
冉景江, 陈敏, 陈永柏, 2011. 三峡工程影响下游水生态环境的径流调节作用分析[J]. 水生态学杂志, 32(1): 1-6.
沈国舫, 2010. 三峡工程对生态和环境的影响[J]. 科学中国人(S1): 48-53.
唐玥, 谢永宏, 李峰, 等, 2013. 基于 Landsat 的近 20 余年东洞庭湖湿地草洲变化研究[J]. 长江流域资源与环境, 22(11): 1484-1492.
王祥, 鲍正风, 舒卫民, 等, 2020. 面向运行约束的三峡水库生态调度研究[J]. 中国农村水利水电(1): 39-42, 47.
王越, 丁艳荣, 范北林, 2011. 三峡工程蓄水后荆江河段河势变化及生态护岸研究[J]. 长江流域资源与环境, 20(S1): 117-122.
万正义, 邓水山, 柯美凤, 等, 2010. 长江瑞昌段天然鱼苗资源分析及研究[J]. 江西水产科技(1): 12-16.
万正义, 方春林, 殷红梅, 2012. 长江瑞昌段“四大家鱼”鱼苗资源现状、开发及保护[J]. 江西水产科技(1): 44-47.
汪松, 1998. 中国濒危动物红皮书: 鸟类[M]. 北京: 科学出版社.
王琲, 2016. 基于河流鱼类适宜生境控制的梯级水库优化调度方法研究[D]. 武汉: 武汉大学.
王岚, 蔡庆华, 张敏, 等, 2009. 三峡水库香溪河库湾夏季藻类水华的时空动态及其影响因素[J]. 应用生态学报, 20(8): 1940-1946.
王玲玲, 戴会超, 蔡庆华, 2009. 香溪河生态调度方案的数值模拟[J]. 华中科技大学学报(自然科学版), 37(4): 111-114.
王琪, 2003. 影响四大家鱼孵化的主要因素[J]. 养殖与饲料(5): 29-30.
危起伟, 2003. 中华鲟繁殖行为生态学与资源评估[D]. 武汉: 中国科学院水生生物研究所.
夏少霞, 于秀波, 范娜, 2010. 鄱阳湖越冬季候鸟栖息地面积与水位变化的关系[J]. 资源科学, 32(11): 2072-2078.
谢平, 2017. 三峡工程对两湖的生态影响[J]. 长江流域资源与环境, 26(10): 1607-1618.
谢平, 2018. 三峡工程对长江中下游湿地生态系统的影响评估[M]. 武汉: 长江出版社.
徐宁, 陈菊芳, 王朝晖, 等, 2001. 广东大亚湾藻类水华的动力学分析 II. 藻类水华与营养元素的关系研究[J]. 环境科学学报, 21(4): 400-404.
徐薇, 刘宏高, 唐会元, 等, 2014. 三峡水库生态调度对沙市江段鱼卵和仔鱼的影响[J]. 水生态学杂志, 35(2): 1-8.
徐薇, 杨志, 陈小娟, 等, 2020. 三峡水库生态调度试验对四大家鱼产卵的影响分析[J]. 环境科学研究, 33(5): 1129-1139.
杨霞, 刘德富, 杨正健, 2009. 三峡水库香溪河库湾春季水华暴发藻类种源研究[J]. 生态环境学报, 18(6): 2051-2056.
杨正健, 刘德富, 纪道斌, 等, 2015. 防控支流库湾水华的三峡水库潮汐式生态调度可行性研究[J]. 水电能源科学, 33(12): 48-50, 109.
叶季平, 王丽萍, 2010. 大型水库生态调度模型及算法研究[J]. 武汉大学学报(工学版), 43(1): 64-67.
叶麟, 2006. 三峡水库香溪河库湾富营养化及春季水华研究[D]. 武汉: 中国科学院大学(中国科学院水生生物研究所).
易伯鲁, 梁秩燊, 1964. 长江家鱼产卵场的自然条件和促使产卵的主要外界因素[J]. 水生生物学集刊, 5(1): 1-15.
易伯鲁, 余志堂, 梁秩燊 1988. 葛洲坝水利枢纽与长江四大家鱼[M]. 武汉: 湖北省科学技术出版社.
于秀林, 任雪松, 1999. 多元统计分析[M]. 北京: 中国统计出版社.

袁正科, 2008. 洞庭湖湿地资源与环境[M]. 长沙: 湖南师范大学出版社.

张萌, 倪乐意, 徐军, 等, 2013. 鄱阳湖草滩湿地植物群落响应水位变化的周年动态特征分析[J]. 环境科学研究, 26(10): 1057-1063.

张晓敏, 黄道明, 谢文星, 等, 2009. 汉江中下游“四大家鱼”自然繁殖的生态水文特征[J]. 水生态学杂志, 30(2): 126-129.

赵淑清, 方精云, 2004. 围湖造田和退田还湖活动对洞庭湖区近 70 年土地覆盖变化的影响[J]. AMBIO-人类环境杂志, 33(6): 289-293, 361.

赵晓杰, 2016. 三峡水库调度对支流库湾水温结构影响[D]. 邯郸: 河北工程大学.

中国环境监测总站, 2001. 湖泊(水库)富营养化评价方法及分级技术规定[R]. 北京: 中国环境监测总站.

中国科学院环境评价部, 长江水资源保护科学研究所, 1996. 长江三峡水利枢纽环境影响报告书[M]. 北京: 科学出版社.

中国科学院水生生物研究所洪湖课题研究组, 1991. 洪湖水体生物生产力综合开发及湖泊生态环境优化研究[M]. 北京: 海洋出版社.

中华人民共和国国务院, 2013. 长江三峡水利枢纽安全保卫条例[R]. 北京: 中华人民共和国国务院.

中华人民共和国环境保护部, 2016. 长江三峡工程生态与环境监测公报[R]. 北京: 中华人民共和国环境保护部.

中华人民共和国水利部, 2007. 地表水资源质量评价技术规程: SL395—2007[S]. 北京: 中国水利水电出版社.

周雪, 王珂, 陈大庆, 等, 2019. 三峡水库生态调度对长江监利江段四大家鱼早期资源的影响[J]. 水产学报, 43(8): 1781-1789.

朱思瑾, 2018. 基于长江中下游生态环境改善的三峡水库优化调度方案研究[D]. 武汉: 武汉大学.

邹家祥, 翟红娟, 2016. 三峡工程对水环境与水生态的影响及保护对策[J]. 水资源保护, 32(5): 136-140.

BAILLIE J E M, HILTON-TAYLOR C, STUART S N, 2006. 2004 IUCN red list of threatened species: a global species assessment[M]. Cambridge: Internatinal Union for Conservation of Nature.

DUAN X, LIU S, HUANG M, et al., 2009. Changes in abundance of larvae of the four domestic Chinese carps in the middle reach of the Yangtze River, China, before and after closing of the Three Gorges Dam[J]. Environmental biology of fishes, 86(1): 13-22.

HA K, JANG M H, JOO G J, 2002. Spatial and temporal dynamics of phytoplankton communities along a regulated river system, the Nakdong River, Korea[J]. Hydrobiologia, 470(1/3): 235-245.

KALLEMEYN, L W, NOVOTNY J F, 1977. Fish and fish food organisms in various habitats of the Missouri River in South Dakota, Nebraska, and Iowa[R]. Reston: United States Geological Survey.

LI M, GAO X, YANG S, et al., 2013. Effects of environmental factors on natural reproduction of the four major Chinese carps in the Yangtze River, China[J]. Zoological science, 30(4): 296-303.

RICHTER B D, THOMAS G A, 2007. Restoring environmental flows by modifying dam operations[J]. Ecology and society, 12(1): 12.

RICHTER B D, MATHEWS R, HARRISON D L, et al., 2003. Ecologically sustainable water management: managing river flows for ecological integrity[J]. Ecological applications, 13(1): 206-224.

SCHMULBACH J C, GOULD G, GROEN C L, 1975. Relative abundance and distribution of fishes in the Missouri River, Gavins Point Dam to Rulo, Nebraska[J]. Proceedings of the south dakota academy of science, 54: 194-221.

TANG H, HU S, HU Z, et al., 2007. Relationship between *peridiniopsis* sp. and environmental factors in Lake Donghu, Wuhan[J]. Journal of lake sciences, 19(6): 632-636.

WANG J, LI C, DUAN X, et al., 2014. Variation in the significant environmental factors affecting larval abundance of four major Chinese carp species: fish spawning response to the Three Gorges Dam[J]. Freshwater biology, 59(7): 1343-1360.

WANG B, SHAO D, MU G, et al., 2016. An eco-functional classification for environmental flow assessment in the Pearl River Basin in Guangdong, China[J]. Science China technological sciences, 59(2): 87-97.

WEITKAMP D E, KATZ M, 1980. A Review of dissolved gas supersaturation literature[J]. Transactions of the American fisheries society, 109(6): 659-702.

WU B, WANG G, JIANG H, et al., 2016. Impact of revised thermal stability on pollutant transport time in a deep reservoir[J]. Journal of hydrology, 535: 671-687.

XU W, QIAO Y, CHEN X, et al., 2015. Spawning activity of the four major Chinese carps in the middle mainstream of the Yangtze River, during the three gorges reservoir operation period, China[J]. Journal of applied ichthyology, 31(5): 846-854.

YI Y, WANG Z, YANG Z., 2010. Impact of the Gezhouba and Three Gorges Dams on habitat suitability of carps in the Yangtze River[J]. Journal of hydrology, 387(3/4): 283-291.

ZHANG G, CHANG J, SHU G, 2000. Applications of factor-criteria system reconstruction analysis in the reproduction research on grass carp, black carp, silver carp and bighead in the Yangtze River[J]. International journal of general systems, 29(3): 419-428.